水文与水资源工程贵州省省级一流专业建设点经费资助
贵州省优秀青年科技人才项目(黔科合平台人才〔2021〕5626号)资助
国家自然科学基金地区科学基金项目(42162022)资助
贵州省社会发展科技攻关计划项目(黔科合支撑〔2020〕4Y048号)资助
贵州省科学技术基金重点项目(黔科合基础〔2019〕1413号)资助
国家自然科学基金青年科学基金项目(41702270)资助

西南喀斯特地区矿井水害防治理论与技术

李 博 著

中国矿业大学出版社
·徐州·

内 容 提 要

本书在前人研究工作的基础上，系统收集了西南岩溶地区典型矿区的水文地质资料，采用多种手段相结合，考虑多方面因素，开展矿井突水机理、涌水量预测、顶底板突水危险性评价及系统开发的研究工作，以期为西南岩溶地区矿井水害防治工作提供一些有益的参考和科学依据。

本书可作为从事矿山水文地质勘探的工程技术人员和科研人员，以及地质工程、水文水资源工程等相关专业大学生、研究生、教师的参考书。

图书在版编目(CIP)数据

西南喀斯特地区矿井水害防治理论与技术 / 李博著
.—徐州：中国矿业大学出版社，2022.11

ISBN 978-7-5646-5666-9

Ⅰ.①西… Ⅱ.①李… Ⅲ.①喀斯特地区—煤矿—矿山水灾—灾害防治—西南地区 Ⅳ.①TD745

中国版本图书馆 CIP 数据核字(2022)第 221728 号

书　　名 西南喀斯特地区矿井水害防治理论与技术
著　　者 李　博
责任编辑 李　敬
出版发行 中国矿业大学出版社有限责任公司
（江苏省徐州市解放南路　邮编 221008）
营销热线 (0516)83885105　83884103
出版服务 (0516)83883937　83884920
网　　址 http://www.cumtp.com　**E-mail**:cumtpvip@cumtp.com
印　　刷 徐州中矿大印发科技有限公司
开　　本 787 mm×1092 mm　1/16　**印张** 12.25　**字数** 314 千字
版次印次 2022 年 11 月第 1 版　2022 年 11 月第 1 次印刷
定　　价 56.00 元

前　言

我国是世界第一产煤大国，煤炭工业在国民经济的发展中占有重要的地位，然而我国煤田水文地质条件极其复杂，是世界上煤矿水害最为严重的国家之一。水害不仅会造成井下作业人员重大伤亡，在经济损失程度、事故抢险救援难度等方面也尤为突出。近些年，虽然矿井水害发生次数总体呈现下降趋势，但是水害造成的人身伤亡和财产损失仍然严重，矿井水害防治依旧是煤矿安全生产中急需解决的重大技术难题。

从水文地质背景上来看，我国西南地区煤田属于华南晚二叠系煤田，是世界上最大的连片裸露碳酸盐岩分布区。该地区地形起伏较大，地下水水力梯度大，水循环和水交替速度较快，强烈岩溶化的碳酸盐岩直接出露或与第四系松散层直接接触，地表水、第四系水与岩溶水水力联系密切，矿床水文地质条件十分复杂。贵州省煤炭资源丰富，属于西南地区重要的能源生产基地，素有“江南煤海”之称，也是国家实施“西电东送”战略的火电基地。贵州煤系地层中广泛发育二叠系茅口组灰岩、长兴组灰岩、玉龙山组灰岩等碳酸盐岩地层，这些地层的含水性强弱具有明显的空间分布不均一性、各向异性、层选性，这点和北方碳酸盐岩含水层有明显的不同。贵州省煤矿的单井规模小，水文地质勘探程度普遍偏低，煤层开采产生的应力重新分布将不可避免地造成煤层顶底板岩层破坏，一旦岩层破坏区分布有未查明的富水块段，在采动和水压的双重作用下，极易产生突水灾害，造成巨大的经济损失和人员伤亡。尤其是随着煤炭资源的进一步开发，水文地质条件简单区的煤炭储量渐趋匮乏，煤炭生产将逐步面对日益复杂的水文地质条件，水害威胁日趋严重。目前矿山水害防治理论与相关技术大多适用于北方煤田，对于西南岩溶地区的研究还不深入。因此，探讨适用于西南岩溶地区的水害防治理论与技术具有较高的应用价值。

本书在前人研究工作的基础上，系统收集了西南岩溶地区典型矿区的水文地质资料，采用多种手段相结合，考虑多方面因素，开展矿井突水机理、涌水量预测、顶底板突水危险性评价及系统开发的研究工作，以期为西南岩溶地区矿井水害防治工作提供一些有益的参考和科学依据。

在本书有关资料的收集与现场调研过程中，兖矿东华建设有限公司地矿建设分公司、贵州黔西能源开发有限公司、贵州大方煤业有限公司、贵州金沙龙凤煤业有限公司给予了大力支持和热情帮助。在此，向他(她)们表示感谢。

在本书的撰写过程中，研究生王先庆、刘子捷参与了突水机理的研究工作，研究生刘磊参与了矿井涌水量预测的研究工作，研究生韦韬参与了煤层顶板突水危险性预测的研究工作，研究生罗玉岚参与了底板突水危险性预测的研究工作。研究生韩行参与了本书的整理和校正工作。在此，向他(她)们表示感谢。

本书可作为从事矿山水文地质勘探的工程技术人员和科研人员，以及地质工程、水文水资源工程等相关专业大学生、研究生、教师的参考书。

由于作者水平有限，书中若有错误和不当之处，敬请读者批评指正。

作　者
2022年7月于贵阳

目　录

1 绪 论

1.1 研究背景

我国是世界第一产煤大国，煤炭工业在国民经济的发展中占有重要的地位，然而我国煤田水文地质条件极其复杂，是世界上煤矿水害最为严重的国家之一。水害不仅会造成井下作业人员重大伤亡，在经济损失程度、事故抢险救援难度等方面也尤为突出。近些年，虽然矿井水害发生次数总体呈现下降趋势，但是水害造成的人身伤亡和财产损失仍然严重[1-4]，矿井水害防治依旧是煤矿安全生产中急需解决的重大技术难题。

从水文地质背景上来看，我国西南地区煤田属于华南晚二叠系煤田，是世界上最大的连片裸露碳酸盐岩分布区。该地区地形起伏较大，地下水水力梯度大，水循环和水交替速度较快，强烈岩溶化的碳酸盐岩直接出露或与第四系松散层直接接触，地表水、第四系水与岩溶水水力联系密切，矿床水文地质条件十分复杂。贵州省煤炭资源丰富，属于西南地区重要的能源生产基地，素有“江南煤海”之称，也是国家实施“西电东送”战略的火电基地。贵州煤系地层中广泛发育二叠系茅口组灰岩、长兴组灰岩、玉龙山组灰岩等碳酸盐岩地层，这些地层的含水性强弱具有明显的空间分布不均一性、各向异性、层选性，这点和北方碳酸盐岩含水层有明显的不同。图 1-1 为贵州省煤田和碳酸盐岩出露分布图。

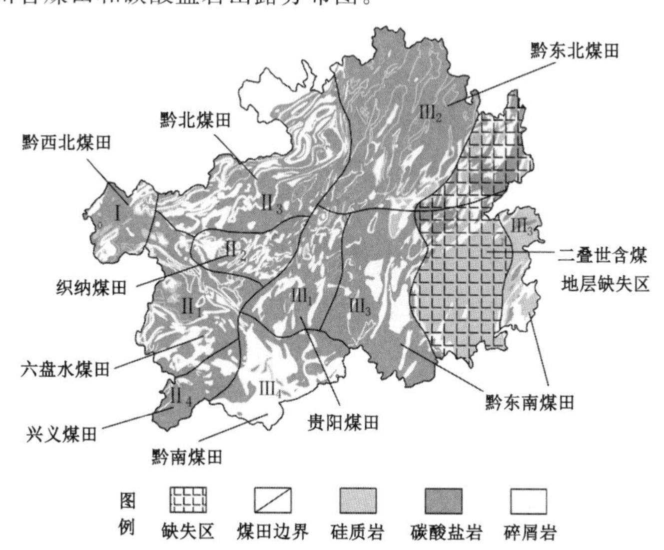

Ⅰ—陆相区（黔西北煤田）；Ⅱ—过渡相区（Ⅱ$_1$—六盘水煤田；Ⅱ$_2$—织纳煤田；Ⅱ$_3$—黔北煤田；Ⅱ$_4$—兴义煤田）；
Ⅲ—海相区（Ⅲ$_1$—贵阳煤田；Ⅲ$_2$—黔东北煤田；Ⅲ$_3$—黔东南煤田；Ⅲ$_4$—黔南煤田）。

图 1-1 贵州省煤田和碳酸盐岩出露分布图

西南地区岩溶系统发育的基本格局主要受构造和岩层的控制，碳酸盐岩地层中常见充水性溶洞、岩溶管道和断层等富水构造体，其形态和延伸的位置十分复杂，很难确定，它们往往形成各自的补给、径流和排泄系统，没有统一的水动力整体，这点和北方矿床的岩溶含水层有明显的不同。同时该地区矿床充水岩层裸露程度高，地表溶蚀洼地、漏斗、落水洞等都很发育，大气降水很快就转入地下，地下水与大气降水及地表水系水力联系密切，流量受大气降水控制明显，暴雨后的岩溶富水构造体给煤矿防治水工作带来了极大挑战，由此引发的一般和较大突水事故频频发生，重特大突水事故也不鲜见，如 2004 年 12 月 12 日，贵州省思南县天池煤矿上山掘进工作面发生突水事故，造成 36 人死亡；2011 年 5 月 29 日，贵州省贵阳市富宏煤矿南下山掘进工作面发生突水事故，造成 13 人死亡；2011 年 7 月 2 日，贵州省平塘县牛棚煤矿工作面掘进过程中发生突水事故，造成 23 人死亡。

贵州省煤矿的单井规模小，水文地质勘探程度普遍偏低，煤层开采产生的应力重新分布将不可避免地造成煤层顶底板岩层破坏，一旦岩层破坏区分布有未查明的富水块段，在采动和水压的双重作用下，极易产生突水灾害，造成巨大的经济损失和人员伤亡。尤其是随着煤炭资源的进一步开发，水文地质条件简单区的煤炭储量渐趋匮乏，煤炭生产将逐步面对日益复杂的水文地质条件，水害威胁日趋严重。目前矿山水害防治理论与相关技术大多适用于北方煤田，对于西南岩溶地区的研究还不深入。因此，探讨适用于西南岩溶地区的水害防治理论与技术具有较高的应用价值。

1.2 研究内容

1.2.1 西南喀斯特地区典型致灾构造体突水机理及防突厚度研究

(1) 构建水文地质概念模型，运用多物理场耦合软件进行数值模拟分析，再现溶洞、岩溶管道和断层突水的动态过程，研究突水从发育、发展到发生的不同演化阶段围岩内应力场、位移场和渗流场的变化规律，揭示应力和渗流耦合作用下岩溶地区矿井突水灾变演化机理。

(2) 总结与隔水围岩稳定性有关的影响因素，设置合理的因素水平，根据正交试验原理设计试验组合，确定不同工况下的防突厚度大小。对模拟结果进行极差和方差分析，总结各个因素对防突厚度的影响程度，并运用多元线性回归方法得到岩溶管道和断层的岩体防突厚度预测模型。

1.2.2 耦合导水裂隙带发育高度和地下水流模型的涌水量预测方法研究

根据西南地区典型煤矿的地质条件空间分布差异性，制作导水裂隙带发育高度分区计算图，对不同地质条件下的导水裂隙带发育高度进行数值模拟计算。在对水文地质条件分析的基础上，考虑岩溶地下水通过导水裂隙带从含水层到开采工作面的渗流方式，建立基于 Darcy 流、Brinkman 非 Darcy 流、Navier-Stokes 非线性流的矿井三维水文地质模型，同时将导水裂隙带和开采工作面与地下水流模型进行耦合，模拟地下水沿导水裂隙带涌入工作面的动态过程，预测矿井涌水量。相关研究可以探讨如何在矿井涌水量预测的过程中设置导水裂隙带这一关键因素，弥补现有方法的缺陷。

1.2.3 西南地区煤层顶板岩溶含水层富水性分区及突水危险性评价技术研究

根据西南地区岩溶地下水赋存特征，从岩溶发育程度、含水层岩性组合、地质构造、含水层水文地质参数和地形地貌5个方面出发，构建较全面的西南地区煤层顶板岩溶含水层富水性评价指标体系。在此基础上，基于GIS和网络层次分析法（ANP）建立煤层顶板岩溶含水层富水性评价模型，实现典型煤矿煤层顶板岩溶含水层富水性分区。同时对不同地质条件下的煤层开采过程进行数值模拟计算，得到典型煤矿导水裂隙带发育高度分区计算结果。利用导水裂隙带高度与目标含水层底板标高进行比较判断突水发生的可能性，当导水裂隙带到达含水层，则根据含水层富水性的强弱判断突水危险性的大小，以此为原则，对典型煤矿煤层顶板突水危险性进行分区评价，并结合以往突水案例，对评价结果的准确性进行验证。根据相关研究提出的西南地区煤层顶板岩溶含水层富水性分区和突水危险性评价方法可以为相关领域的研究提供一定的参考。

1.2.4 煤层底板突水危险性评价集成系统开发和应用研究

为了解决数据处理、中间模型运算和突水结果呈现技术步骤分离化大的问题，根据煤层底板突水危险性评价技术流程，从业务逻辑和功能结构出发设计系统的总体架构，构建系统数据库结构（用户数据库＋属性数据库＋地理信息空间数据库）提供系统底层数据支撑，满足系统运行过程中数据的存储和调用。根据系统架构总体设计和用户易用性的特点，调用三方控件（WindowsForm控件、DevExpress控件、ArcEngine控件）和功能图标完成系统平台的搭建。基于SQL Server和.NET技术及机器学习算法，集成开发融合多源信息数据处理、指标体系建立、权重算法模型运算和可视化出图等多功能一体化的底板突水危险性预测系统，实现了从源数据到预测结果图层的快速“一”系统的集成开发。

2 西南喀斯特地区典型致灾构造突水机理及防突厚度研究

2.1 煤层底板富水承压溶洞突水灾变演化机理

2.1.1 煤层底板富水承压溶洞突水力学模型构建

根据资料统计[5-7]，西南岩溶地区95%以上溶洞发育的尺寸在2～20 m，其中约90%的溶洞跨度小于15 m，此时溶洞的空间形态在断面上表现为圆形或似圆形，而跨度大于15 m时，溶洞断面一般发育为大厅状。通常溶洞的跨度远小于煤层底板的长度。在力学模型的建立中，将溶洞顶板简化为圆形断面(图2-1)，同时考虑到由于溶洞内水压力在隔水岩体中传导时向周围扩散，底板岩体受力变形破坏区域往往大于溶洞顶板断面尺寸的现象，又将底板隔水岩层、溶洞顶板组成的系统简化为由无数半径递增的薄圆板组合形成的圆锥台体(图2-2)，加之溶洞内水压的传导、隔水岩层受力状态特性，基于弹性力学理论，提出如下假设：

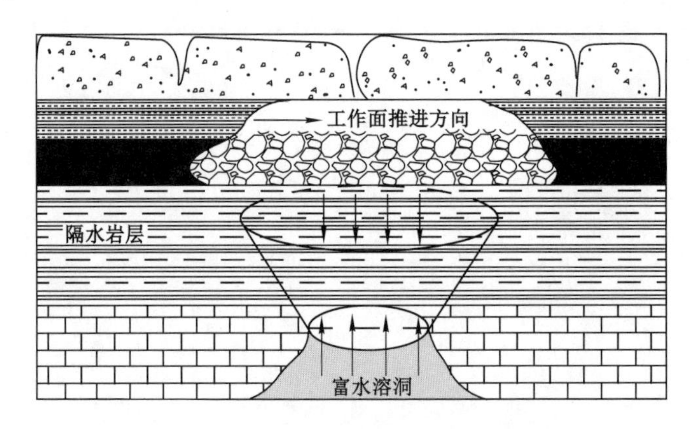

图2-1 煤层底板溶洞突水模型概化示意图

(1) 溶洞顶板断面、煤层底板受力区域均视为均匀圆形，且隔水岩层受力区域半径大于溶洞断面半径；将隔水岩体视为均匀、连续的各向同性体，且其内部应力已处于平衡状态；系统岩体为无数周围固支、半径递增、厚度均等的弹性薄圆板构成的圆锥台体，不同半径薄圆板的最大挠度相同。

(2) 溶洞水压通过前一薄圆板传导至下一薄圆板，在隔水岩体中不断传导、扩散；岩体各部分只在受力区域内变形破坏，其余部分不变形。

(3) 只考虑隔水岩体在竖直方向受到均布溶洞承压水压力、上覆岩层作用力下产生的

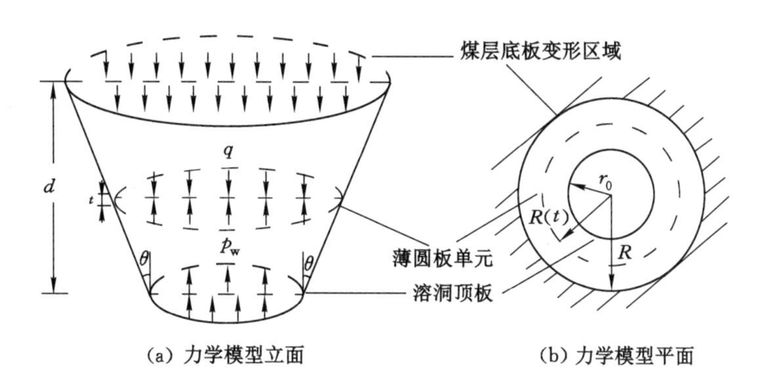

图 2-2 煤层底板溶洞突水力学模型

剪切破坏;不考虑岩溶水对围岩的各类损伤以及在传导过程中能量的损耗,且在计算合力做功时忽略岩体由于外力挤密产生的微小形变。

图 2-2 中,溶洞顶板半径为 r_0,圆锥台体母线与竖直方向的夹角为 θ,煤层底板实际受力变形、破坏区域半径为 R,其中 $R=d\tan\theta+r_0$;上覆岩层作用力为 q,包含上覆岩层自重及开采扰动的作用力,溶洞水压力为 p_w,隔水岩层厚度为 d,薄圆板的厚度为 t,且 t 远小于 d。且根据弹性力学理论可得,薄圆板的挠曲线方程为:

$$\omega(r)=\frac{p_w-q}{64D}(R^2-r^2)^2 \tag{2-1}$$

模型的边界条件为:

$$\begin{cases}(u_r)_{r=R}=0,(\omega_r)_{r=R}=0,\left(\dfrac{\mathrm{d}\omega}{\mathrm{d}r}\right)_{r=R}=0\\(u_r)_{r=0}=0,\left(\dfrac{\mathrm{d}\omega}{\mathrm{d}r}\right)_{r=0}=0\end{cases} \tag{2-2}$$

式中,r 为距受力区域圆心的距离;u_r 为径向位移;D 为圆板的抗弯刚度,$D=Et^3/[12(1-\mu^2)]$,E 和 μ 分别为薄圆板的弹性模量与泊松比。

由几何条件可得,圆锥台体内任一位置薄圆板的半径 $R(t)$ 为:

$$R(t)=\frac{R-r_0}{d}t+r_0 \tag{2-3}$$

溶洞内水压扩散传导到不同位置薄圆板的压力 $p_w(t)$ 满足:

$$\pi R(t)^2p_w(t)=\pi r_0^2p_w \tag{2-4}$$

将式(2-3)代入式(2-4)可得:

$$p_w(t)=\frac{r_0^2p_w}{\left(\dfrac{R-r_0}{d}t+r_0\right)^2} \tag{2-5}$$

由假设(1)可得薄圆板中心的最大挠度 ω_m 为:

$$\omega_m=\frac{[p_w(t)-p_w]R^4}{64D} \tag{2-6}$$

式中,p_w 为溶洞内水压力;$p_w(t)$ 为不同位置薄圆板的水压力;R 为底板变形破坏区域半径;D 为圆板的抗弯刚度。

2.1.2 基于突变理论的煤层底板溶洞突水力学判据

2.1.2.1 突变理论概述

煤层底板溶洞突水本质上是一种岩体内部的弹性能量从量变积累到质变的突破，是一种动态、非线性、不可逆的演化过程，符合突变理论的描述[8]。突变理论由法国数学家 Thom 于 1972 年提出，可以用来描述非线性系统在某些作用力的影响下，从连续渐变转变为状态突变的现象[9]。尖点突变模型[10-13]能适用于岩体失稳破坏的情形，其势函数能用两个控制参数 u、v 来表示，标准表达式为：

$$\Pi(x)=\frac{1}{4}x^4+\frac{1}{2}ux^2+vx \tag{2-7}$$

式中，u、v 为控制变量；x 为状态变量。对应的平衡位置满足：

$$\Pi'(x)=x^3+ux+v=0 \tag{2-8}$$

式(2-8)在(x,u,v)空间中构成了一个褶皱曲面，该曲面由上、下、中三叶组成，如图 2-3(a)所示。状态变量 x 从小变大对应从下叶发展到中叶，系统从稳定状态转变为稳定临界状态，继续发展则将发生突变现象，跳跃至上叶，系统发生突变失稳破坏，如图 2-3(b)所示。将平衡曲线投影在 u-v 平面，可得分叉集，如图 2-3(c)所示。

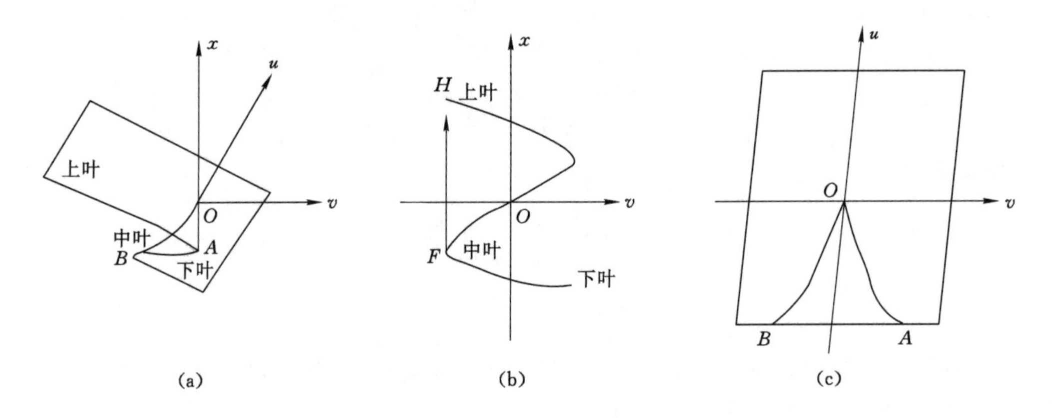

图 2-3 尖点突变模型

对势函数进行二阶偏导，可得系统的临界稳定方程为：

$$\Pi''(x)=3x^2+u=0 \tag{2-9}$$

联立式(2-8)消去 x，可得分叉集方程为：

$$4u^3+27v^2=0 \tag{2-10}$$

由以上分析及公式可知，当 $u\leqslant 0$ 时系统即产生突变失稳破坏。

2.1.2.2 煤层底板溶洞突水力学判据

通过对上述力学模型的解析，可以构建模型的势函数表达式，将其转化为尖点突变模型中的标准势函数表达式后便可推导突水的力学判据。整个模型系统的势能 Π 由圆锥台体的变形势能 U、外力对其做功 W 两部分构成，其中系统变形势能包括隔水岩层的弯曲变形势能 U_1 以及中面应变势能 U_2，外力做功为合力在轴向上做功 W_1、径向上做功 W_2 之和，即：

$$\Pi=U-W \tag{2-11}$$

其中：

$$U = U_1 + U_2, W = W_1 + W_2 \tag{2-12}$$

隔水岩层弯曲变形势能 U_1 为：

$$U_1 = \pi D\int_0^R \left[r\left(\frac{\mathrm{d}^2\omega}{\mathrm{d}r^2}\right)^2 + \frac{1}{r}\left(\frac{\mathrm{d}\omega}{\mathrm{d}r}\right)^2\right]\mathrm{d}r = \frac{32\pi D\omega_{\mathrm{m}}^2}{3R^2} \tag{2-13}$$

中面应变势能 U_2 为无数个厚度为 $\mathrm{d}t$ 的薄圆板单元的应变势能 $U_{\mathrm{d}t}$ 在轴向积分而得，即：

$$U_2 = \int_0^d \mathrm{d}U_{\mathrm{d}t} \tag{2-14}$$

$$U_{\mathrm{d}t} = \frac{\pi E\,\mathrm{d}t}{1-\mu^2} \times \int_0^{R(t)} \left\{\left[\frac{\mathrm{d}u_r}{\mathrm{d}r} + \frac{1}{2}\left(\frac{\mathrm{d}\omega}{\mathrm{d}r}\right)^2\right]^2 + \frac{u_r^2}{r^2} + 2\mu\,\frac{u_r}{r}\left[\frac{\mathrm{d}u_r}{\mathrm{d}r} + \frac{1}{2}\left(\frac{\mathrm{d}\omega}{\mathrm{d}r}\right)^2\right]\right\} r\,\mathrm{d}r \tag{2-15}$$

其中由边界条件式可将 u_r 用级数形式表示为：

$$u_r = \left[1 - \frac{r}{R(t)}\right]\frac{r}{R(t)}\left[A_0 + A_1\frac{r}{R(t)} + A_2\frac{r^2}{R(t)^2} + \cdots\right] \tag{2-16}$$

忽略高阶无穷量取级数表达式前两项得到：

$$u_r = \left[1 - \frac{r}{R(t)}\right]\frac{r}{R(t)}\left[A_0 + A_1\frac{r}{R(t)}\right] \tag{2-17}$$

根据弹性力学中的变分法[14]可得：

$$A_0 = a_1\frac{\omega_{\mathrm{m}}^2}{R(t)}, A_1 = -a_2\frac{\omega_{\mathrm{m}}^2}{R(t)} \tag{2-18}$$

式中，a_1、a_2 为变分常数。

将式(2-18)代入式(2-17)可得：

$$u_r = \left[1 - \frac{r}{R(t)}\right]\frac{r}{R(t)}\left[a_1\frac{\omega_{\mathrm{m}}^2}{R(t)} - a_2\frac{\omega_{\mathrm{m}}^2}{R(t)}\frac{r}{R(t)}\right] \tag{2-19}$$

将 u_r 代入式(2-15)可得：

$$U_{\mathrm{d}t} = a_3\frac{\pi E\,\mathrm{d}t}{(1-\mu^2)R(t)^2}\omega_{\mathrm{m}}^4 \tag{2-20}$$

圆锥台体的变形势能 U 为：

$$\begin{aligned} U &= U_1 + \int_0^d \mathrm{d}U_{\mathrm{d}t} \\ &= \frac{32\pi D\omega_{\mathrm{m}}^2}{3R^2} + \int_0^d a_3\frac{\pi E}{(1-\mu^2)R(t)^2}\omega_{\mathrm{m}}^4\,\mathrm{d}t \\ &= \frac{32\pi D}{3R^2}\omega_{\mathrm{m}}^2 + \frac{a_3\pi E d}{(1-\mu^2)Rr_0}\omega_{\mathrm{m}}^4 \end{aligned} \tag{2-21}$$

外力做功 W 为：

$$W = W_1 + W_2 = \iint[p_{\mathrm{w}}(t) - q]\omega r\,\mathrm{d}\theta\,\mathrm{d}r + \iint[p_{\mathrm{w}}(t) - q]u_r r\,\mathrm{d}\theta\,\mathrm{d}\omega \tag{2-22}$$

其中，为避免积分过程中出现高阶小量，将 $p_{\mathrm{w}}(t)$ 做近似处理，当 $t=d$ 时，有：

$$p_{\mathrm{w}}(d) = \frac{r_0^2 p_{\mathrm{w}}}{\left(\frac{R-r_0}{d}d + r_0\right)^2} = \frac{r_0^2}{R^2}p_{\mathrm{w}} \tag{2-23}$$

代入式(2-22)积分可得：

$$W=\frac{1}{3}\pi\left(\frac{r_0^2}{R^2}p_w-q\right)R^2\omega_m-a_4\pi\left(\frac{r_0^2}{R^2}p_w-q\right)\omega_m^3 \tag{2-24}$$

将式(2-21)、式(2-24)代入式(2-11)可得模型的系统势能 Π 表达式为：

$$\Pi=a_3\frac{\pi Ed}{(1-\mu^2)Rr_0}\omega_m^4+a_4\pi\left(\frac{r_0^2}{R^2}p_w-q\right)\omega_m^3+\frac{32\pi D}{3R^2}\omega_m^2-\frac{1}{3}\pi\left(\frac{r_0^2}{R^2}p_w-q\right)R^2\omega_m \tag{2-25}$$

式中，a_3、a_4 为变分常数。

参照莫阳春[15]对模型的系统势能表达式进行变量代换如下：

令：

$$\begin{cases}b_0=0\\ b_1=-\frac{1}{3}\pi\left(\frac{r_0^2}{R^2}p_w-q\right)R^2\\ b_2=\frac{32\pi D}{3R^2}\\ b_3=a_4\pi\left(\frac{r_0^2}{R^2}p_w-q\right)\\ b_4=a_3\frac{\pi Ed}{(1-\mu^2)Rr_0}\end{cases} \tag{2-26}$$

则：

$$\Pi=b_4\omega_m^4+b_3\omega_m^3+b_2\omega_m^2+b_1\omega_m+b_0 \tag{2-27}$$

令：

$$x=\omega_m-B,B=\frac{b_3}{4b_4} \tag{2-28}$$

式(2-27)按以下矩阵进行变换：

$$\begin{pmatrix}c_0\\c_1\\c_2\\c_4\end{pmatrix}=\begin{pmatrix}B^4&-B^3&B^2&-B&1\\-4B^3&3B^2&-2B&1&0\\6B^2&-3B&1&0&0\\1&0&0&0&0\end{pmatrix}\begin{pmatrix}b_4\\b_3\\b_2\\b_1\\b_0\end{pmatrix} \tag{2-29}$$

式中，B、b_0、b_1、b_2、b_3、b_4 及 c_0、c_1、c_2、c_4 为参数，用于变量代换。

可得：

$$\Pi=c_0+c_1x+c_2x^2+c_4x^4 \tag{2-30}$$

令：

$$\bar{\Pi}=\frac{\Pi}{4c_4},u=\frac{c_2}{2c_4},v=\frac{c_1}{4c_4},\eta=\frac{c_0}{4c_4} \tag{2-31}$$

则有：

$$\bar{\Pi}=\frac{1}{4}x^4+\frac{1}{2}ux^2+vx+\eta \tag{2-32}$$

由$\overline{\Pi'(x)}=0$ 可得此系统平衡曲面方程：

$$\Pi'(x)=x^3+ux+v=0 \tag{2-33}$$

且分叉集方程为：

$$4u^3+27v^2=0 \tag{2-34}$$

根据突变理论，当 $u\leqslant 0$ 时，隔水岩体发生失稳破坏，底板突水，即：

$$\frac{c_2}{2c_4}\leqslant 0\Rightarrow\frac{6B^2b_4-3Bb_2+b_2}{b_4}\leqslant 0\Rightarrow\frac{4d^2}{9a_3}\leqslant 3B^2 \tag{2-35}$$

解不等式(2-35)可得煤层底板富水溶洞突水的力学判据为：

$$d\leqslant\sqrt[4]{\frac{27a_4^2R^3r_0(1-\mu^2)^2\left(\frac{r_0^2}{R^2}p_w-q\right)^2}{64a_3E^2}} \tag{2-36}$$

式中，d 为隔水岩体厚度；r_0 为溶洞顶板半径；R 为底板变形破坏区域半径；p_w 为溶洞内水压力；q 为上覆岩层作用力；E 为隔水岩体的弹性模量；μ 为隔水岩体的泊松比；a_3、a_4 为变分常数。

由式(2-36)可知，影响突水的因素包括岩体的弹性模量、泊松比、厚度和底板变形破坏区域半径、上覆岩层的作用力、溶洞的尺寸和水压，且当岩体厚度、弹性模量、泊松比越小，溶洞尺寸和水压越大时，隔水岩体越容易产生失稳破坏诱发突水。

2.1.3 煤层底板隐伏溶洞突水多场灾变演化机制研究

2.1.3.1 突水灾害过程

2004 年 12 月 12 日，贵州省思南县天池煤矿发生一起重大透水事故，事故发生当天有 81 人下井，分别在 2 个下山、5 个上山采掘点和回风巷等 9 个点作业，其中 1 号上山掘进工作面有 6 名工人作业，该工作面采用手镐挖煤掘进，至 10 时 30 分，1 号上山掘进工作面突然发生突水灾害，短时间内大量水流从 1 号上山涌出，迅速淹没井底大巷和二平巷等井巷，造成 21 人死亡，15 人失踪，直接经济损失 783 万元。

突水发生后经现场勘查，该矿区位于许家坝向斜东南翼的北东段，井田内无大河流、山塘，地表水主要源于大气降水；地下水受断裂构造及可溶性岩层的化学成分、岩性结构的影响，其构成具有一定的规律性，但地下岩溶含水系统十分复杂，含水性不均一。区内含水层主要为茅口组和吴家坪组，岩性均为石灰岩，主要含岩溶裂隙水和岩溶溶洞水。由于节理、裂隙及断裂构造发育不均一，故茅口组和吴家坪组两个含水层为不均一含水层。导致此次透水事故的直接原因是天池煤矿 1 号上山掘进工作面在掘进过程中，由于水文地质情况不明，接近了与煤层立体斜交的茅口组隐伏承压溶洞(水文地质剖面示意图见图 2-4)，在开采扰动和强大的水压作用下，承压水冲破隔水层，发生透水事故。

2.1.3.2 计算模型和监测方案

2.1.3.2.1 计算模型

以煤层底板隐伏溶洞突水为研究重点，根据案例地质背景资料，计算模型的走向方向 x 长为 500 m，倾向方向 y 宽为 500 m，溶洞概化为椭球，长轴斜交于煤层掘进方向，地层倾角概化为 18°，从上到下划分为 7 层地层。煤层开采方向与岩层逆倾向的方向一致，在远离溶洞时采取 10 m 步幅掘进，在接近溶洞时采用 4 m 步幅掘进，模型网格统一采用自由四面体网格进行划分，划分原则为靠近煤层和溶洞区域的网格密度大，周围逐渐减小。模型示意图见图 2-5。

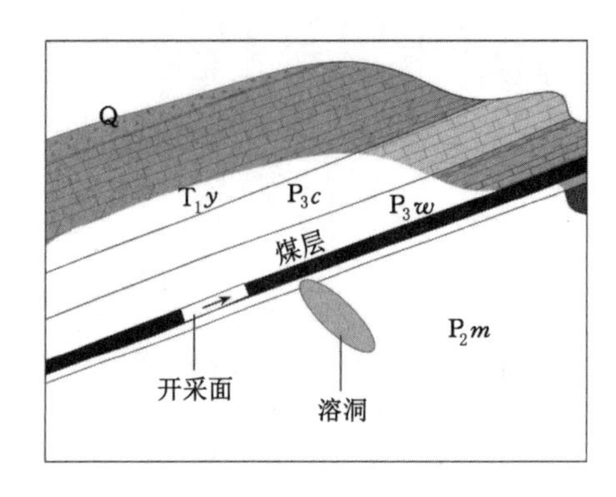

图 2-4　突水处水文地质剖面示意图

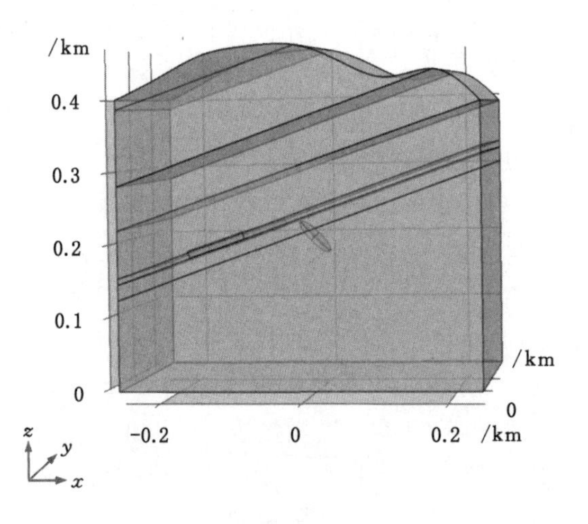

图 2-5　数值计算模型示意图

(1) 固体力学边界条件:模型顶部、采掘工作面设置为自由边界条件,模型 x 方向设置为辊支撑边界条件,y 方向设置为对称边界条件;底部为全约束边界条件。整个煤层开采过程应用 Drucker-Prager 屈服准则,匹配摩尔-库仑准则,并采用弹塑性模型进行求解计算。

(2) 渗流边界条件:本次模拟模型溶洞外壁设定为透水边界,水源补给为茅口灰岩中的岩溶管道,其他外表面设定为不透水边界。

2.1.3.2.2　监测方案

监测点布置遵循重点部位重点监测的原则,在煤层底板布设 4 个监测点:a、b、c、d,用来监测掘进过程中煤层底板的应力和位移。在煤层与溶洞之间的隔水岩体布设 4 个监测点:A、B、C、D,其中 A、B、C 用来监测突水案例模拟过程中的孔隙水压力,D 用来监测不同地质条件下突水过程中隔水层内的应力、位移和孔隙水压变化。监测点位置见图 2-6。

2.1.3.3　模拟计算结果与分析

2.1.3.3.1　煤层开采对围岩应力的影响

以溶洞为中心垂直岩层走向划分切面,提取 4 个开挖步的切面应力放大云图进行围岩应力特征分析,如图 2-7 所示。由图可见,采掘导致采空区临空面围岩发生卸荷,造成区域应力场重分布,煤层顶、底板应力出现比周围岩体应力低的现象,而在采掘工作面形成了局

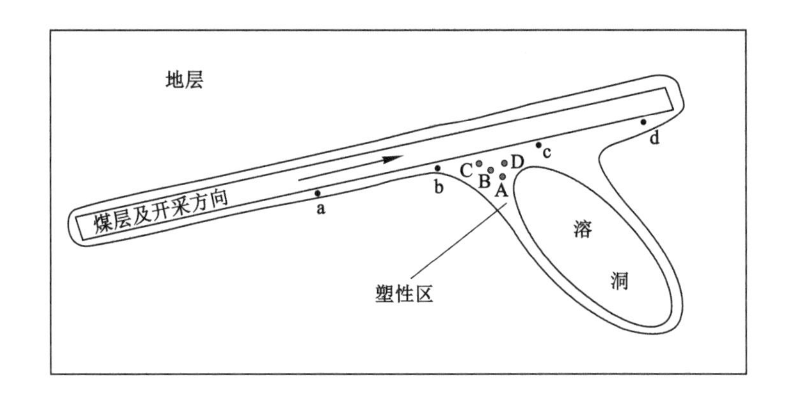

图 2-6 监测点布置图

部高应力集中区；由于溶洞形状的差异，溶洞附近应力分布受到影响，溶洞外壁靠近工作面一侧应力值高于背对工作面一侧；随着采掘工作面的推进，工作面和溶洞外壁均呈现应力增大的现象，当采掘工作面穿过溶洞影响区域后，溶洞附近应力值出现下降。

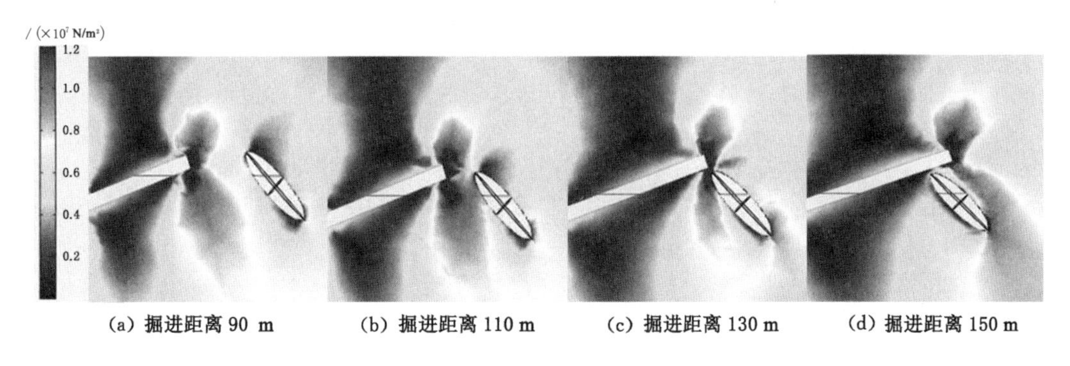

图 2-7 围岩应力分布云图

图 2-8 给出了随着煤层开采煤层底板各个监测点(a～d)的应力变化曲线图。从图中可以看出，采掘工作面经过监测点前，应力值处于相对平稳的状态，经过监测点时，应力值明显增大，而通过监测点后，应力值出现陡降并逐渐稳定。

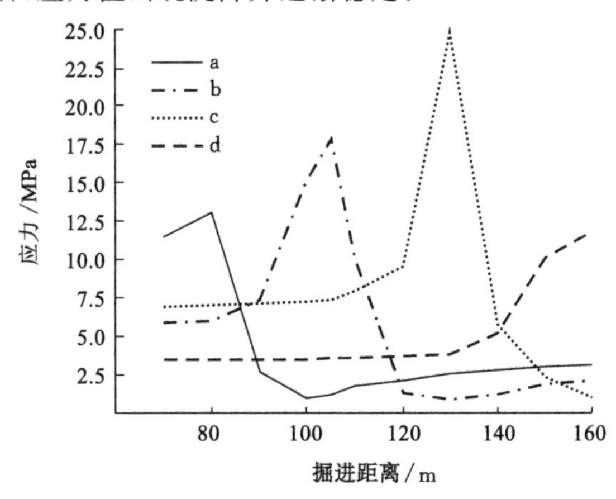

图 2-8 煤层底板监测点应力随掘进距离变化曲线

2.1.3.3.2 煤层开采对围岩位移的影响

图 2-9 给出了随着煤层开采围岩垂直位移分布云图。由图可知，煤层开采形成的临空面造成了垂直位移的变化，巷道底板附近产生正向位移，巷道顶板附近产生负向位移，越靠近开采临空面产生的位移量就越大，顶板围岩的位移总体上大于底板围岩。

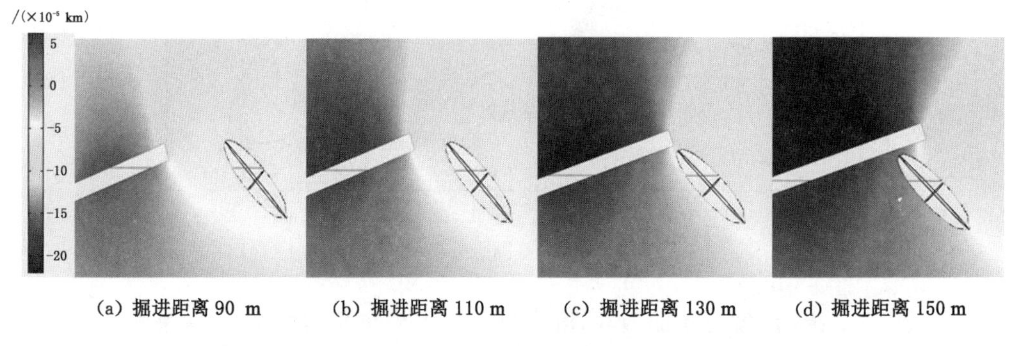

(a) 掘进距离 90 m　(b) 掘进距离 110 m　(c) 掘进距离 130 m　(d) 掘进距离 150 m

图 2-9 围岩位移分布云图

图 2-10 为煤层底板各监测点位移随掘进距离的变化曲线图。由图可知，采掘工作面经过监测点前，位移值处于相对平稳的状态，经过监测点时，位移值出现急剧增大的正向位移，尤其是在接近溶洞附近区域时，位移值增大的幅度更大，通过监测点后，位移值迅速趋于平缓。

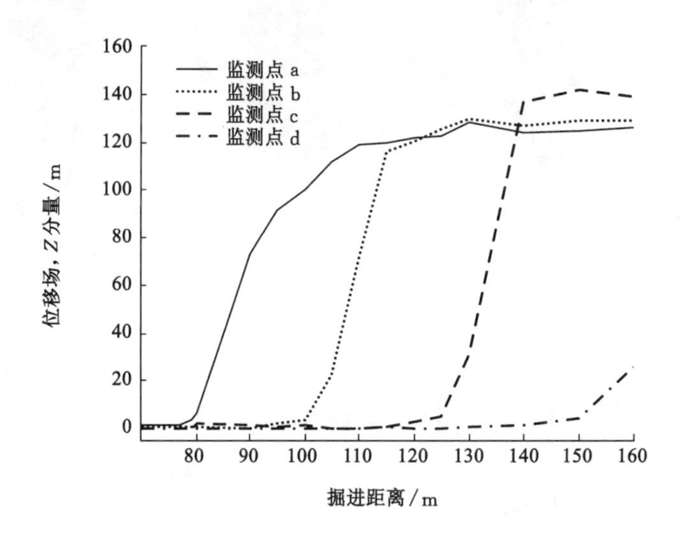

图 2-10 煤层底板监测点位移随掘进距离变化曲线

2.1.3.3.3 煤层开采对围岩塑性区的影响

图 2-11 给出了随着煤层开采围岩塑性应变的分布云图。由图可见，随着掘进工作面的推进，掘进工作面和煤层顶、底板均产生了一定程度的塑性应变：当掘进工作面距离溶洞较远时，开采对溶洞周围塑性区影响较小；当掘进工作面接近溶洞时，工作面和溶洞之间的塑性应变区均有所增加，并有相互靠拢的趋势；当巷道穿越溶洞正上方时，掘进工作面与溶洞塑性应变区基本相连，此时发生了突水灾害；当继续向前掘进时，溶洞与煤层底板塑性应变区得到进一步扩展。

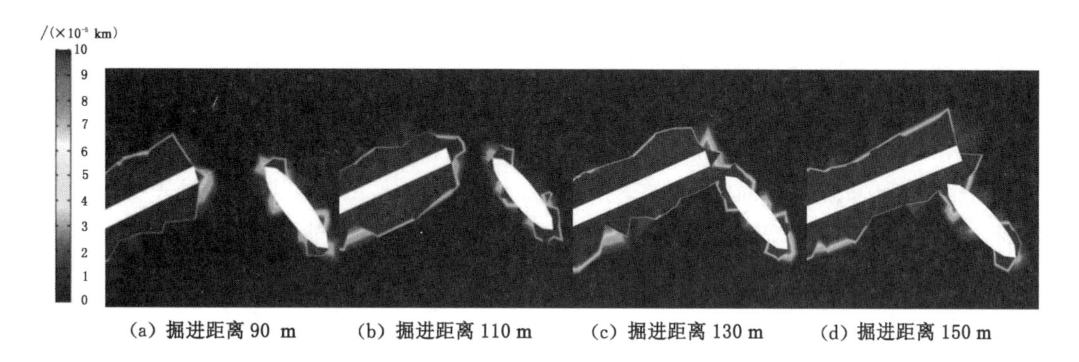

图 2-11 围岩塑性区分布云图

2.1.3.3.4 围岩孔隙水压总体特征分析

图 2-12 给出了随着煤层开采溶洞周围区域的孔隙水压分布云图。由图可知，溶洞在内部高水压的驱动下，孔隙水压由洞壁逐渐向附近围岩过渡，并随之减小。当煤层掘进距离距溶洞较远时，孔隙水压分布基本不受影响，随着采掘工作面逐渐靠近溶洞，溶洞周围的孔隙水压发生显著变化。

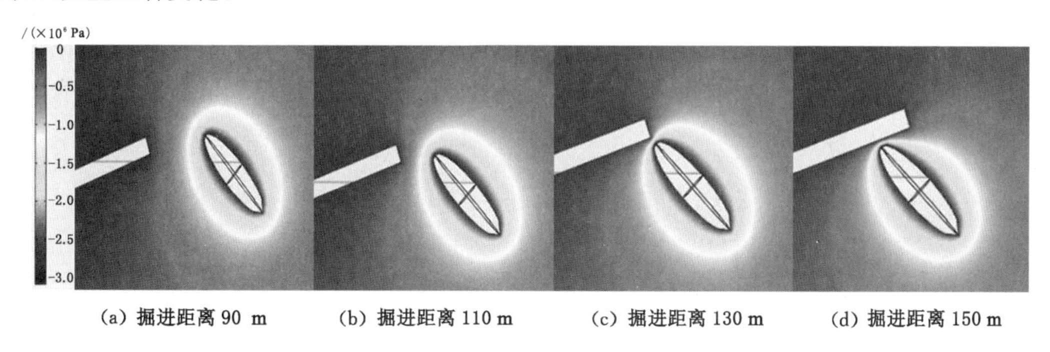

图 2-12 围岩孔隙水压分布云图

图 2-13 为煤层与溶洞之间隔水层内监测点 A、B、C 的孔隙水压随巷道掘进的变化曲线图。由图可知，采掘工作面逐渐接近溶洞的过程中，各监测点的孔隙水压首先出现逐渐减小的趋势，且减小速度逐渐变快，当掘进工作面接近和穿过溶洞上方时，各监测点孔隙水压出现陡降现象，且均在掘进距离 125～130 m 处下降最快，推测在此处发生了突水；当工作面逐渐远离溶洞时，孔隙水压逐步趋于稳定。

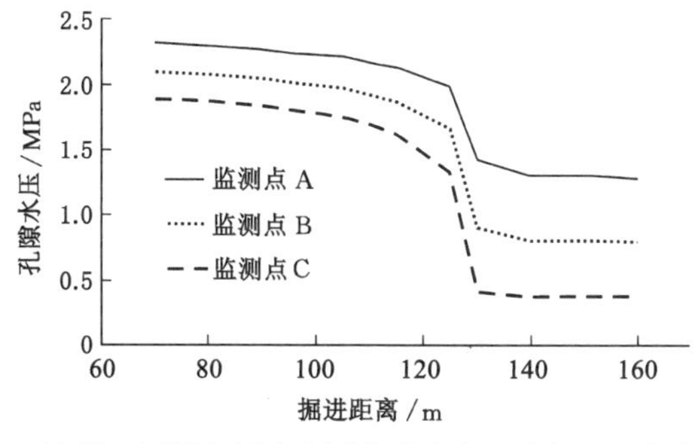

图 2-13 溶洞上覆隔水层内监测点孔隙水压随掘进距离变化曲线

2.1.3.4 煤层开采隐伏溶洞突水渗流过程分析

2.1.3.4.1 溶洞突水非线性渗流耦合模型

Navier-Stokes方程是不可压缩自由流动方程，该方程忽略了渗流阻力对流体流动的影响，突水后水流在采掘工作面内的流动状态比较符合 Navier-Stokes 方程的运动特点。破碎带是溶洞和采掘工作面之间的过渡区域，该区域内地下水的流动呈现非 Darcy 非线性渗流的运动特点，当水流在该区域流动时，速度一般较快，不能完全忽略由剪切作用引起的能量耗散，也就是说流体的剪切应力需要被考虑，而非线性渗流 Brinkman 方程正好考虑了这一因素，比较适合用来描述这个区域地下水的流动情况。为了更好地解读突水发生过程中渗流场的变化，将突水渗流过程视为一个连续的系统，通过破碎带把溶洞和采掘工作面两个区域内的流动联合在一起，同时在两个区域的交界面上分别设置水压和流速相等。

Navier-Stokes 自由流动方程可用来描述压力、黏性阻力和重力作用下流体的运动规律，在河道流以及流体管流研究中得到了广泛应用。Navier-Stokes 方程[16]可表示为：

$$\rho u \nabla u = \nabla \cdot (-p\boldsymbol{I} + \eta(\nabla u + (\nabla u)^{\mathrm{T}})) + F \tag{2-37}$$

式中，u 表示流体流速；p 表示流体压力；ρ 表示流体密度；η 表示动力黏滞系数；$\boldsymbol{I}$ 表示单位矩阵；F 表示流体阻力。

Brinkman 方程对于描述流体在孔隙介质中快速运动形成的剪切力以及渗透压力作用下的流动特征和运动规律更为合理，比较适合描述岩体破坏区域中的非 Darcy 快速渗流。Brinkman 方程[17]可表示为：

$$\begin{cases} \dfrac{\eta}{k} \cdot u = \nabla \cdot \left(-p\boldsymbol{I} + \dfrac{\eta}{\varepsilon_{\mathrm{p}}}(\nabla u + (\nabla u)^{\mathrm{T}})\right) - \dfrac{\rho \varepsilon_{\mathrm{p}} C_{\mathrm{f}}}{\sqrt{k}} u \mid u \mid \\ \nabla \cdot u = 0 \end{cases} \tag{2-38}$$

$$C_{\mathrm{f}} = \frac{1.75}{\sqrt{150\varepsilon_{\mathrm{p}}^{3}}} \tag{2-39}$$

$$\beta_{\mathrm{F}} = \frac{\rho \varepsilon_{\mathrm{p}} C_{\mathrm{f}}}{\sqrt{k}} \tag{2-40}$$

式中，k 表示多孔介质渗透率；u 表示流体流速；p 表示流体压力；$\boldsymbol{I}$ 表示单位矩阵；η 表示动力黏滞系数；ε_{p} 表示孔隙率；C_{f} 表示摩擦系数；β_{F} 表示 Forchherimer 曳力参数。

当溶洞突水发生时，溶洞内地下水在水压和重力作用下流动，可用 Navier-Stokes 渗流方程表示；突水通道内地下水流动呈现非线性渗流的运动特点，可用 Brinkman 非线性渗流方程表示；当地下水涌入工作面自由流动时，符合 Navier-Stokes 渗流方程运动特征。由此可见，煤层底板溶洞突水过程中水流的流动经历了两个物理转化过程。在本书的计算模型中，联立方程(2-37)和方程(2-38)对溶洞突水过程中地下水流场变化规律进行分析。

2.1.3.4.2 数值计算结果与分析

突水通道形成后，溶洞内的地下水沿突水通道进入采掘工作面，此处重点研究溶洞到采掘工作面的地下水渗流过程。图 2-14 和图 2-15 分别描述了整个突水水流路径下的地下水速度和压力分布云图。图 2-16 为监测点分布图，图 2-17 和图 2-18 为各个监测点的地下水速度和压力变化图。

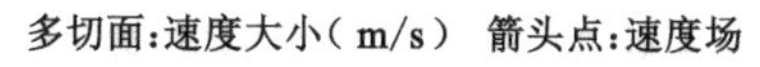

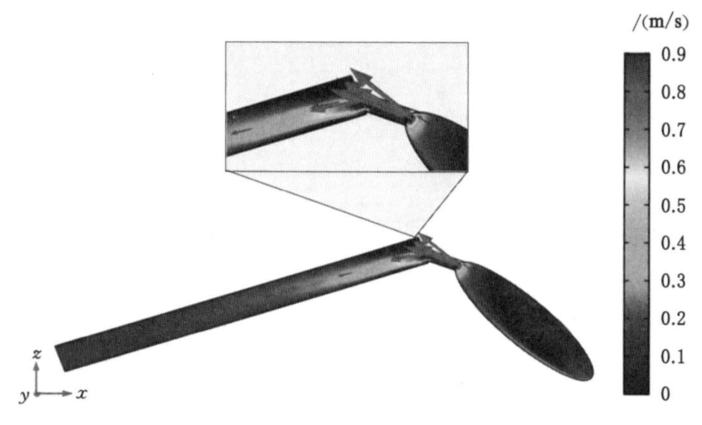

图 2-14 渗流过程速度分布云图

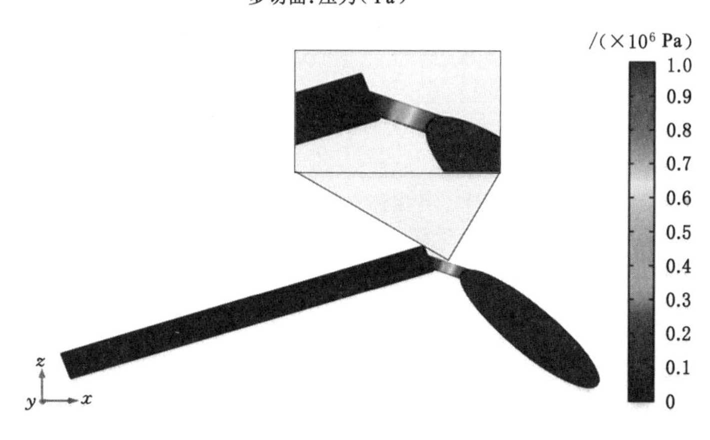

图 2-15 渗流过程压力分布云图

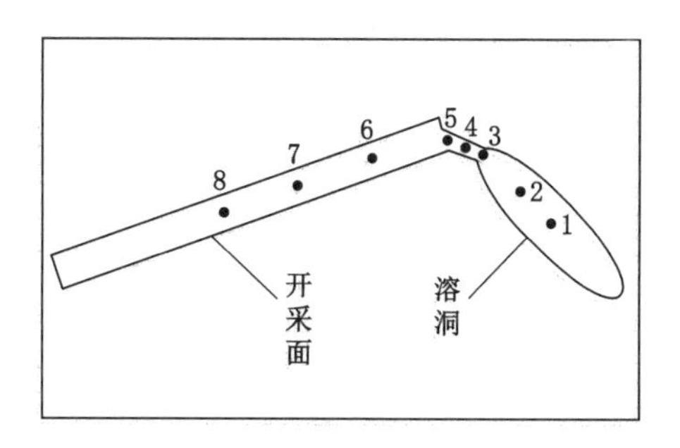

图 2-16 渗流过程速度-压力监测点示意图

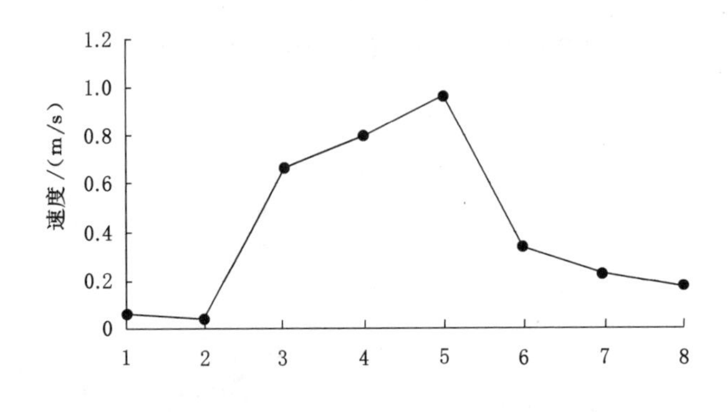

图 2-17　各监测点地下水速度变化

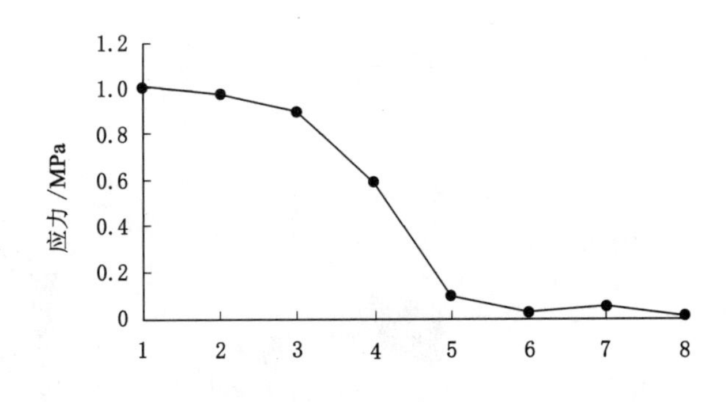

图 2-18　各监测点地下水压力变化

由图 2-14 和图 2-15 可知，地下水流动过程中，两个流域内流速变化是连续的，具体表现为溶洞内部靠近突水通道区域地下水速度明显增大，在突水通道内流速持续增大，在突水通道与采掘工作面交界处流速达到最大，在采掘工作面内地下水流速迅速减小。水压沿流程不断减小，能量逐渐转化为流速，在溶洞内水压最大，当地下水进入工作面后，压力减到最小。

由图 2-17 可知，沿着 1-2-3-4-5-6-7-8 各监测点，溶洞与突水通道相连的部位，地下水流速迅速增加，当进入突水通道后，流速仍在持续增加，但发现此时流速增加速度较之前有了显著下降，造成此现象的原因可能是流体进入突水通道后，为了克服水分子与岩体之间的摩擦消耗了自身动能，地下水流速在突水通道与采掘工作面交界处达到最大值，而后地下水进入自由流动状态，流速逐渐减小，最后趋于稳定。

由图 2-18 可知，沿着 1-2-3-4-5-6-7-8 各监测点，水压沿流程不断减小，具体变化过程为：地下水由溶洞向突水通道运动过程中水压逐渐减小，约从 1.0 MPa 下降至0.85 MPa。当地下水进入突水通道向采掘工作面运动过程中，水压力出现急剧下降的现象，约从0.85 MPa下降至 0.11 MPa。当地下水进入采掘工作面后，压力逐渐减小到 0，并保持稳定。

2.1.3.5　不同地质条件对煤层底板溶洞突水的影响作用

尽管在工程案例背景下的数值模拟试验具有较强的代表性，但是对不同地质条件下的溶洞突水过程反映尚有不足。因此，考虑从溶洞尺寸、溶洞水压和隔水层厚度3个方面分析不同地质条件对溶洞突水的影响作用。按每个因素的不同水平分别设置5组数值模拟试验，当其中一个因素水平变化时，其他两个因素的水平不变。模型物理力学、岩层产状等参数以天池煤矿地质背景为基础，在煤层与溶洞之间的隔水层设置监测点D，监测点位置见图2-6，以分析不同地质条件下隔水层内的应力、位移、孔隙水压的变化规律。

2.1.3.5.1　溶洞尺寸对煤层底板溶洞突水的影响

设溶洞水压为3 MPa，隔水层厚度为2 m，研究不同溶洞直径(20 m、23 m、26 m、29 m、32 m)条件下的隔水层内的应力、位移、孔隙水压变化规律(图2-19、图2-20、图2-21)。

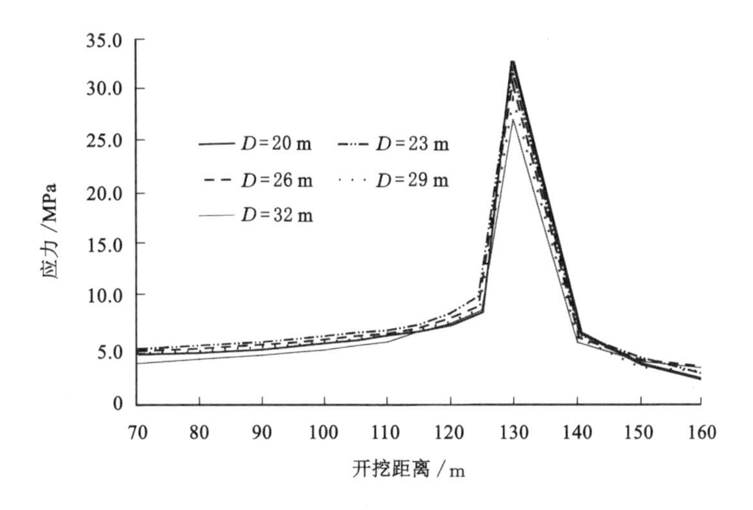

图2-19　不同溶洞尺寸下隔水层内应力变化

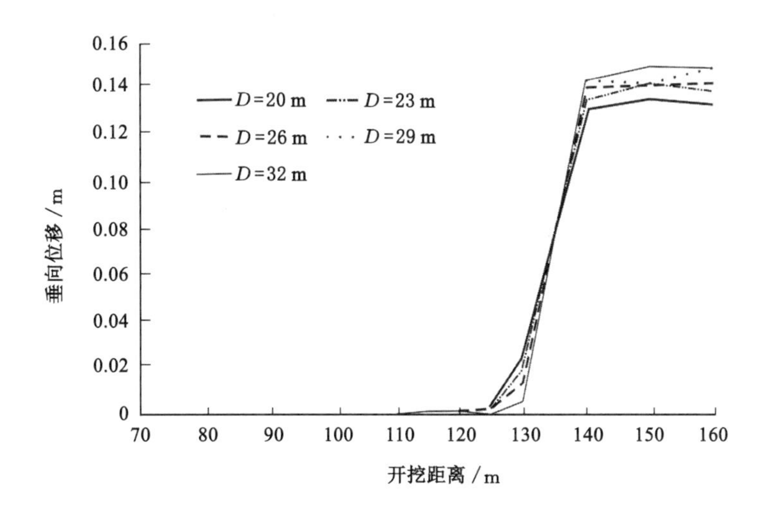

图2-20　不同溶洞尺寸下隔水层内位移变化

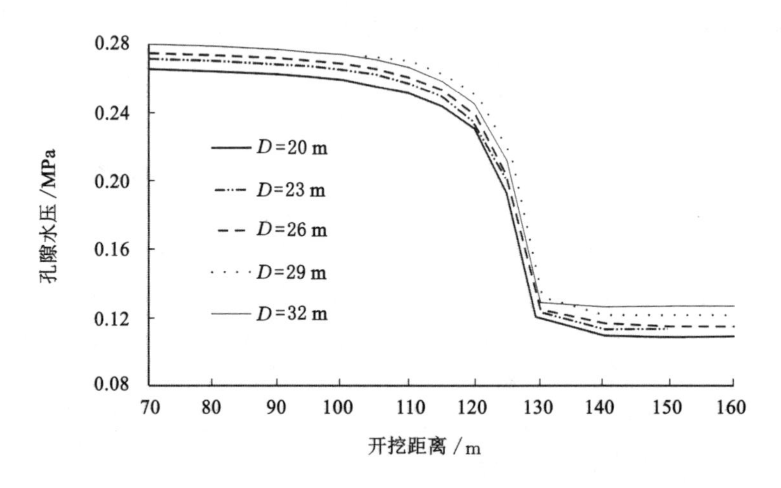

图 2-21　不同溶洞尺寸下隔水层内孔隙水压变化

由图可知，在突水发生之前，随着掘进工作面不断靠近溶洞，隔水层内的应力和孔隙水压有微小波动，而位移保持不变；突水发生时，不同溶洞尺寸下的隔水层内应力先有显著上升，后发生陡降，位移和孔隙水压力分别出现突然上升和突然下降；突水发生之后，随着掘进工作面逐渐远离溶洞，隔水层的应力和孔隙水压逐渐趋于稳定，但位移仍存在小幅波动。同时可以发现溶洞半径越大，孔隙水压和位移越大，应力越小。

2.1.3.5.2　溶洞水压对煤层底板溶洞突水的影响

设溶洞直径尺寸为 29 m，隔水层厚度为 2 m，研究不同溶洞水压（2 MPa、3 MPa、4 MPa、5 MPa、6 MPa）条件下的隔水层内的应力、位移和孔隙水压的变化规律（图 2-22、图 2-23、图 2-24）。

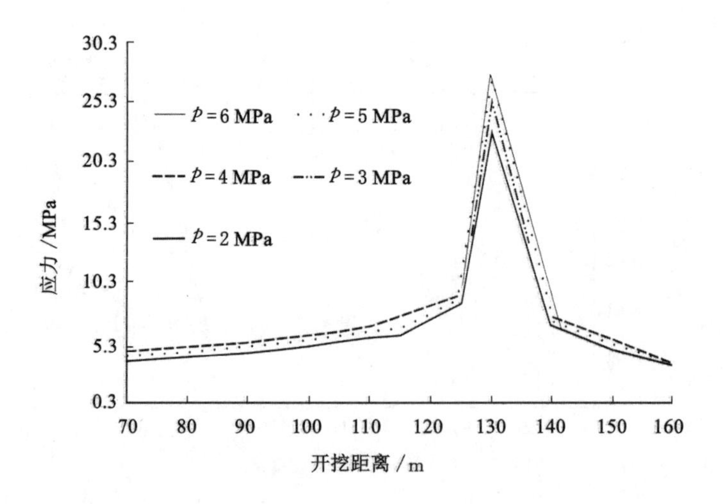

图 2-22　不同溶洞水压下隔水层内应力变化

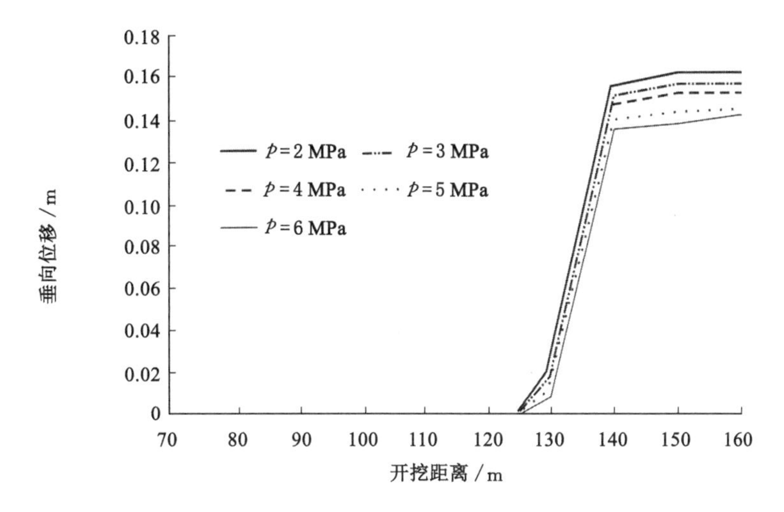

图 2-23　不同溶洞水压下隔水层内位移变化

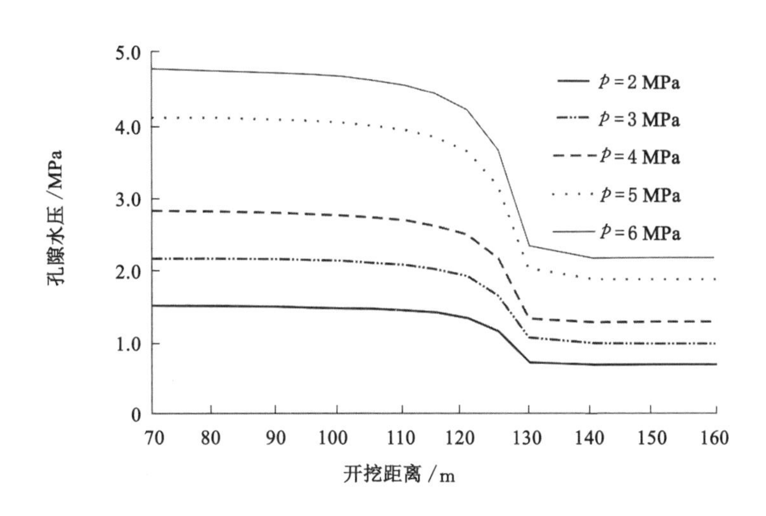

图 2-24　不同溶洞水压下隔水层内孔隙水压变化

由图可知，突水发生之前，随着掘进工作面不断靠近溶洞，不同溶洞水压下的隔水层内的应力小幅度增加，位移保持稳定，孔隙水压出现减小的趋势；突水发生时，不同溶洞水压下的隔水层应力表现为先大幅度上升，后大幅度下降，位移和孔隙水压分别表现为陡升和陡降；突水发生之后，随着掘进工作面逐渐远离溶洞，隔水层内的应力和孔隙水压逐渐趋于稳定，而位移仍有小幅上升。同时可以发现溶洞水压越大，孔隙水压和应力越大，位移越小。

2.1.3.5.3　隔水层厚度对煤层底板溶洞突水的影响

设溶洞水压为 3 MPa，溶洞直径尺寸为 29 m，研究不同隔水层厚度（2 m、4 m、6 m、8 m、10 m）条件下的隔水层内的应力、位移、孔隙水压的变化规律（图 2-25、图 2-26、图 2-27）。

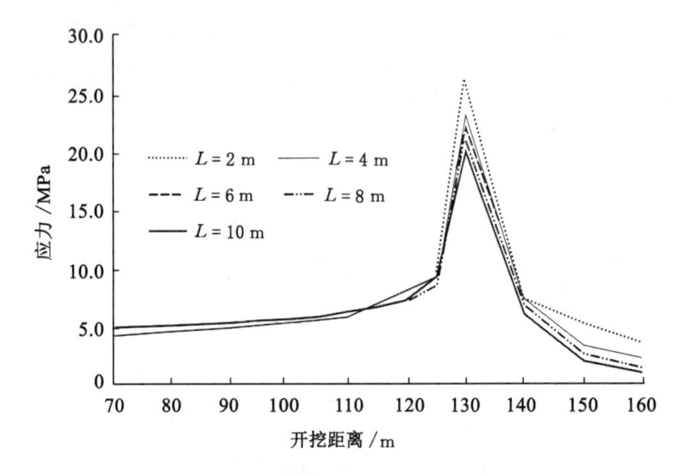

图 2-25 不同隔水层厚度下应力变化

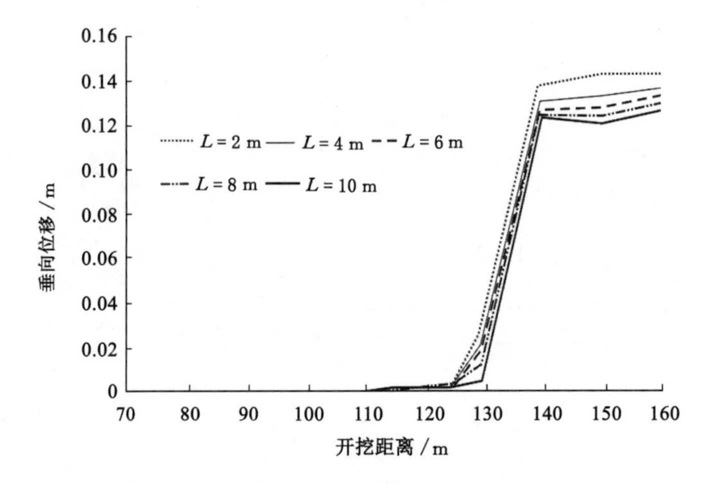

图 2-26 不同隔水层厚度下位移变化

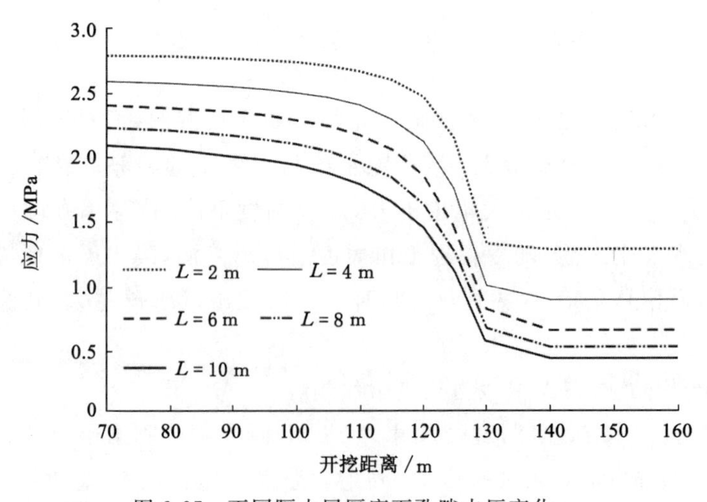

图 2-27 不同隔水层厚度下孔隙水压变化

由图可知，在突水发生之前，随着采掘工作面不断靠近溶洞，不同厚度隔水层内的应力缓慢增加，水压缓慢下降，而位移保持不变；突水发生时，不同隔水层厚度下的应力表现为先迅速上升，后大幅度下降，位移和孔隙水压分别表现为陡升和陡降；突水发生之后，随着掘进工作面逐渐远离溶洞，隔水层内的孔隙水压逐渐趋于稳定，而位移和应力呈现小幅波动。同时可以发现隔水层厚度越大，孔隙水压、应力和位移越小，说明隔水层厚度是制约突水发生的关键因素。

2.1.4 小结

（1）煤层底板溶洞突水发生的关键取决于隔水岩体的稳定性，隔水岩体的稳定性与其力学作用机制密切相关，研究将溶洞与煤层底板间的隔水岩体概化成由无数积分薄圆板构成的圆锥台体模型，建立了溶洞突水的力学模型，有效地刻画了煤层底板富水承压溶洞突水的力学行为，并在此基础上，进一步基于尖点突变理论，推导了隔水岩体失稳破坏的力学判据，相关成果可以为煤层底板富水承压溶洞突水的基础理论研究提供依据。

（2）煤层底板溶洞突水发生过程中隔水岩体失稳破坏主要取决于岩体的弹性模量、泊松比、厚度、溶洞的尺寸、溶洞内水压等因素。隔水岩体厚度、弹性模量、泊松比越小，溶洞尺寸和溶洞内水压越大，隔水岩体越容易发生破坏，诱发突水的可能性越大。

（3）通过对突水发生过程中煤层底板各个监测点物理量信息变化规律的分析，可以得出以下结论：采掘工作面从远处接近溶洞的过程中，受到开采扰动的影响，煤层底板应力在采掘通过时明显增大，采掘通过后迅速回落，底板位移在采掘通过时明显增加，采掘通过后保持稳定；当采掘工作面接近溶洞濒临突水时，溶洞上覆隔水层内的应力和位移有小幅上升，孔隙水压出现明显下降；当采掘工作面通过溶洞发生突水的过程中，隔水层内的应力、位移和孔隙水压均发生突然变化，其中应力出现急剧上升后下跌，位移和孔隙水压分别出现陡升和陡降；当巷道掘进工作面远离溶洞时，隔水层内的应力和孔隙水压逐渐趋于稳定，位移存在一定的滞后性。

（4）不同地质条件对隔水层内孔隙水压的影响最为明显。总体而言，溶洞尺寸越大，隔水层内的孔隙水压和位移越大，应力越小；溶洞内水压越大，隔水层内的孔隙水压和应力越大，位移越小；隔水层厚度越大，隔水层内的孔隙水压、应力和位移越小。由此可以得出，孔隙水压是最为灵敏的突水监测物理量，隔水层厚度是制约突水发生的关键因素。

（5）在整个突水路径中，地下水的渗流经历了两个物理转化过程，溶洞和采空区内可用 Navier-Stokes 渗流方程表示，裂隙突水通道内可用 Brinkman 非线性渗流方程表示。渗流过程在两个区域内的变化是连续的，具体表现为溶洞内部靠近突水通道附近渗流速度明显增大，在突水通道内渗流速度继续增大，在突水通道与采掘工作面交界处流速达到最大，在采空区内地下水流动速度迅速减小，并趋于稳定。水压沿流程不断减小，能量逐渐转化为流速，在溶洞内水压最大，当地下水进入采空区后，压力减到 0。

2.2 岩溶管道突水灾变演化机理及防突厚度

2.2.1 岩溶管道突水灾变演化机理

2.2.1.1 突水案例分析

以红岩煤矿南茅口大巷为例，该掘进巷道掌子面曾发生大规模突水，最大突水量

9 200 m^3/h,突水示意图如图 2-28 所示。巷道揭穿南茅口 1 号管道导致突水,南茅口 1 号管道水平发育近 40 m,与巷道掘进方向近似垂直,过水断面为 3.14 m^2,管道面粗糙,溶蚀程度低。突水发生前连日暴雨使得管道中水的势能增加,暴雨后海孔河灌满暗河通道使补给区水位上升到+670 m 以上,在 30 个大气压的势能趋势下,南茅口 1 号管道发生突水。经过连通试验基本查清了南茅口 1 号管道的径流条件和运动规律,水流在管道内流速为 0.13 m/s,受洪水压力差支配的流速可高达 0.32 m/s。

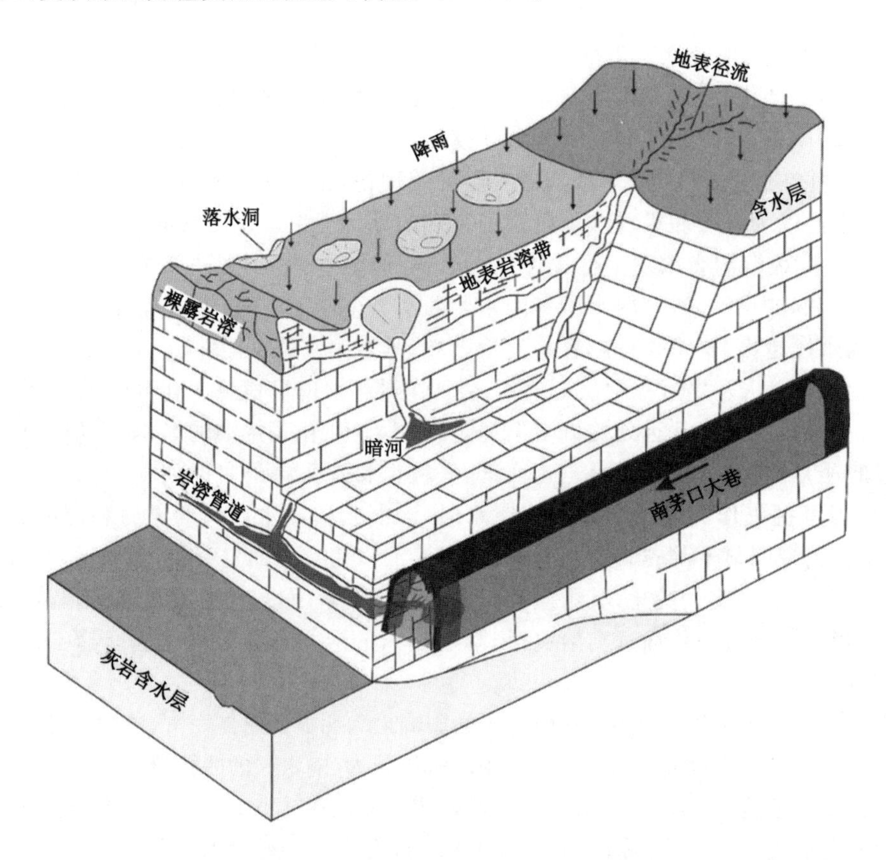

图 2-28　南茅口大巷揭穿岩溶管道突水示意图

岩溶管道突水的发生,通常是因为外界因素的扰动使地下水原有的含导水通道或储水条件发生变化而导致失稳。影响岩溶管道突水的因素众多,主要包括气象条件、施工等方面因素。

2.2.1.1.1　气象条件

降雨量和降雨强度影响着水的流动性和渗透性,岩溶作用强烈的地区容易接受大气降水补给,同时,雨水中携带的游离 CO_2 也可加强水的溶蚀作用。因此,夏季突涌水发生的概率更高,特别是暴雨季节极易引发突涌水灾害。红岩煤矿为典型南方裸露型岩溶喀斯特地貌,大气降雨是最主要的补给水源,根据实际资料,此次突水主要是由于巷道开挖前两日暴雨,大气降雨汇集于洼地,再流经地表出露喀斯特漏斗、裂隙,最终补给地下暗河、岩溶管道,导致南茅口 1 号管道中水的势能增加。

2.2.1.1.2 施工因素

进行工程建设之前，地下岩体处于自然平衡状态，地下工程施工对周围岩体造成扰动，在岩体中形成松动圈，产生裂隙或使原有裂隙扩张，破坏了围岩及地下水原有的平衡状态，加强了水的循环，进一步加强了岩溶冲刷溶蚀作用，并诱发突水等灾害。例如地下工程开挖时直接或间接揭露岩溶管道等含水介质，或致使止水岩柱或关键岩块发生失稳破坏，都可导致突涌水灾害。红岩煤矿南茅口大巷开挖使得围岩应力释放，产生塑性破坏，随着开挖的进行，隔水岩体裂隙进一步发育，最后发育成导通巷道与岩溶管道的突水通道，造成突水事故。

2.2.1.2 模型构建及边界条件概化

根据红岩煤矿煤系地层岩石力学特性、红岩煤矿水文地质图等资料，并以南茅口运输大巷和岩溶管道为研究重点，选取巷道附近一定范围内，区域为低角度的单斜地层，根据实际地质背景，模型概化地层倾角为10°，岩溶管道直径为3 m，管道长度为50 m。计算模型走向方向 x 长为800 m，倾向方向 y 宽为800 m，高 z 由该区域地质剖面所确定，地层 z 方向从上到下划分为8层，具体岩性及力学参数见表2-1。

表2-1 数值模拟围岩计算参数表

岩性及参数	弹性模量/GPa	泊松比	内聚力/MPa	内摩擦角/(°)	抗拉强度/MPa	密度/(kg/m^3)
嘉陵江组灰岩	9.1	0.31	3.60	32	1.65	2 540
飞仙关上段灰岩	12.7	0.24	5.20	33	1.78	2 680
飞仙关下段页岩	7.1	0.24	0.91	30	0.65	2 520
长兴组灰岩	13.2	0.29	5.60	37	1.98	2 610
龙潭组页岩	8.4	0.25	0.82	31	0.66	2 520
茅口组灰岩	8.1	0.25	1.90	35	1.60	2 560
栖霞组灰岩	9.7	0.24	4.30	37	1.73	2 640

南茅口运输大巷工作面位于茅口组灰岩中，从左向右掘进，起始位置距离模型左端200 m，推进方向与岩层方向保持一致。为了更好地了解当掘进工作面靠近管道时应力场、位移场、塑性区及渗流场的变化特征，在数值模拟过程中，考虑到开挖扰动及开挖步幅对管道塑性破坏区的影响，在远离岩溶管道的巷道部分采取10 m步幅进行开挖，共开挖6步；在巷道掘进逐渐靠近岩溶管道时，采用4 m的步幅进行掘进，共开挖3步；在巷道逼近岩溶管道时，采用2 m的步幅进行掘进，共开挖2步。综上，共计11步完成巷道掘进模拟计算。开挖模拟方案如表2-2所示。

表2-2 开挖模拟方案表

模拟过程	开挖步	计算开挖方式
远离岩溶管道时	1～6	循环进尺10 m
接近岩溶管道时	7～9	循环进尺4 m
逼近岩溶管道时	10～11	循环进尺2 m

三维地质建模之前,先对地质原始数据进行采集和预处理,获取红岩煤矿区域卫星影像图,根据卫星影像图获取地表地理信息数据,为下一步预处理提供数据基础,将原有的数据坐标单位和高程统一为建模需要的 x、y、z 坐标数据。红岩煤矿地表数据处理后的原始数据有 255 组,分为 x、y、z(高程数据)3 列。利用插值函数导入数据到模型,建立的初始函数图如图 2-29 所示。对初始函数进行曲面化,得到关于红岩煤矿的三维地质建模,如图 2-30 所示。模型网格统一采用自由四面体网格进行划分,靠近矿井巷道附近以及管道周围区域网格密度较小,后向四周围岩网格密度逐渐增大,从而达到重点区域精准计算的目的,网格划分结果如图 2-31 所示。

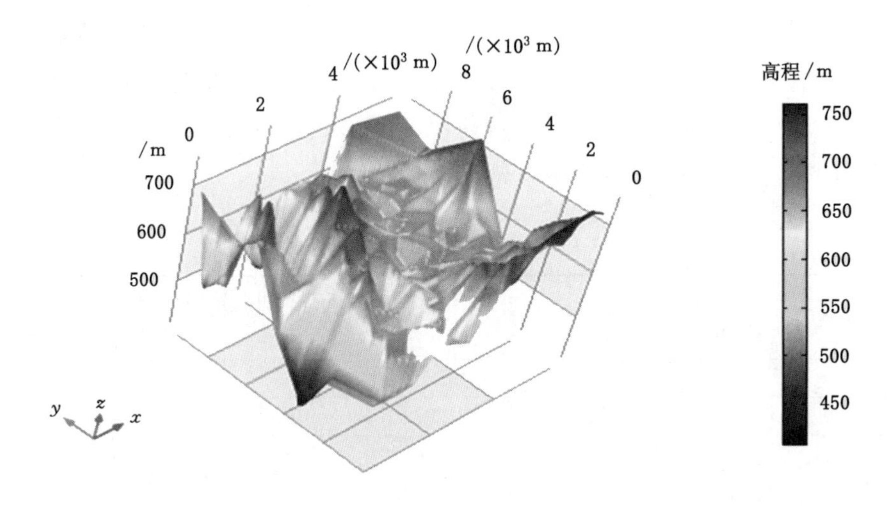

图 2-29 插值函数图

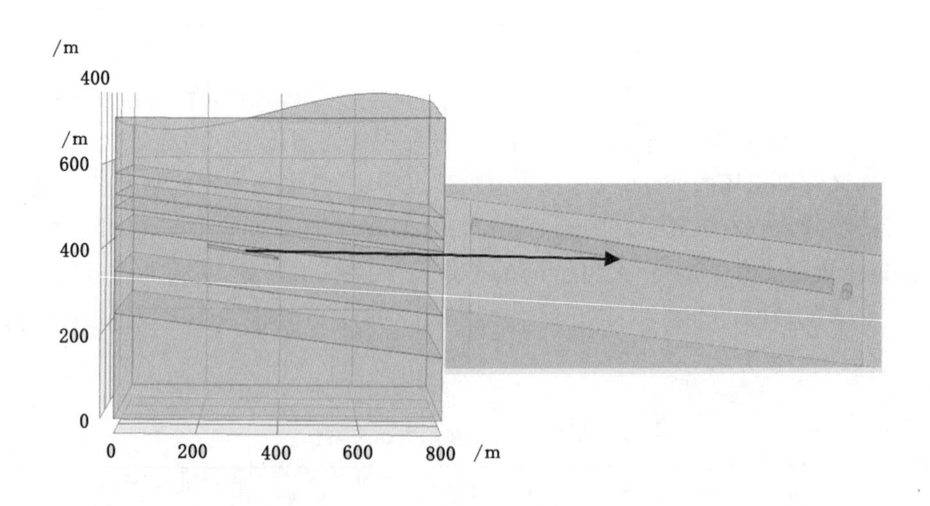

图 2-30 红岩煤矿三维模型示意图

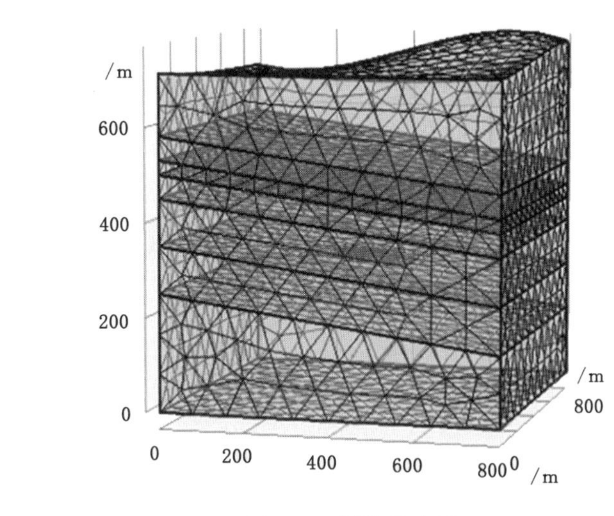

图 2-31 网格构建图

(1) 固体力学边界条件:模型中顶部、掘进巷道、岩溶管道设置为自由边界条件,模型方向 x 设置为辊支撑边界条件,y 方向设置为对称边界条件;底部为全约束边界条件。掘进过程中巷道壁和掘进掌子面为自由边界。整个巷道掘进过程应用 Drucker-Prager 屈服准则,匹配摩尔-库仑准则,并采用弹塑性模型进行求解计算。

(2) 管道流边界条件:本次模拟岩溶管道入口流速为 0.35 m/s,管道壁设定为渗漏壁,管道壁设定为 Darcy 流动速度。

(3) Darcy 流边界条件:管道壁为 Darcy 流入口,入口给定为管道水压,围岩渗透性系数初始值为 1.2×10^{-9} $m^2/(Pa\cdot s)$,孔隙率为 0.35,巷道掘进过程中巷道壁和掘进掌子面的孔隙水压为 0。

2.2.1.3 模型参数及监测方案

模型计算主要选取了岩体的密度、弹性模量、泊松比、内聚力、内摩擦角和抗拉强度等一系列物理力学参数。具体模型参数取值见表 2-1。

为了更好地反映巷道掘进过程中应力-渗流耦合作用下物理场的变化规律,分别沿巷道顶底板、掌子面前端位置、岩溶管道区域布置监测线,沿监测线布置监测点,其中底板监测线上布置监测点 $A_1\sim A_3$,顶板监测线上布置监测点 $B_1\sim B_3$,在掌子面前端 0.5 m 位置布设监测点 1,监测点 1 位置随着开挖掘进发生改变,在岩溶管道左侧布设监测点 2,在岩溶管道顶、底部分别布设监测点 3、4,由此达到全面监测巷道及岩溶管道附近物理场的动态变化信息的目的。监测点详细布设位置如图 2-32 所示。

2.2.1.4 模拟计算结果与分析

2.2.1.4.1 塑性区分析

图 2-33 为掘进时管道围岩及巷道围岩的等效塑性应变整体切面云图和掘进距离分别为 95 m、115 m、127 m、129 m 时的塑性区切面云图。

据图分析可知:

由于巷道的掘进形成了临空面,在矿山压力扰动和上覆岩层及自重的影响下,掘进巷道顶底板、巷道两端周围岩体及岩溶管道围岩均发生了塑性破坏,且随着开挖不断靠近岩溶管

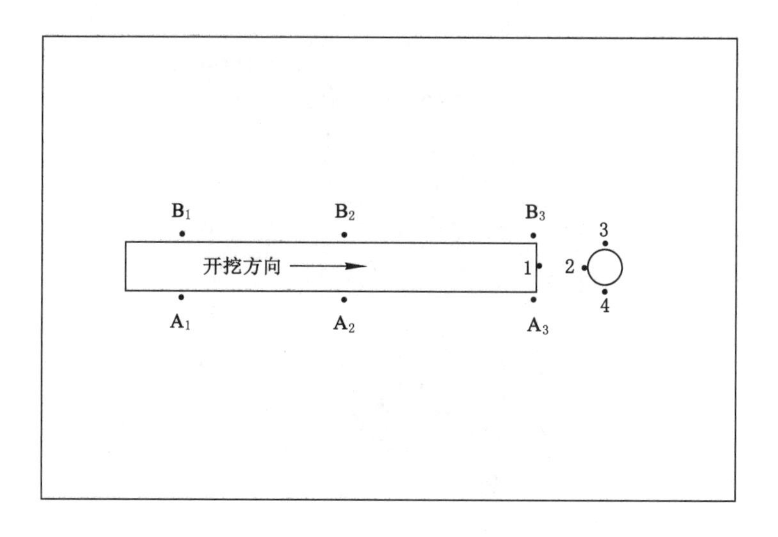

图 2-32　监测点布设图

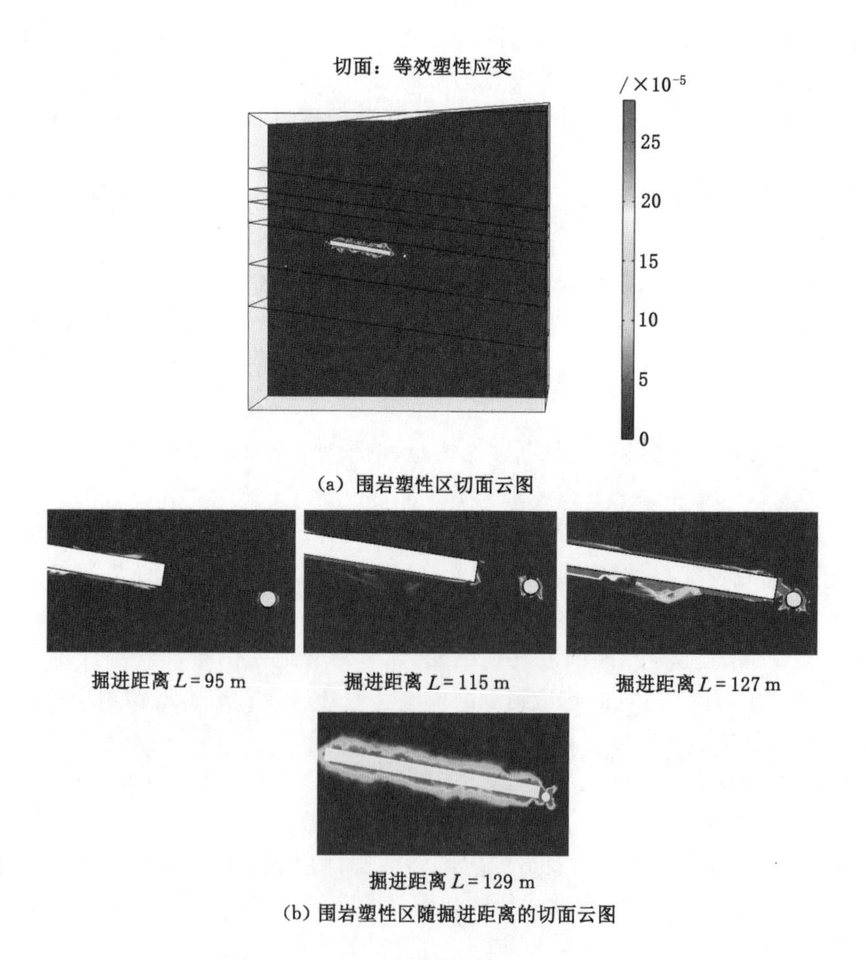

图 2-33　巷道掘进围岩塑性区变化云图

道，围岩的塑性区变化显著，不断急剧性、突变性扩大。

掘进距离为 95 m 时，巷道围岩和岩溶管道围岩开始出现塑性破坏，切面上巷道周围岩体的塑性区范围较小，且塑性破坏程度较低，岩溶管道塑性破坏区域较小且塑性破坏程度较高；掘进距离为 115 m 时，各区域围岩塑性区进一步扩大，巷道顶底板塑性区扩大，岩溶管道围岩塑性区进一步加深；巷道掘进至 127 m 时，切面上巷道周围已被塑性破坏区包围，岩溶管道围岩塑性破坏加深，且掘进工作面前端的塑性集中区几乎已触及岩溶管道，此时岩溶管道与巷道工作面之间的塑性破坏区已经相连，破坏区形成的裂隙使得岩溶管道中地下水和巷道开挖面形成水力联系，在地下水的冲刷作用下，逐渐扩展成为导水通道，最终造成隔水围岩失稳，形成突水灾害；突水发生后，巷道掘进距离为 129 m 时，切面上巷道掌子面前端与岩溶管道之间全部为塑性破坏区，在应力重分布以及管道水冲刷作用下，相较于突水发生前期，突水发生后的塑性破坏区面积以及破坏程度均有所增长。

2.2.1.4.2　应力场分析

（1）应力场分布云图

图 2-34 为掘进时管道周围及巷道围岩的应力云图和掘进距离分别为 123 m、127 m、129 m 时的应力切面云图。

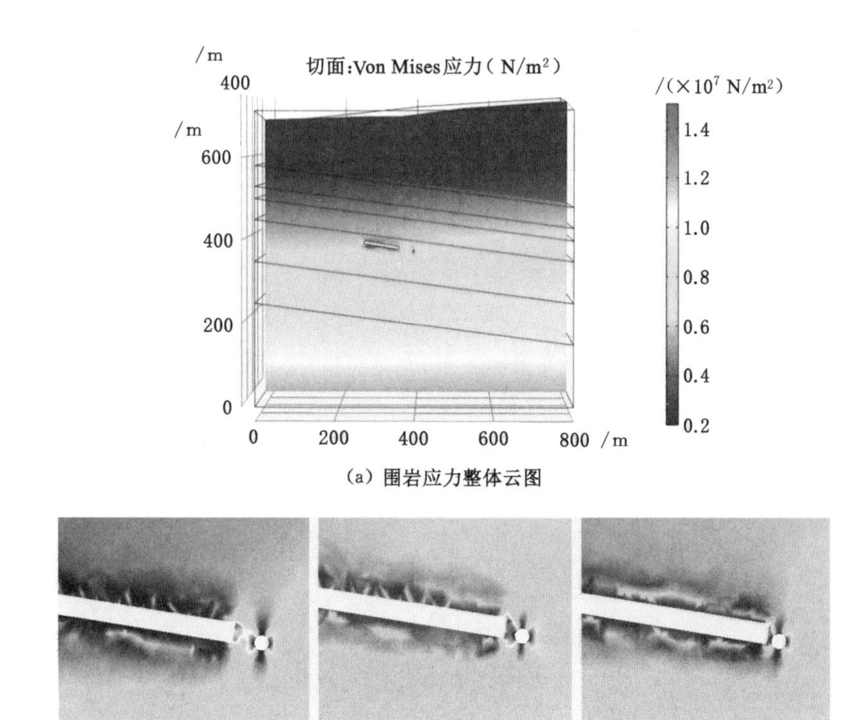

图 2-34　巷道掘进围岩应力变化云图

据图分析可知：围岩整体上受自重应力的影响，应力从上到下依次增大。开挖导致巷道临空面围岩发生卸荷，造成区域应力场重分布；巷道顶、底板围岩垂直应力出现比周围岩体应力低的现象，而在巷道两端形成的局部应力集中区，应力值明显高于周围岩体；随着巷道不断靠近岩溶管道，采空区范围不断增加，围岩卸荷的范围也不断扩大，巷道底板围岩卸荷较顶板更明显；巷道两端的应力集中区也随着巷道掘进不断增加且更为明显；随着巷道开挖的进行，掘进距离从 123 m 开始，巷道掘进端的围岩应力集中区与岩溶管道应力集中区逐渐相连，直至掘进距离为 127 m 时，巷道掌子面前端围岩应力集中区与岩溶管道应力集中区大面积重叠，应力显著增加，巷道持续开挖至 129 m 时，巷道掌子面前端与岩溶管道之间围岩应力增加并不明显，理论上此处巷道掌子面和管道围岩应力叠加，而隔水围岩应力并未明显增加，推测突水发生后隔水围岩破碎程度加深，导致隔水围岩应力无法进一步积累。

(2) 监测点应力随巷道掘进的变化分析

为更好地研究巷道掘进对围岩应力场的影响，选取巷道顶板、底板、岩溶管道左侧、岩溶管道顶底部区域的监测点，分别制作各监测点位移随巷道掘进的变化曲线进行分析(图 2-35、图 2-36、图 2-37、图 2-38)。

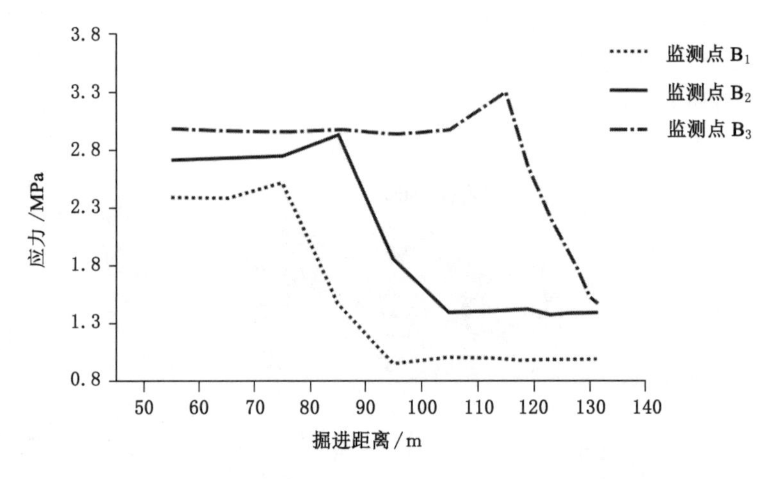

图 2-35　掘进工作面推进对巷道顶板监测点应力的影响

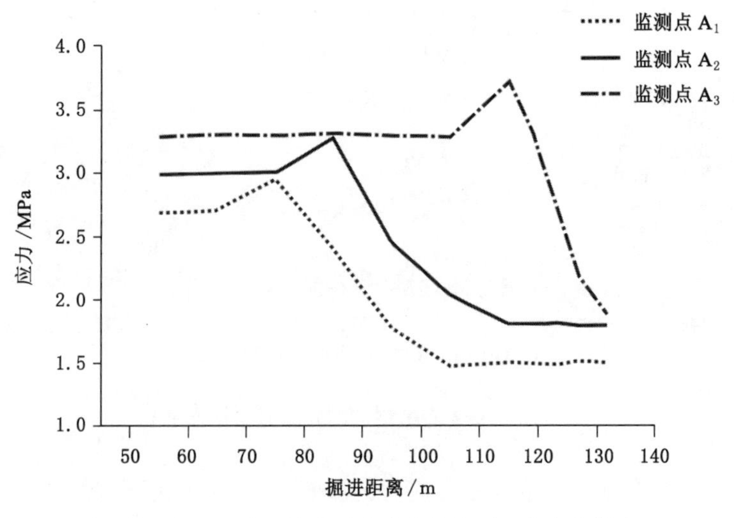

图 2-36　掘进工作面推进对巷道底板监测点应力的影响

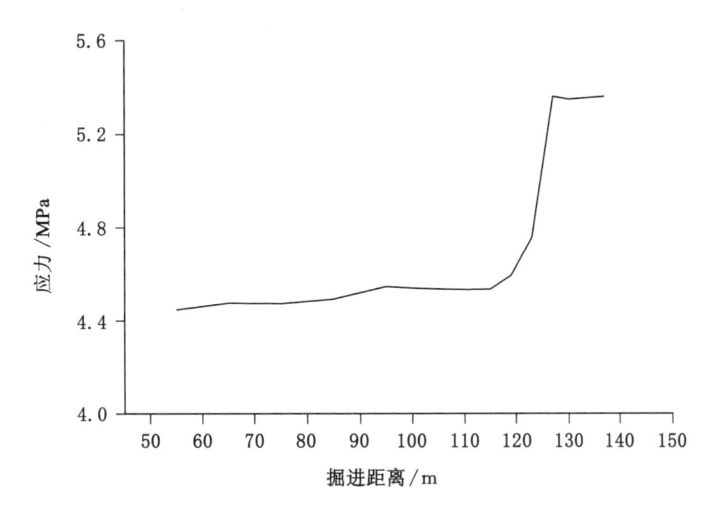

图 2-37　掘进工作面推进对巷道前端监测点 1 应力的影响

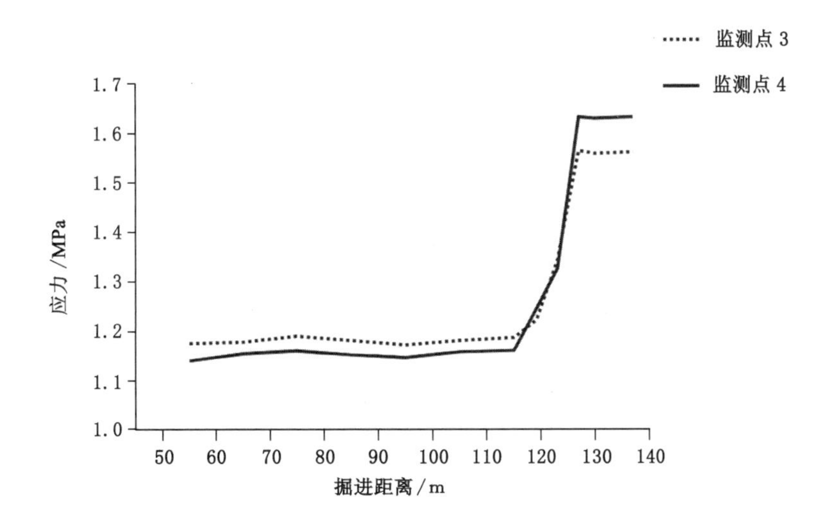

图 2-38　掘进工作面推进对顶底部监测点应力的影响

① 掘进工作面推进对巷道顶板、底板监测点应力的影响

据图 2-35、图 2-36 分析可知，随着巷道不断掘进，巷道顶板监测点和底板监测点应力的变化规律总体一致，主要是由巷道开挖造成围岩卸荷，应力重新分布造成的，具体表现为：在巷道远离岩溶管道时，各监测点的应力值在巷道掘进的一段距离内保持不变，可以发现 A_1、A_2 点的应力平稳阶段较短，原因是 A_1、A_2 点距离巷道开挖起始端太近，最先受到干扰；各监测点的应力值均存在一段短暂的上升趋势，之后随着掘进巷道的推进，采空区不断扩大，围岩发生卸荷，各监测点应力均发生急剧下降。应力下降这个过程中，顶、底板位于同一位置的监测点的下降段不再相同，其中底板的监测点 A_1、A_2、A_3 的下降段稍长于顶板监测线对应的监测点，说明底板围岩卸荷作用时间长于顶板围岩，大范围应力释放使得岩体向巷

道开挖临空面以膨胀破坏等形式释放能量，导致巷道围岩裂隙更容易发育、扩展，渗透性增大，进一步恶化可导致围岩失稳破坏，突水灾害发生。且从图中可以看出，A_3、B_3 的应力上升幅度远大于 A_2、B_2 和 A_1、B_1，这是由于监测点 A_3、B_3 靠近岩溶管道，说明巷道掘进靠近岩溶管道时，会使得开挖工作面前端的应力与岩溶管道围岩应力相互叠加，从而产生应力集中增大的现象。A_1、B_1 和 A_2、B_2 监测点后期应力维持在一定水平，其原因在于随着巷道掌子面逐渐远离监测点，监测点所受开挖扰动较小，应力保持平稳。

② 掘进工作面推进对巷道掌子面前端监测点 1 应力的影响

据图 2-37 分析可知，随着巷道不断掘进，巷道掘进掌子面前端监测点 1 的应力前期缓步增长，后期出现持续上升并维持在一定水平，具体表现为：巷道初始开挖即掘进距离为 55～115 m 时，此时为突水前期阶段，监测点 1 的应力缓步上升，这是由于巷道初始开挖时，掌子面前端主要受开挖影响为应力集中区，随着开挖进行，巷道前端的应力集中也越来越明显，故前期应力呈现小幅上升趋势；巷道逐渐靠近岩溶管道即掘进距离为 115～123 m 时，此时为突水蓄势阶段，监测点 1 的应力呈现较大幅度的上升趋势，原因在于随着巷道与岩溶管道之间距离的缩短，掌子面前端应力会在开挖扰动和管道围岩应力的叠加作用下显著增加，根据塑性变形结果可知，此阶段内随着应力的增加，巷道前端围岩也将出现较小的变形破坏；巷道逼近岩溶管道即掘进距离为 123～127 m 时，此时为突水发生阶段，监测点 1 的应力急剧上升，巷道开挖掘进距离为 127 m 时，巷道前端应力积累至最大值，此时隔水围岩内发育贯通性裂隙，突水发生；突水发生后，巷道进一步开挖至 131 m，此时隔水围岩已大规模破坏，前端应力无法进一步积累，故突水后巷道掘进监测点 1 的应力基本保持不变。

③ 掘进工作面推进对岩溶管道顶、底部监测点应力的影响

据图 2-38 分析可知，岩溶管道顶、底部监测点应力前期保持稳定，后期巷道开挖对岩溶管道围岩造成扰动，岩溶管道顶、底部应力显著上升，最后维持在某一水平，具体表现为：巷道初始开挖即掘进距离为 55～115 m 时，此时为突水前期阶段，岩溶管道顶、底部监测点 3、4 的应力基本保持不变；巷道逐渐靠近岩溶管道即掘进距离为 115～123 m 时，此时为突水蓄势阶段，岩溶管道顶、底部监测点 3、4 的应力显著上升，这是由于巷道逐渐靠近，岩溶管道在上覆围岩、巷道掌子面前端应力及采空区的叠加作用下，应力发生增加；巷道逼近岩溶管道即掘进距离为 123～127 m 时，此阶段发生突水，监测点 3、4 的应力急剧上升，原因在于此阶段巷道逼近管道，岩溶管道围岩与巷道掌子面前端应力的叠加作用显著，掘进距离为 127 m 时，管道围岩所受应力达到最大值，此时隔水围岩内大规模发育裂隙，突水发生；突水发生后，管道周边围岩已发生破坏，应力达到最大值后无法在此处继续积累，故应力保持不变。

2.2.1.4.3　位移场分析

(1) 位移场分布云图

① 垂直位移云图

图 2-39 为掘进距离为 95 m、115 m、127 m 时巷道及围岩的垂直位移切面云图。

据图分析可知，巷道掘进造成了临空面范围内的围岩垂直位移变化，越靠近巷道临空面的围岩产生的位移量越大。巷道底板附近产生正向位移，顶板产生负向位移。临空面上覆

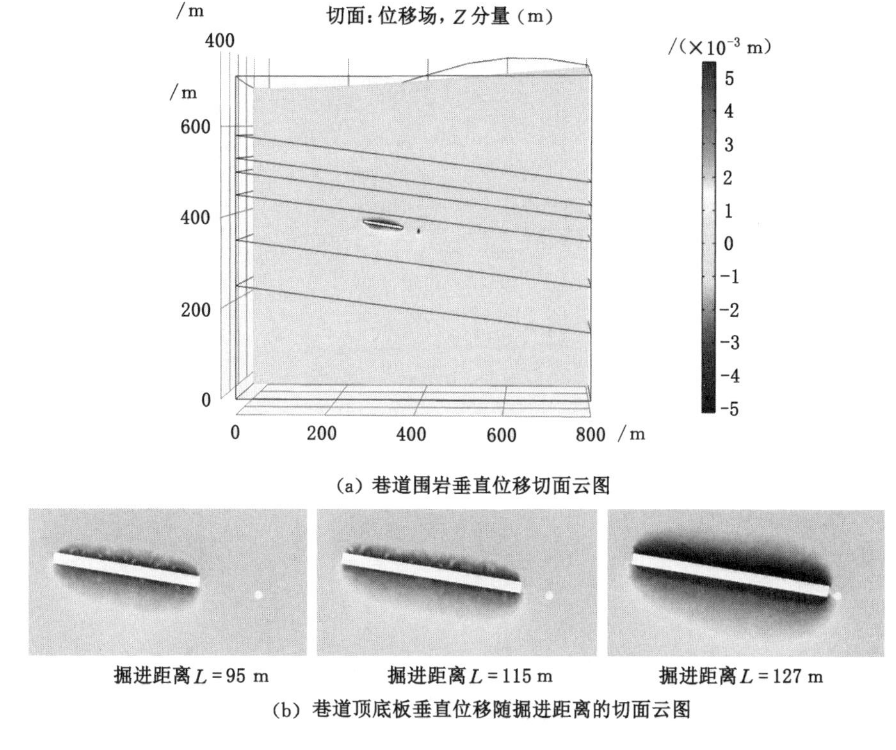

(a) 巷道围岩垂直位移切面云图

(b) 巷道顶底板垂直位移随掘进距离的切面云图

图 2-39 巷道掘进顶底板及围岩位移变化云图

岩层的负向垂直位移最大达到了 0.005 11 m，临空面下伏岩层的正向垂直位移最大达到了 0.005 47 m，说明掘进过程中底板围岩的位移量总体上大于顶板围岩的位移量，底板更容易发生大变形；同时由图可知底板发生正向位移的岩体范围比顶板更广，这与上节应力场分析的规律是一致的；随着巷道掘进距离不断增加，采空区的范围也不断增加，顶、底板岩体的位移皆有增加，且巷道掘进距离为 127 m 时巷道顶、底板围岩的位移较之前有明显增加。

② 水平位移云图

图 2-40 为掘进距离为 95 m、115 m、127 m、129 m 时巷道及管道围岩的水平位移切面云图。

根据整体切面云图可知，模型内部负向水平位移远大于正向水平位移，最大负向位移发生在巷道掌子面前端，且随着巷道掘进距离的不断增加，巷道掌子面前端围岩的水平位移也不断增加；同时还发现管道受到应力挤压作用，管道左侧发生正方向水平位移，管道右侧发生负方向水平位移。

掘进巷道远离岩溶管道，掘进距离为 95～115 m 时，巷道掌子面前端发生位移围岩面积与水平位移均有所增加，但变化幅度较小，管道围岩位移变化也较小，说明此时巷道掘进距离对掌子面前端围岩及岩溶管道围岩挤压效果影响较小；随着巷道逐渐靠近岩溶管道，掘进距离为 115～127 m 时，巷道掌子面前端发生位移区域面积增大较多，同时掌子面前端围岩水平位移明显增大，巷道掘进距离为 127 m 时，岩溶管道左侧围岩水平位移由正向转为负向，此时巷道与岩溶管道间围岩较为破碎，发育较多裂隙，岩溶管道内地

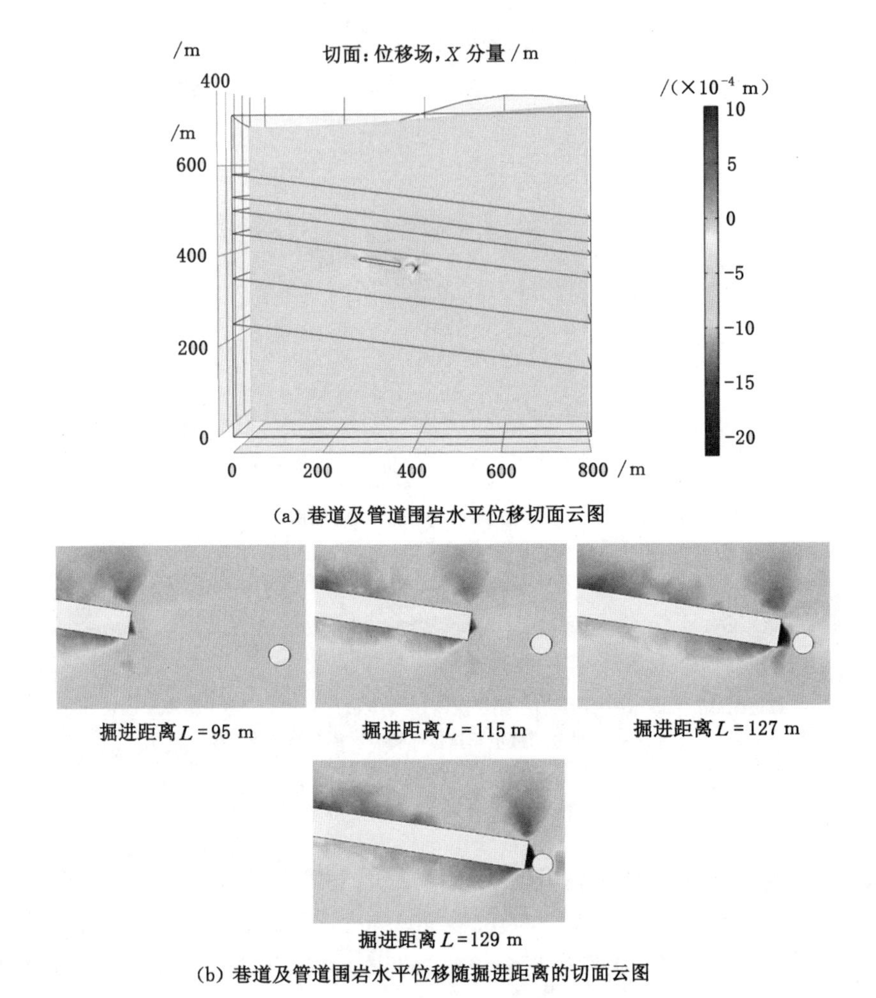

(a) 巷道及管道围岩水平位移切面云图

(b) 巷道及管道围岩水平位移随掘进距离的切面云图

图 2-40　巷道掘进围岩水平位移变化云图

下水流向巷道内部，破碎围岩在应力以及水流冲刷作用下被带至巷道内，围岩裂隙进一步发展成导水通道，最终形成突水灾害；巷道掘进距离为 127～129 m 时，巷道与管道间围岩水平位移进一步增大，突水发生过程中破碎围岩受高速水流冲刷作用发生较大位移，同时巷道进一步逼近，管道应力与巷道应力叠加导致该区域应力集中，导致围岩受挤压作用更加明显。

(2) 监测点位移随巷道掘进的变化分析

为更好地研究巷道掘进对围岩位移场的影响，选取巷道顶板、底板、巷道前端监测点，分别制作各监测点位移随巷道掘进的变化曲线进行分析(图 2-41、图 2-42、图 2-43)。

① 掘进工作面推进对巷道顶板监测线上监测点垂直位移的影响

据图 2-41 分析可知：巷道顶板各监测点随着巷道掘进主要表现为负向位移，且随着巷道掘进不断靠近岩溶管道，巷道顶板垂直位移均呈现出不同程度的增加，可见巷道掘进会造成围岩向采空区的剧烈沉降变形。巷道顶板监测点垂直位移的变化趋势大致可分为 3 个阶

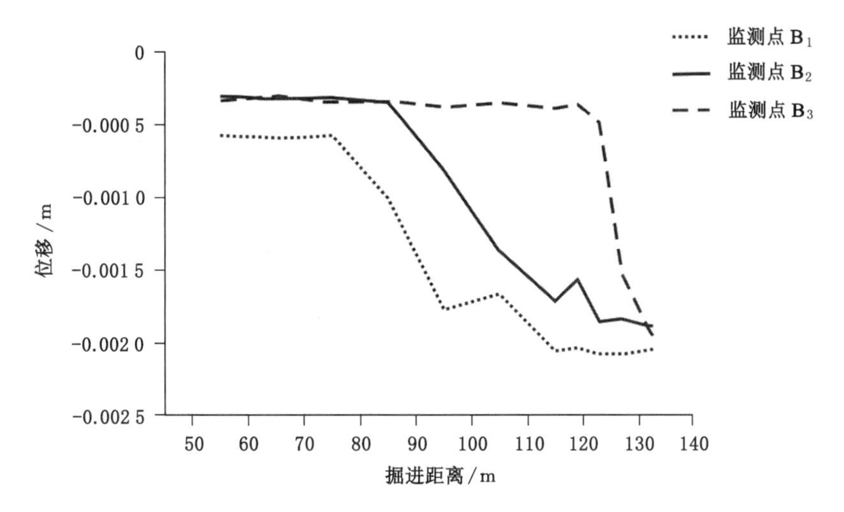

图 2-41 掘进工作面推进对巷道顶板监测点位移的影响

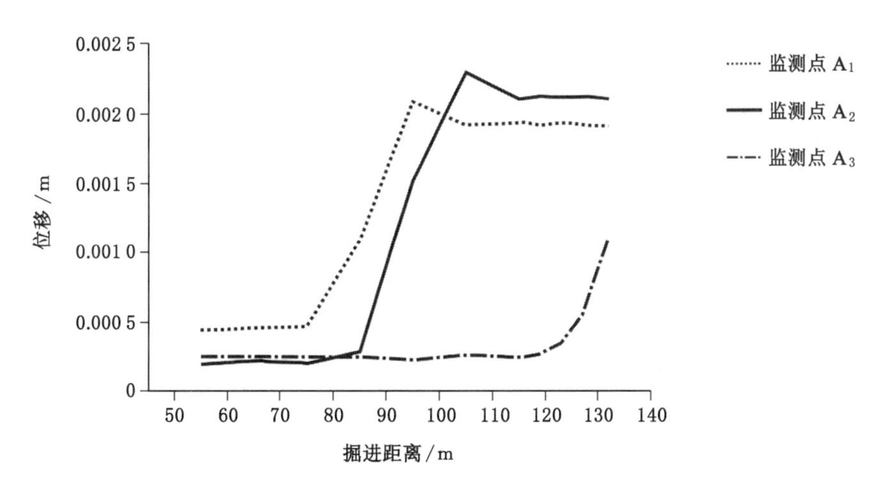

图 2-42 掘进工作面推进对巷道底板监测点位移的影响

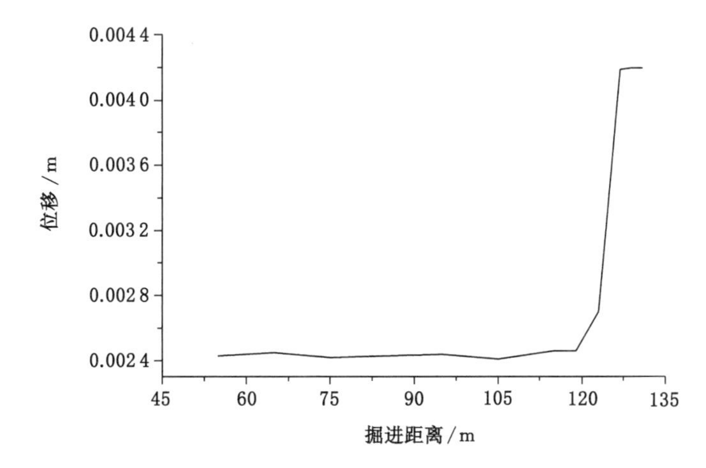

图 2-43 掘进工作面推进对巷道掌子面前端监测点 1 垂直位移的影响

段:第一个阶段为巷道远离岩溶管道时,各监测点由于距离开挖掌子面较远,开挖扰动不明显,具体表现为曲线图中不同监测点的稳定阶段;第二阶段为随着掘进巷道不断推进,各监测点的位移均出现急剧性、突变性的下降,直到下降到某个值时进入第三阶段;掘进巷道再推进时,监测点的垂直位移出现一定的回升并趋于稳定,对应图中监测点 B_1、B_2 分别在掘进距离 95～135 m、115～131 m 时的变化情况。

② 掘进工作面推进对巷道底板监测线上监测点垂直位移的影响

据图 2-42 分析可知:巷道底板各监测点随着巷道掘进主要表现为正向位移的不断增加,且随着巷道掘进不断靠近岩溶管道,位移增加的趋势越来越明显。垂直位移的变化过程中,各监测点在掘进巷道远离岩溶管道时均表现出了不同掘进距离的稳定趋势。随着巷道不断推进,A_1、A_2 点分别在巷道掘进距离为 95 m 和 105 m 处达到了正向位移的峰值,而后进入平稳的下降回升阶段。由此可见,巷道底板监测点垂直位移的变化规律与顶板监测点的规律基本相同。

③ 掘进工作面推进对巷道掌子面前端监测点 1 垂直位移的影响

据图 2-43 分析可知:巷道掘进掌子面前端位移主要表现为前期位移不变,随着巷道不断靠近岩溶管道,位移开始持续大幅上升,后期位移增加到最大值后基本保持不变,具体表现为:岩溶管道突水前期阶段,即掘进距离为 55～119 m 时,监测点 1 的位移基本不发生变化;岩溶管道突水蓄势阶段,即掘进距离为 119～123 m 时,监测点 1 的正向位移持续大幅上升;岩溶管道突水阶段,即掘进距离为 123～127 m 时,监测点 1 的位移急剧上升;岩溶管道突水发生后,即掘进距离为 127～131 m 时,监测点 1 不再发生竖向位移。

随着巷道逐渐靠近岩溶管道,巷道前端与岩溶管道之间距离逐渐缩小,监测点 1 在受到巷道开挖与岩溶管道围岩应力多重影响下,位移变化幅度也随之增加,正向位移增加到最大值后便保持不变,这与前文监测点 1 应力变化趋势保持一致。

2.2.1.4.4 围岩孔隙水压力场分析

(1) 孔隙水压力场分布云图

图 2-44 为掘进时管道破碎带区域的孔隙水压分布云图和掘进距离分别为 95 m、115 m、123 m、127 m、129 m 时的孔隙水压切面云图。

据图 2-44 分析可知:

从整体上看,围岩初始孔隙水压以岩溶管道为圆心向外逐渐减小,巷道周边孔隙水压最小,孔隙水压为 0。掘进巷道距离岩溶管道较近时,巷道开挖扰动可造成局部区域孔隙水压发生变化,受影响区域为管道周边及巷道前端。

当掘进巷道距离岩溶管道较远,掘进距离为 95～115 m 时,管道内部及围岩水压受影响较小,管道围岩最大孔隙水压基本稳定在 2.5 MPa;掘进巷道距离岩溶管道较近,掘进距离为 115～123 m 时,此时巷道已经濒临突水,掘进形成的采空区和采动应力已经影响到了岩溶管道的孔隙水压,管道围岩孔隙水压下降明显,管道周边最大孔隙水压为 1.9 MPa;掘进距离为 123～127 m 时,结合塑性区云图来看,此时巷道与岩溶管道之间产生贯通性裂缝,巷道发生突水,岩溶管道内水大量涌入巷道,管道周边孔隙水压也大幅下降,最大孔隙水压为 0.8 MPa;突水发生后,巷道掘进距离为 127～129 m 时,管道周边孔

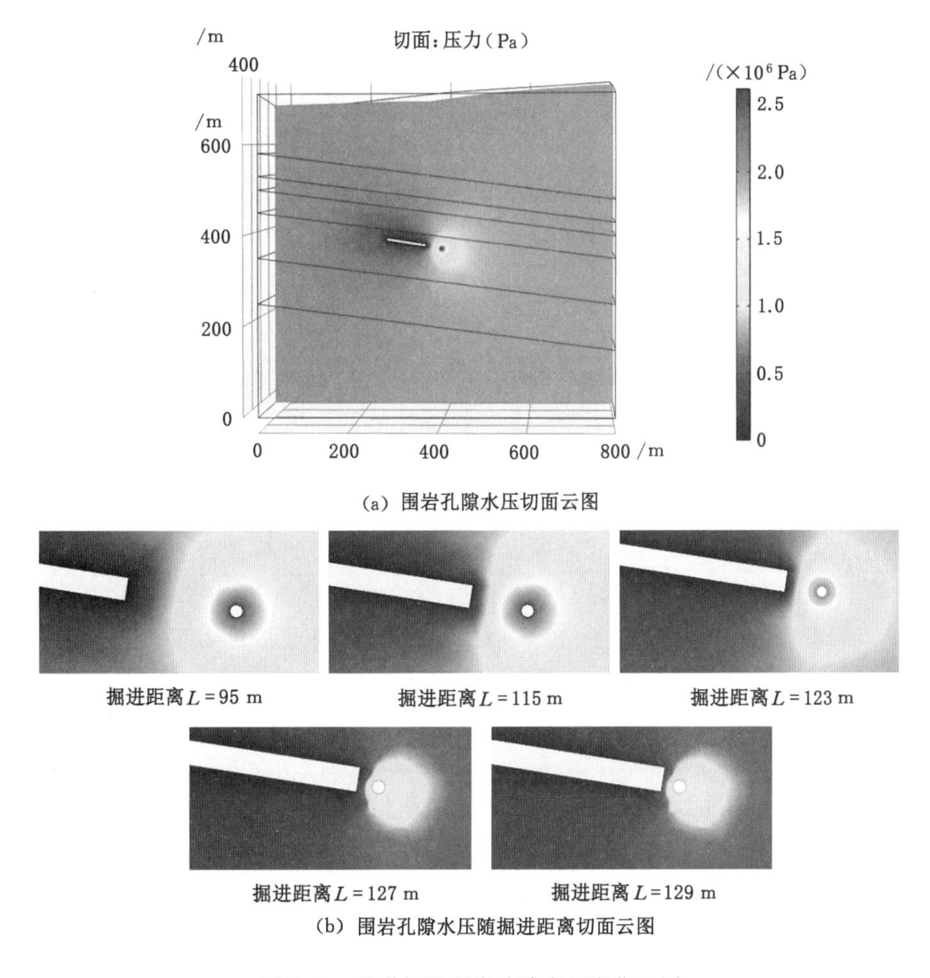

图 2-44 巷道掘进围岩孔隙水压变化云图

隙水压几乎不变，分析原因在于突水发生后，管道与巷道形成稳定的水力联系，管道内地下水补给量和排泄量保持动态平衡，故突水之后管道、巷道以及隔水围岩内的孔隙水压均保持稳定。

（2）监测点水压随巷道掘进的变化分析

① 掘进工作面推进对巷道掌子面前端孔隙水压的影响（图 2-45）

据图分析可知，巷道掌子面前端 0.5 m 处监测点 1 的孔隙水压随着巷道掘进主要表现为前期小幅度增加，后期大幅度降低后保持稳定，具体表现为：巷道距离岩溶管道较远，即掘进距离为 55～119 m 时，监测点 1 的孔隙水压由初始的 0.721 MPa 增加到 0.978 MPa，这是因为充水岩溶管道的存在使得管道围岩赋存孔隙水，越靠近岩溶管道孔隙水压越大，且由于巷道的掘进，设定巷道壁水压为 0，孔隙水在压力差的作用下向巷道处转移，巷道前端应力随着掘进距离的增加而增加，裂隙逐渐发育，孔隙水逐渐在此处聚积，故巷道远离岩溶管道时，巷道掌子面前端孔隙水压逐渐增加；巷道靠近岩溶管道，掘进距离为 119～123 m 时，监测点 1 的孔隙水压有所降低，由 0.978 MPa 降低到了 0.872 MPa，这是因为此时巷道已濒临

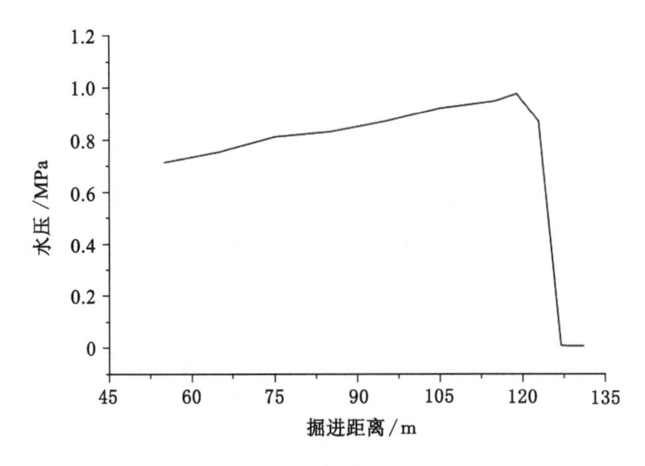

图 2-45　掘进工作面推进对巷道前端监测点 1 孔隙水压的影响

突水，防突围岩在巷道前端应力和管道围岩应力叠加影响下发育裂隙，围岩渗透系数增大，孔隙水不再于巷道前端处聚积，而是渗入巷道内部，故此阶段掌子面前端监测点孔隙水压降低；巷道逼近岩溶管道，掘进距离为 123～127 m 时，监测点 1 的孔隙水压急剧减小，由 0.872 MPa降低到 0.008 69 MPa，这是因为此时巷道和岩溶管道之间发育了连通裂隙，已成突水之势，管道水由连通裂隙急速大量地涌入巷道内，突水时围岩中水流速加大，势能转化为动能，故此阶段巷道掌子面前端孔隙水压急剧减小；突水发生后，掘进距离为127～131 m 时，监测点 1 的孔隙水压基本保持不变，原因在于突水发生后，管道与巷道的水力联系基本处于稳定阶段，即突水后掘进距离对巷道前端监测点 1 的孔隙水压影响不大。

② 掘进工作面推进对管道围岩监测点 2 孔隙水压的影响(图 2-46)

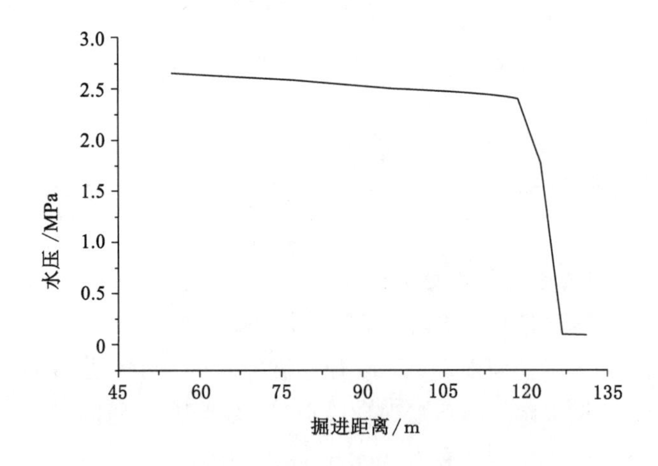

图 2-46　掘进工作面推进对管道围岩监测点 2 孔隙水压的影响

据图分析可知，管道围岩监测点 2 的孔隙水压随着巷道掘进主要表现为先小幅度降低，后期急剧减小，随后保持不变，具体表现为：巷道距离岩溶管道较远，即掘进距离为 55～119 m 时，监测点 2 的孔隙水压由初始的 2.65 MPa 降低到 2.41 MPa，这是因为初期管道水在渗流作用下，围岩初始孔隙水压以岩溶管道为圆心向外逐渐减小，巷道开挖使得孔隙水在压力差的作用下向巷道处渗流，故在巷道远离岩溶管道时，管道围岩孔隙水压有所降低；巷道靠近岩溶管道，掘进距离为 119～123 m 时，监测点 2 的孔隙水压减小幅度增加，由 2.41 MPa 降低到了 1.78 MPa，这是因为此时巷道已濒临突水，防突围岩在巷道前端应力和管道围岩应力叠加影响下发育裂隙，内部渗透系数增大，孔隙水渗入巷道内部，故此阶段管道围岩孔隙水压降低；巷道逼近岩溶管道，掘进距离为 123～127 m 时，管道围岩的孔隙水压急剧减小，由 1.78 MPa 降低到 0.092 MPa，这是因为此时围岩中裂隙导通巷道和管道左侧，管道内部水流经由连通裂隙快速涌入巷道内，管道围岩中孔隙水由势能转化为动能，故此阶段管道围岩孔隙水压急剧减小；突水发生后，掘进距离为 127～131 m 时，管道围岩的孔隙水压基本维持在 0.092 MPa 左右，分析原因在于突水发生后期，突水通道已发育完全，岩溶管道与巷道之间的水力联系已基本稳定，管道内地下水的补给量与排泄量已达到平衡，此时管道内部及周边围岩孔隙水压也基本保持不变。

2.2.2 掘进巷道岩溶管道突水防突厚度研究

根据上节分析可知，巷道掘进时，随着开挖工作面不断接近管道，当掘进距离大于突水临界位置时，地下水就会突破巷道与管道间的隔水层，造成突水事故的发生。大量工程实践与经验也表明，在开挖扰动及地下水共同作用下，隔水层防突厚度的不足是致使其失稳破坏的最主要因素。合理留设防突厚度是实行带压掘进、开采工作的一个很重要的前提，且能有效地减少突水事故发生的可能性。

现有的对防突厚度的研究工作主要分为定性、定量分析。定性分析主要以相似模型试验、有限元、有限差分计算为手段，对各种因子的影响程度进行分析、总结，最终得出判定方法。定量分析主要通过建立不同地质条件下的力学模型，运用材料力学、结构力学等理论进行分析，推导力学解析式以及规范规定的公式计算法。运用上述方法在进行防突厚度研究时都存在各自的不足，特别是在有管道突水这一地质背景时，将岩体和水分开考虑，不考虑应力场与渗流场的耦合作用是不合适的。因此，本书运用 COMSOL Multiphysics 软件[17-22]，模拟巷道掘进不断靠近岩溶管道的过程，探讨在不同掘进断面、管道水压、巷道埋深、管道倾角、围岩等级的影响下塑性区的扩展与贯通，并且以塑性区的贯通为临界判定条件，探讨各因素对防突厚度的影响，以正交试验设计 25 组不同组合进行分析，并综合考虑各种因素的影响水平，拟合出防突厚度预测模型并与规范公式法进行对比验证。

2.2.2.1 模型的建立

管道突水防突厚度模型示意如图 2-47 所示，针对红岩煤矿茅口组灰岩含水层的掘进模式，依据相应的地质背景，合理概化掘进巷道管道突水模型进行数值模拟，其中，计算模型以掘进巷道中心轴线为 x 轴，竖直方向为 y 轴。并依据勘察报告及相关文件，开挖全段预计完整岩体占围岩比例较大，且施工断面较小，施工过程模拟按照全断面开挖考虑，不考虑支护衬砌。数值模型网格划分见图 2-48，模拟的边界条件与上述突水案例模拟条件一致，岩体参数除管道力学参数保持不变外，地层的力学参数参照下文影响因素参数水平设置。

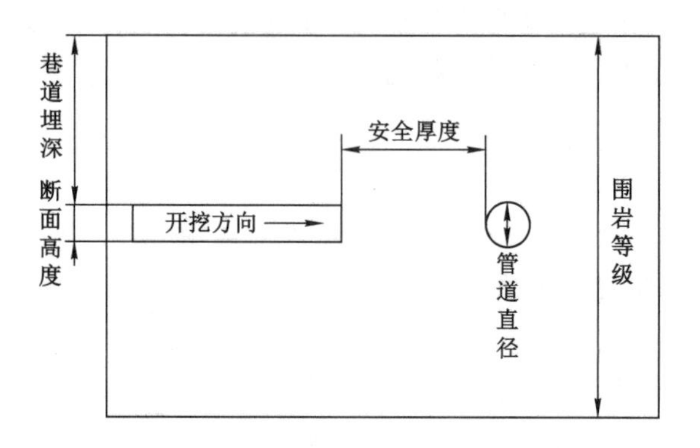

图 2-47　管道突水防突厚度模型示意图

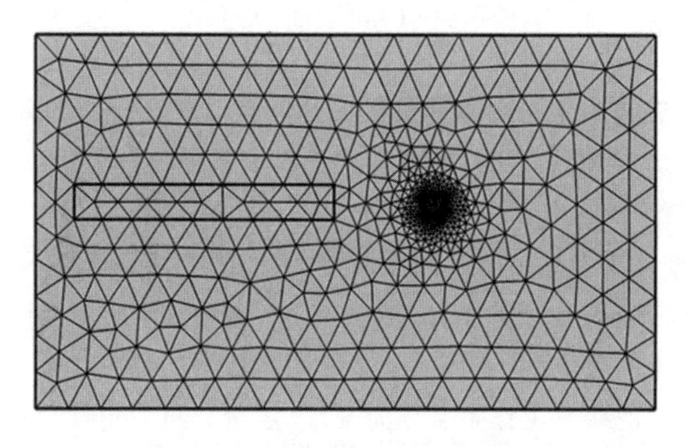

图 2-48　数值计算模型

2.2.2.2　模拟方案与参数水平设置

对于单因素或者两因素试验，因其因素少，试验的设计、实施以及分析都比较简单，但是本书中需要考虑多个因素对最小安全厚度的影响，全面试验的工作量很大，而借助正交试验可以大大减少工作量。因此，在本章节的内容中，计划采用正交试验的形式来研究各个因素对防突厚度的影响。本章节的目标是建立防突厚度与各个影响因素之间的关系，用正交表安排试验使得后续进行多元线性拟合更为简单。

2.2.2.2.1　正交试验原理

正交试验是利用正交表来安排与分析多因素试验的一种常用的试验设计方法。它是由试验因素的全部水平组合中，挑选具有代表性的水平组合进行试验，通过对这部分试验结果的分析得以了解全面试验的情况，是一种高效处理多因素优化问题的方法。

正交试验通过正交表来安排相关试验。正交试验表具有正交性、代表性和综合可比性。正交性为因素的不同水平在任一列中出现的次数相等，任何两列各种不同水平的所有可能组合都会出现，并且次数相等，这样使得各因素的不同水平搭配均匀。代表性主要表现为部分正交试验包含了所有因素的所有水平，具有强代表性。综合可比性表现为由于按照正交表安排的试验每个因素的各个水平出现的次数相同并且任意两个因素之间所有可能的水平组合出现的次数也相同，使得任意一个因素的各个水平的试验条件相同，这就保证了在每列因素各个水平对结果的影响中最大限度地排除了其他因素的干扰，从而可以综合比较该因素的不同水平对结果的影响。

根据正交表的特性可以知道，正交试验具有均衡分散和整齐可比的特点。当比较不同水平之间的差异时，可以单独比较各个因素水平所对应的数据或者平均值，由于其他因素的效应都彼此抵消，因此可以把这种差异看作是仅由该因素水平的不同所引起的。

2.2.2.2.2 影响因素及试验方案选择

(1) 防突厚度影响因素的确定

前人研究中，贾晓亮[23]通过模拟不同断层倾角下地应力场和塑性区受开挖扰动的影响情况，确定了断层防水煤柱留设宽度；朱博[24]分别运用张金才[25]提出的断层防水煤柱计算公式、规范以及耦合数值计算方法，计算了大倾角、小倾角条件下断层防水煤柱的合理尺寸；焦世雄等[26]研究了不同断面尺寸对围岩稳定性的影响；在隧道防突厚度研究方面，孟凡树[27]以水压、断层破碎带宽度、隧道埋深为主要影响因素，借助数值模拟对富水断层破碎带突水的最小安全厚度进行了研究；郭明[28]采用层次分析法建立了隐伏溶洞对隧道围岩稳定性的评价模型，得出溶腔内水压、弹性模量、溶洞形状以及一些施工因素对隧道围岩稳定性影响最大，岩体容重、隧道与隐伏溶洞的相对位置关系、内聚力等因素对隧道围岩稳定性影响次之；王浩[29]从定量角度以承压水腔体大小、水压、隧道埋深为主要因素研究了隧道掌子面前方存在承压水腔体对隧道掌子面周边应力场和位移场的影响，对隧道施工诱发突水的机理进行了分析研究。

综上所述，本书选取管道直径、巷道断面高度、管道水压、巷道埋深以及围岩等级为主要考虑因素，来研究它们对防突厚度的影响。其中对于研究区灰岩物理力学参数的选择，郭佳奇[30]在其博士论文中针对岩溶区灰岩的基本力学特性展开了研究，研究结果表明不同层位灰岩的内摩擦角一般变化范围较小，故本书选择弹性模量、内聚力这两项参数作为围岩等级的主要衡量指标。

(2) 防突厚度影响因素水平的设置

掘进巷道岩溶管道突水防突厚度的影响因素确定为管道直径 D、断面高度 H、管道水压 p、巷道埋深 B、围岩等级 A（弹性模量 E、内聚力 C），各影响因素水平设置见表 2-3。根据工程实际勘测资料及前人文献中统计出的参数范围，将上述 5 个影响因素分别设定为 5 个水平，并选用 L25(5^6)正交表进行正交试验，正交试验表见表 2-4。

表 2-3 影响因素水平设置表

水平	因素						
	管道直径 D/m	断面高度 H/m	管道水压 p/MPa	巷道埋深 B/m	围岩等级 A	弹性模量 E/GPa	内聚力 C/MPa
1 水平	2	2	1	100	1	3	2
2 水平	4	3	3	200	2	6	3
3 水平	6	4	5	300	3	9	4
4 水平	8	5	7	400	4	12	5
5 水平	10	6	9	500	5	15	6

表 2-4　正交试验表

试验号	列号					
	1	2	3	4	5	6
1	1	1	1	1	1	1
2	1	2	2	2	2	2
3	1	3	3	3	3	3
4	1	4	4	4	4	4
5	1	5	5	5	5	5
6	2	1	2	3	4	5
7	2	2	3	4	5	1
8	2	3	4	5	1	2
9	2	4	5	1	2	3
10	2	5	1	2	3	4
11	3	1	3	5	2	4
12	3	2	4	1	3	5
13	3	3	5	2	4	1
14	3	4	1	3	5	2
15	3	5	2	4	1	3
16	4	1	4	2	5	3
17	4	2	5	3	1	4
18	4	3	1	4	2	5
19	4	4	2	5	3	1
20	4	5	3	1	4	2
21	5	1	5	4	3	2
22	5	2	1	5	4	3
23	5	3	2	1	5	4
24	5	4	3	2	1	5
25	5	5	4	3	2	1

2.2.2.3　试验结果分析

将5个影响因素分别安排在L25(5^6)正交表的前5列,第六列作为空因子。根据上述组合进行数值模拟,管道与巷道之间的临界防突厚度,以塑性区贯通时掘进巷道掌子面中心点至管道壁的水平距离为标准。通过反复改变巷道与管道间水平距离的大小来进行数值计算,并查看对应的塑性区的破坏情况,直到得出最小防突厚度临界值为止,模型塑性区沟通如图2-49所示。模拟得到不同因素影响下管道突水塑性区破坏图,本书选取部分管道突水塑性区破坏图,详见图2-50,对应防突厚度值见表2-5。

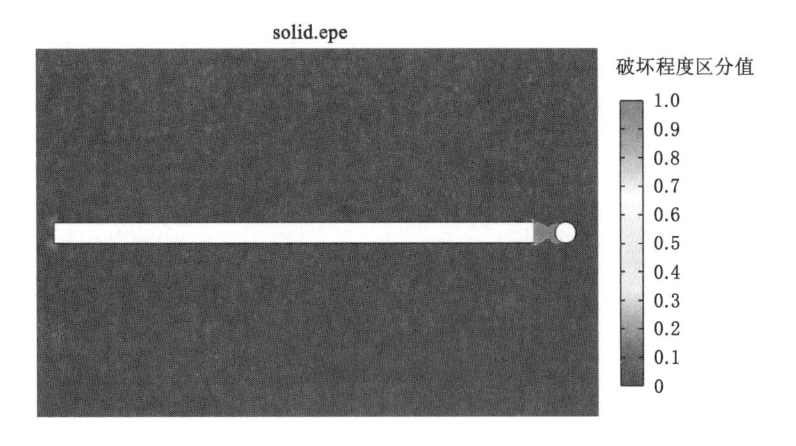

图 2-49　管道突水时塑性区沟通图

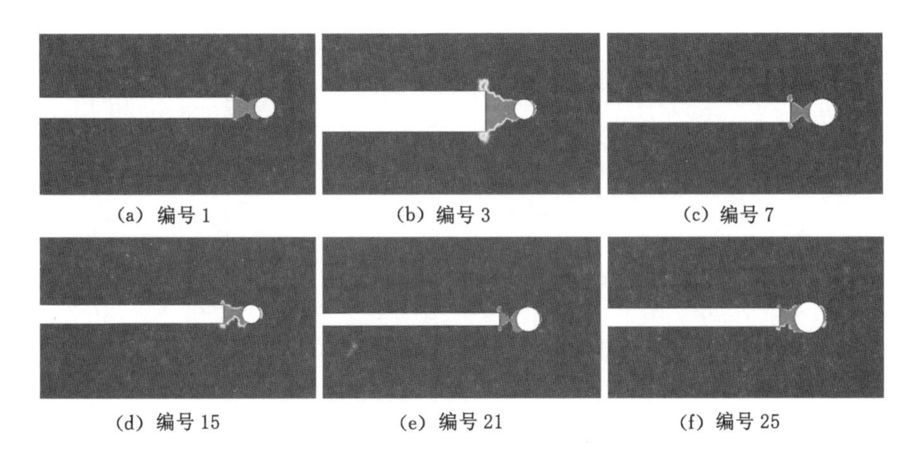

图 2-50　防突厚度模拟结果图

表 2-5　掘进巷道管道突水防突厚度试验结果表

编号	因素						
	管道直径 D/m	断面高度 H/m	管道水压 p/MPa	巷道埋深 B/m	弹性模量 E/GPa	内聚力 C/MPa	防突厚度 L/m
1	2	2	1	100	3	2	2.10
2	2	3	3	200	6	3	2.59
3	2	4	5	300	9	4	2.92
4	2	5	7	400	12	5	3.30
5	2	6	9	500	15	6	5.22
6	4	2	3	300	12	5	2.25
7	4	3	5	400	15	6	2.90
8	4	4	7	500	3	2	10.05
9	4	5	9	100	6	3	3.00
10	4	6	1	200	9	4	2.50

表 2-5(续)

编号	因素						
	管道直径 D/m	断面高度 H/m	管道水压 p/MPa	巷道埋深 B/m	弹性模量 E/GPa	内聚力 C/MPa	防突厚度 L/m
11	6	2	5	500	6	3	5.80
12	6	3	7	100	9	4	1.35
13	6	4	9	200	12	5	4.32
14	6	5	1	300	15	6	3.85
15	6	6	3	400	3	2	8.00
16	8	2	7	200	15	6	1.35
17	8	3	9	300	3	2	10.85
18	8	4	1	400	6	3	4.50
19	8	5	3	500	9	4	6.60
20	8	6	5	100	12	5	1.00
21	10	2	9	400	9	4	9.70
22	10	3	1	500	12	5	4.20
23	10	4	3	100	15	6	1.10
24	10	5	5	200	3	2	8.30
25	10	6	7	300	6	3	7.41

2.2.2.3.1　极差分析

通过对正交试验的结果进行极差分析可以判断影响因素的主次顺序,如果某个影响因素的极差越大,说明这个影响因素的水平改变对试验结果的影响越大,最大极差所对应的那个影响因素就是因素水平改变对试验结果影响最大的因素,即最主要的因素。根据试验结果整理分析得出各影响因素的极差,见表 2-6。

表 2-6　防突厚度影响因素极差分析表

试验结果	管道直径 D/m	断面高度 H/m	管道水压 p/MPa	巷道埋深 B/m	围岩等级 A
K_1	16.130	21.200	17.150	8.550	39.300
K_2	20.700	21.890	20.540	19.060	23.300
K_3	23.320	22.890	20.920	27.280	23.070
K_4	24.300	25.050	23.640	28.400	15.070
K_5	30.710	25.730	33.090	31.870	14.420
k_1	3.226	4.240	3.430	1.710	7.860
k_2	4.140	4.378	4.108	3.812	4.660
k_3	4.664	4.578	4.184	5.456	4.614
k_4	4.860	5.010	4.728	5.680	3.014
k_5	6.142	5.146	6.618	6.374	2.884
极差 R	2.916	0.906	3.188	4.664	4.976

表 2-6 中，K_i 表示的是某影响因素的第 i 个水平所对应模拟结果的总和，k_i 表示的是某影响因素的第 i 个水平所对应模拟结果的平均值，所对应的就是某一影响因素的各个水平所对应模拟结果的平均值的极差。通过对掘进巷道管道突水防突厚度试验结果进行极差分析，根据极差 R 大小可知，防突厚度影响因子的主次顺序为：$A>B>p>D>H$，即围岩等级>巷道埋深>管道水压>管道直径>断面高度。

2.2.2.3.2　方差分析

上述极差分析计算简单明了且计算量较小，根据各个影响因素的极差大小可以判断各个因素对指标的影响程度，但极差大小并无客观标准。因此，对影响模拟结果的各个因素的重要程度，极差分析并不能给出精确的数量估计，也不能提供一个标准来考察、判断各个影响因素对模拟结果的影响是否显著。所以，需要对模拟结果进行方差分析，来估算误差的大小以及确定可以不考虑的因素。计算过程如下。

(1) 计算离差平方和：

$$T=\sum_{i=1}^{25}L_i=2.10+2.59+\cdots+7.41=115.16$$

$$P=\frac{T^2}{n}=\frac{115.16^2}{25}=530.473$$

$$SS_D=\frac{5}{25}(K_{1D}^2+K_{2D}^2+K_{3D}^2+K_{4D}^2+K_{5D}^2)-P=22.744$$

$$SS_H=\frac{5}{25}(K_{1H}^2+K_{2H}^2+K_{3H}^2+K_{4H}^2+K_{5H}^2)-P=17.947$$

$$SS_p=\frac{5}{25}(K_{1p}^2+K_{2p}^2+K_{3p}^2+K_{4p}^2+K_{5p}^2)-P=31.019$$

$$SS_B=\frac{5}{25}(K_{1B}^2+K_{2B}^2+K_{3B}^2+K_{4B}^2+K_{5B}^2)-P=70.095$$

$$SS_A=\frac{5}{25}(K_{1A}^2+K_{2A}^2+K_{3A}^2+K_{4A}^2+K_{5A}^2)-P=80.456$$

(2) 计算各因素自由度：

$$df_D=5-1=4$$
$$df_H=5-1=4$$
$$df_p=5-1=4$$
$$df_B=5-1=4$$
$$df_A=5-1=4$$

(3) 计算各因素均方：

$$MS_D=\frac{SS_D}{df_D}=\frac{22.744}{4}=5.686$$

$$MS_H=\frac{SS_H}{df_H}=\frac{17.947}{4}=4.487$$

$$MS_p=\frac{SS_p}{df_p}=\frac{31.019}{4}=7.755$$

$$MS_B=\frac{SS_B}{df_B}=\frac{70.095}{4}=17.524$$

$$MS_A=\frac{SS_A}{df_A}=\frac{80.456}{4}=20.114$$

(4) 计算各因素 F 值：

$$F_D=\frac{MS_D}{MS_e}=\frac{5.686}{1.617}=3.516$$

$$F_H=\frac{MS_H}{MS_e}=\frac{4.487}{1.617}=2.775$$

$$F_p=\frac{MS_p}{MS_e}=\frac{7.755}{1.617}=4.796$$

$$F_B=\frac{MS_B}{MS_e}=\frac{17.524}{1.617}=10.837$$

$$F_A=\frac{MS_A}{MS_e}=\frac{20.114}{1.617}=12.439$$

(5) 检验 F 值：

查得临界值 $F_{0.05}(4,4)=6.388$，$F_{0.01}(4,4)=15.977$。由于 $F_H<F_D<F_p<F_{0.05}(4,4)$，所以断面高度 H、管道直径 D、管道水压 p 对试验结果没有显著性影响；$F_{0.05}(4,4)<F_B<F_A<F_{0.01}(4,4)$，所以对于给定显著性水平 $\alpha=0.05$，巷道埋深 B、围岩等级 A 对结果有显著影响。方差分析见表 2-7。

表 2-7　防突厚度影响因素方差分析表

方差来源	平方和	自由度	误差均方	F 值	显著性
D	22.744	4	5.686	3.516	
H	17.947	4	4.487	2.775	
p	31.019	4	7.755	4.796	
B	70.095	4	17.524	10.837	* *
A	80.456	4	20.114	12.439	* *
误差 e	6.466	4	1.617		

2.2.2.3.3　各因素影响趋势分析

根据表 2-7 方差分析结果，将掘进巷道岩溶管道突水防突厚度随各影响因素的变化绘成图 2-51，可以更加直观地看出各影响因素对防突厚度的影响趋势及影响程度。

由图 2-51 可以看出：

(1) 管道直径越大，防突厚度越大。管道直径增大，使得隔水岩层承受的水压力增大，对隔水岩层的安全稳定更为不利，所以要求隔水岩层的防突厚度相应增加。

(2) 掘进巷道断面高度越大，防突厚度越大。巷道断面高度越大，使得开挖围岩塑性破坏越严重，越容易发育与岩溶管道连通的裂隙，因此断面高度越大，相应的隔水岩层防突厚度越大。

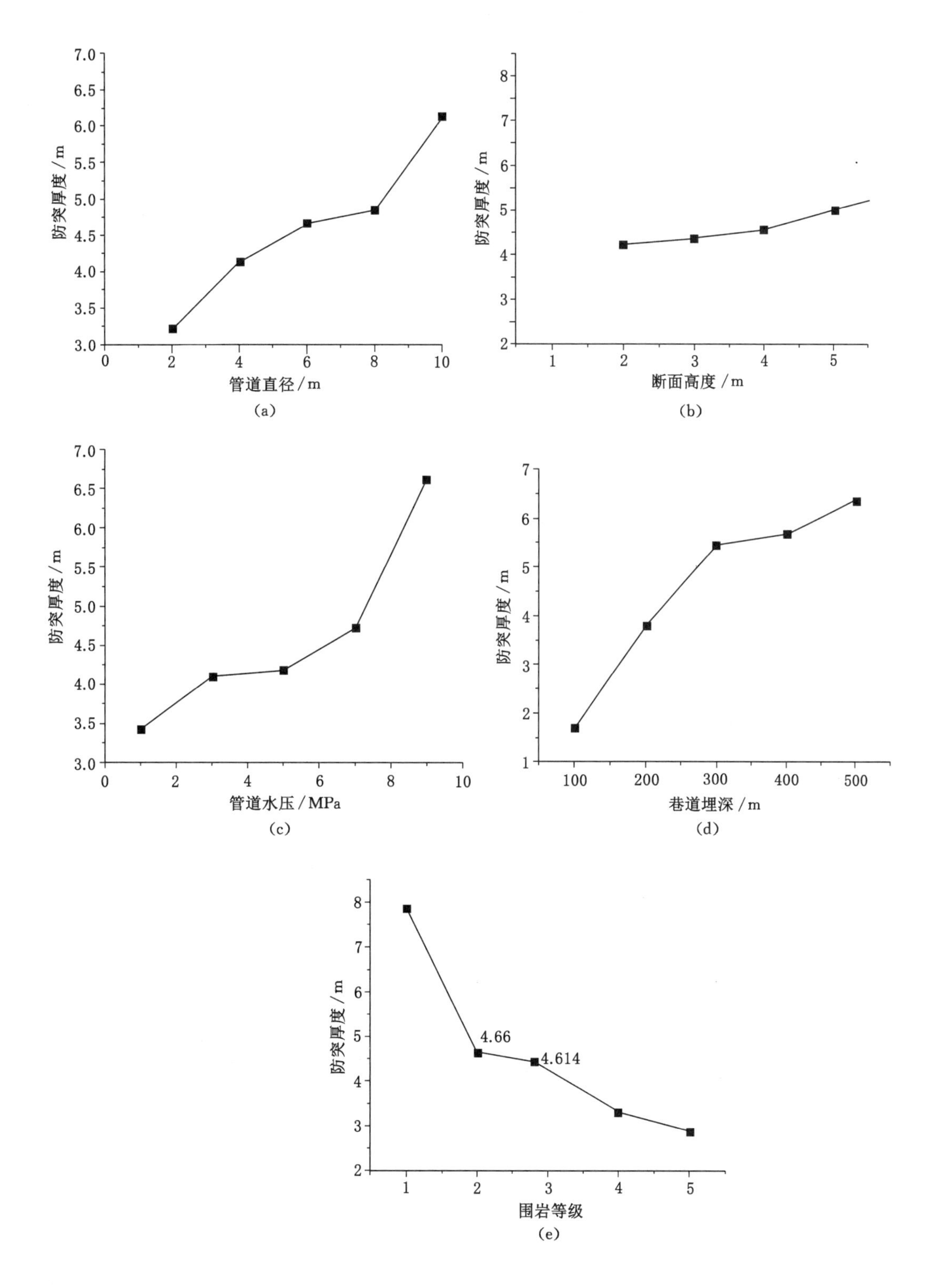

图 2-51 掘进巷道岩溶管道突水防突厚度随各影响因素的变化曲线图

(3) 管道水压越大,防突厚度越大。根据有效应力原理及摩尔-库仑强度准则可知,孔隙水压的增大会导致岩体中固体颗粒的有效应力减小,岩体的抗剪强度降低,容易在开采扰动下失稳破坏。同时地下水在渗流过程中会带走岩体中的一些物质、颗粒,使得其内部细观结构改变,导致其强度降低,从而引发变形、破坏。根据张群[37]的研究,水压越大越容易造成围岩的水力劈裂破坏,从而使得岩体内的原生裂隙或开挖产生的裂隙不断发育、扩展、导通,导致突水事故的发生。因此,管道水压越大,需要的防突厚度越大。

(4) 巷道埋深越大,防突厚度越大。围岩原始应力的大小由其所处的地下深度决定。埋深越大,原岩应力也就越大,巷道开挖引起的应力释放程度也就越大。且由单一孔洞周围的围岩应力解析解可知,原岩应力越大,对应围岩的拉应力或压应力越大,从而使得应力莫尔圆半径增大,围岩更容易破坏,产生的塑性区也越多。

(5) 围岩等级越高,防突厚度越小。围岩等级即围岩的物理力学参数,围岩等级越高表示围岩强度越高,自稳能力越强。巷道掘进过程中,隔水岩体的强度很大程度上决定了开挖扰动能否在岩体内部形成裂隙以及开挖过程中裂隙能否进一步发育沟通成为导水通道进而引发突水。且围岩的变形破坏采用了摩尔-库仑准则,在其他条件不变的情况下,防突结构抗剪强度随着内聚力的增大而增大,从而越难发生变形破坏。

2.2.2.4 掘进巷道岩溶管道突水防突厚度预测模型建立

2.2.2.4.1 多元线性回归及显著性检验

(1) 多元线性回归拟合

首先根据正交试验获得的防突厚度平均数值对各影响因素做一元回归分析,拟合出各因素与防突厚度之间的回归公式如下。

① 防突厚度与管道直径 D 的关系:

$$L=2.918\,7\mathrm{e}^{0.072D},R^2=0.947\,1$$

② 防突厚度与断面高度 H 的关系:

$$L=3.779\,3\mathrm{e}^{0.052\,2H},R^2=0.965\,8$$

③ 防突厚度与管道水压 p 的关系:

$$L=3.127\,6\mathrm{e}^{0.072\,8p},R^2=0.879\,7$$

④ 防突厚度与巷道埋深 B 的关系:

$$L=2.919\,2\ln B-11.632,R^2=0.982$$

⑤ 防突厚度与围岩等级 A 的关系:

$$L=15.383A^{-0.62},R^2=0.956\,3$$

当 $\alpha=0.05$,$n=5$ 时,查得相关系数临界值 $r_{\min}=0.878$。上述 5 个相关系数值均大于 0.878,故所得经验公式有意义。基于以上分析,在建立防突厚度预测模型时需要同时考虑各种因素的影响。首先假设 L 与 $\mathrm{e}^{0.072D}$、$\mathrm{e}^{0.052\,2H}$、$\mathrm{e}^{0.072\,8p}$、$\ln B$、$A^{-0.62}$ 存在如下线性关系:

$$L=\lambda_1\mathrm{e}^{0.072D}+\lambda_2\mathrm{e}^{0.052\,2H}+\lambda_3\mathrm{e}^{0.072\,8p}+\lambda_4\ln B+\lambda_5A^{-0.62}+\lambda_6$$

式中,$\lambda_i(i=1\sim6)$为待定系数。借助 Origin 软件,经过多元线性回归,可求出各待定系数,最终得到掘进巷道岩溶管道突水防突厚度预测公式为:

$$L=2.890\,7e^{0.072D}+2.780\,5e^{0.052\,2H}+3.361\,5e^{0.072\,8p}+2.919\,2\ln B+15.333\,5\,A^{-0.62}-29.141\,5$$

（2）显著性检验

下面对上述拟合结果进行显著性检验，计算结果见表 2-8。

表 2-8　掘进巷道岩溶管道突水防突厚度拟合公式方差分析表

方差来源	平方和	自由度	误差均方	F 值	显著性
回归平方和	194.512 6	5	38.902 5	44.627 2	* *
残差平方和	16.562 7	19	0.871 7		
总平方和	211.075 4	24			

F 服从自由度为(5,19)的分布，对于给定显著性水平 $\alpha=0.01$ 下，$F>F_{0.01}(5,19)=4.170\,8$，因此，$L$ 与 $e^{0.072D}$、$e^{0.052\,2H}$、$e^{0.072\,8p}$、$\ln B$、$A^{-0.62}$ 有着十分显著的线性关系，证明假设无误。

2.2.2.4.2　防突厚度预测模型检验与对比

由上节可得掘进巷道岩溶管道防突厚度的预测模型为 $L=2.890\,7e^{0.072D}+2.780\,5e^{0.052\,2H}+3.361\,5e^{0.072\,8p}+2.919\,2\ln B+15.333\,5\,A^{-0.62}-29.141\,5$。根据本书实例，管道直径为 2 m，掘进巷道断面高度为 4 m，巷道平均埋深为 370 m，管道水压为 2.5 MPa，且根据巷道所在茅口组灰岩的物理力学参数可定义围岩等级为 3，代入预测模型中可得防突厚度 $L=6.52$ m。

现阶段关于工作面掘进管道突水的研究较少，相关经验公式缺乏，故考虑采用《煤矿防治水细则》中掘进工作面方向突水时，有含水或者导水断层的防隔水层的留设厚度的经验公式：

$$L_0=0.5KM\sqrt{\frac{3p}{\delta_t}}$$

式中，L_0 为防隔水层留设厚度；M 为工作面高度；p 为静水压力；δ_t 为隔水岩层抗拉强度；K 为安全系数，一般情况下 K 取 2～5。

由实例可知，工作面高度为巷道断面高度 4 m，静水压力为 2.5 MPa，茅口组灰岩抗拉强度取 1.7 MPa，按《煤矿防治水细则》规定取安全系数 $K=2$，代入公式计算可得 $L_0=8.4$ m。

由前述模拟结果可知，巷道掘进距离为 127 m 时，管道发生突水，此时巷道掌子面距离管道约 6.5 m，可视为实际突水发生时隔水岩体的厚度，记 $l=6.5$ m。

将上述由数值模拟得出的实际突水发生时隔水岩体厚度 l、多元线性回归预测防突厚度 L、《煤矿防治水细则》推导防突厚度 L_0 的值进行对比：

$$l=6.5<L=6.52<L_0=8.4$$

由上式可知，运用多元线性回归建立的防突厚度预测模型可靠且合理，其值大于并接近案例中突水发生时的岩层厚度且小于《煤矿防治水细则》中经验公式推导的防突厚度，与经验公式相比有一定优越性和更高的准确度。

2.2.3　小结

（1）在掘进开挖扰动下，岩溶管道突水过程具有明显的阶段性和前兆特征，突水灾变过程可划分为稳定阶段、蓄势阶段、突水阶段、后稳定阶段 4 个阶段。岩溶管道突水前兆特征主要表现为：蓄势阶段前期，掘进掌子面前端围岩应力和位移发生突变，岩溶管道顶部沉降与底部隆起也急剧性增长；蓄势阶段后期，掌子面前端围岩应力、位移出现急剧性增长，接近掌子面一侧的岩溶管道内水压也发生突变，越临近突水，应力场、位移场、渗流场变化越显著。依据隔水围岩内各物理场突变发生的节点可知，隔水围岩破坏发生突水的前兆信息敏感性排序依次是：应力、位移和水压。原因在于巷道前端应力积累，围岩应力增长会发生内部应变，从而引起岩体发生位移，围岩应力积累到一定值后巷道围岩会发育裂隙，地下水渗入巷道内部，此时渗流场发生变化，故渗流场突变相对滞后。综合来说，突水前兆信息中应力信息、位移信息可划分为敏感信息，孔隙水压信息为辅助信息。

(2) 基于巷道布设在茅口组灰岩含水层进行掘进的开采模式，考虑不同因素对掘进巷道岩溶管道突水防突厚度的影响，设计正交试验运用数值模拟及多元线性回归得出了防突厚度的预测模型，分析表明：防突厚度影响因素的主次顺序为：围岩等级＞巷道埋深＞管道水压＞管道直径＞断面高度，其中围岩等级、巷道埋深对结果有显著影响。防突厚度随着围岩等级的增大而减小，随巷道埋深的增大而增大，随管道水压增大而增大，随巷道断面增大而增大。通过多元线性回归得出的防突厚度预测模型与《煤矿防治水细则》中的经验公式相比准确度更高，是合理可行的。

2.3 断层突水灾变演化机理及防突厚度

2.3.1 岩溶导水断层突水灾变演化机理

2.3.1.1 突水案例分析

贵州省毕节市黔西县新田煤矿主斜井布置于矿区南东侧长坡西北部，走向 340°，井口标高＋1 234 m，井筒倾角－14°45′，斜长 1 450 m。采用单水平开拓方式，进口处地层为 T_1y^3 泥岩，井筒在施工过程中穿过的地层有 T_1y^3、T_1y^2、T_1y^1、P_3c、P_3l。2009 年 6 月，新田煤矿主斜井掘进施工过程中，在穿越 F_3 断层带时发生突水事故，断层突水的水文地质剖面图见图 2-52，具体过程可描述为：主斜井于 6 月 3 日工作面爆破后，从左帮腰线上开始出水，出水地层为 T_1y^2 灰岩。突水水量逐渐增大，工作面涌水量快速上升，从 38 m³/h 增大至最大达 212 m³/h，基本稳定在 120 m³/h。水质比较浑浊，有黄泥，在出水点处堆积有与水冲出的砂石及卵石。突水后调查得出，此次事故主要是由于巷道开挖前两日连续降雨，地表水通过落水洞、岩溶漏斗等补给地下含水层，地下水再通过各类岩溶形态持续补给 F_3 断层，巷道开挖扰动和地下水渗流导致工作面与潜伏断层之间的隔水岩体产生裂隙，围岩进一步变形失稳破坏后形成导水通道进而诱发断层突水灾害。

由上述 F_3 断层特征可知，其突水致灾的地质环境主要由两方面形成。一方面是本身作为张性断层的特性。张性断层为岩层受拉伸应力作用产生的断层，其地质特征是断面张裂程度大，破碎带内多为棱角状的角砾岩，角砾大小不一，胶结差或未胶结，孔隙多而大，为地下水的赋存、运移创造了良好的地质条件。并且胶结不好的角砾岩和张裂隙容易受到风化剥蚀和地表水的侵蚀，从而形成沟谷或低地，是补给和储存地下水及岩溶发育的有利条件。同时，角砾岩导水，有利于形成与地下水的水力联系，只要有一处补给条件较好，在断层带的各个部位和两侧张裂隙发育影响带内均能见到地下水。因此，F_3 断层具有很好的导水、储水能力。另一方面则是 F_3 断层带周围各类岩溶形态十分发育。由上述物探图和岩溶发育平面图可知，断层周围发育岩溶形态如溶洞、落水洞、岩溶漏斗、溶蚀裂隙等，使得其补给来

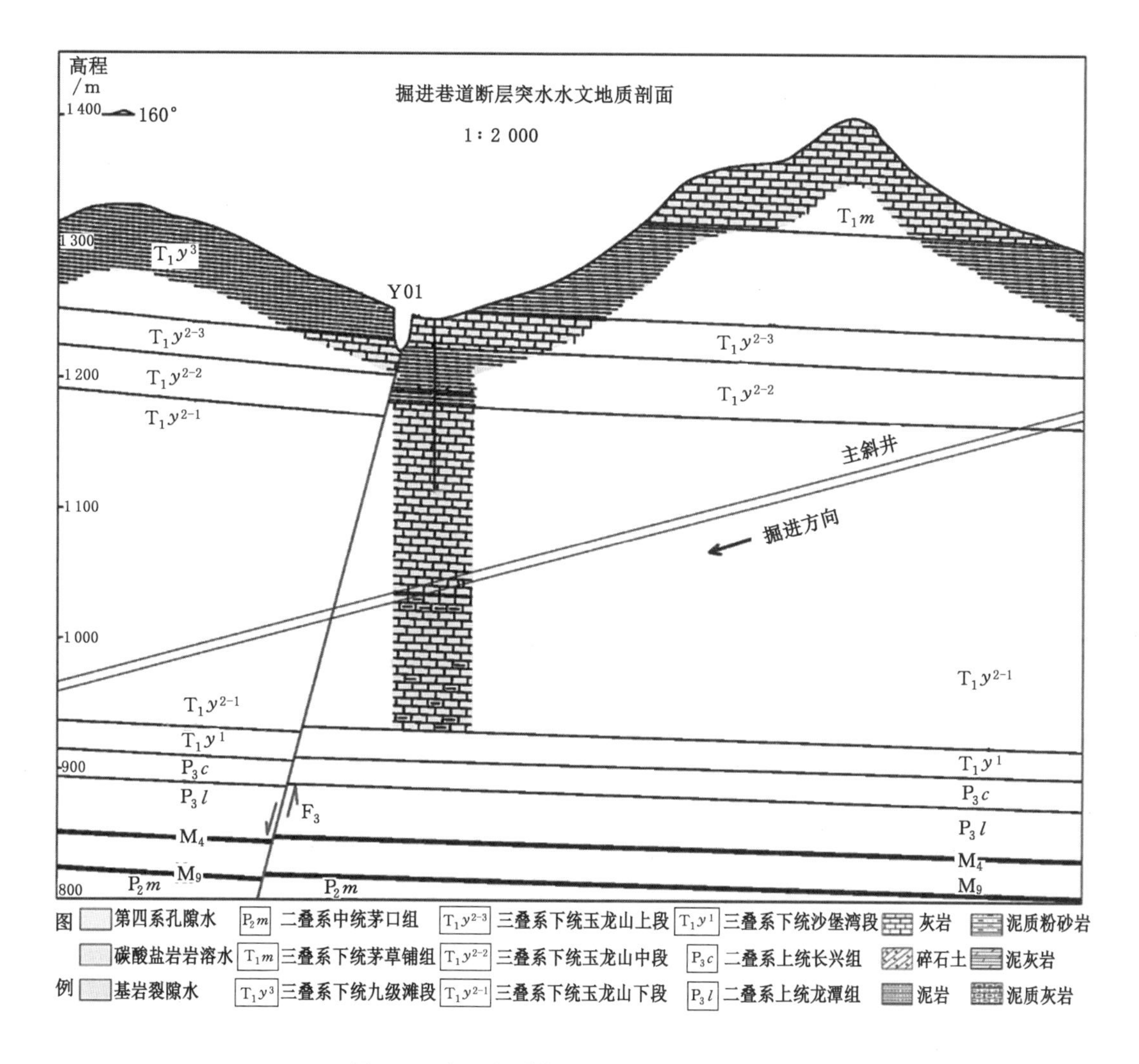

图 2-52 掘进巷道断层突水水文地质剖面图

源、补给形式多样，是有利导水和富水的外部条件。

2.3.1.2 模型建立及开挖方案

矿井掘进巷道断层突水过程的数值模拟属于三维建模问题，因此以新田煤矿主斜井巷道掘进工作面的实际地质资料为背景，建立三维数值分析模型。根据新田煤矿煤系地层岩石力学特性、矿井范围内岩层钻孔柱状图和突水处水文地质剖面图(图 2-52)等资料，并以 F_3 岩溶导水断层为研究重点，选取主斜井巷道附近一定范围内，区域为低角度的单斜地层，根据实际地质背景，模型概化地层倾角为 6°，断层倾角为 68°，断层带宽度为 20 m。计算模型的走向方向 x 长为 800 m，倾向方向 y 宽为 600 m，高 z 由靠近 F_3 断层地质剖面所确定，地层从 z 方向从上到下划分为 11 层，具体岩性及力学参数见表 2-9，以此建立如图 2-53所示的数值计算模型，模型网格统一采用自由四面体网格进行划分，划分原则为矿井巷道附近以及断层带周围区域网格密度大，向四周网格密度逐渐减小，从而达到重点区域精准计算的目的。

表 2-9　数值模拟围岩计算参数表

岩性及参数	弹性模量/GPa	泊松比	内聚力/MPa	内摩擦角/(°)	抗拉强度/MPa	密度/(kg/m³)
茅草铺灰岩	9.0	0.31	3.80	33	1.65	2 550
九级滩泥岩	7.5	0.24	1.46	30	1.05	2 510
玉龙山上段灰岩	12.8	0.25	5.20	35	1.78	2 700
玉龙山中段泥岩	8.6	0.35	3.70	30	1.33	2 500
玉龙山下段灰岩	13.1	0.29	5.50	37	1.98	2 600
沙堡湾泥灰岩	9.5	0.20	2.10	35	1.60	2 600
长兴灰岩	9.7	0.24	4.10	37	1.73	2 650
M_4 煤层	2.2	0.28	0.46	31	0.43	2 000
M_9 煤层	1.9	0.27	0.44	35	0.41	2 000
龙潭粉砂岩	12.4	0.31	2.68	38	1.25	2 730

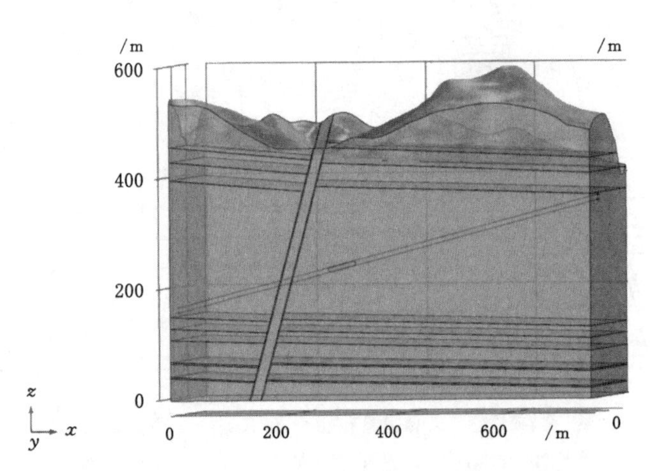

图 2-53　数值计算模型示意图

主斜井巷道工作面位于玉龙山组灰岩上亚段 $T_1y^{2\text{-}1}$ 中，从右向左掘进，起始位置距离模型右端 475 m，推进方向与岩层方向保持一致。为更好地了解当掘进工作面靠近断层时应力场、位移场、塑性区及渗流场的变化特征，在数值模拟过程中，考虑到开挖扰动及开挖步幅对围岩失稳破坏的影响，在远离断层的巷道部分采取 10 m 步幅进行开挖，共开挖 6 步，在巷道掘进临近断层时，采用 4 m 的步幅进行掘进，共开挖 4 步，共计 10 步完成巷道掘进模拟计算，具体开挖模拟方案见表 2-10。

表 2-10　开挖模拟方案表

模拟过程	开挖步	计算开挖方式
远离断层时	1～6	每次开挖 10 m
接近断层时	7～10	每次开挖 4 m

模型边界条件设置如下：

(1) 固体力学边界条件：模型中顶部、掘进巷道、断层破碎带设置为自由边界条件，模型

x 方向设置为辊支撑边界条件，y 方向设置为对称边界条件；底部为全约束边界条件。掘进过程中巷道壁和掘进掌子面为自由边界。整个巷道掘进过程应用 Drucker-Prager 屈服准则，匹配摩尔-库仑准则，并采用弹塑性模型进行求解计算。

（2）渗流边界条件：本次模拟断层破碎带两侧、下部设定为隔水边界，顶部设定为由突水发生前地表监测到的最高水头 10 m。断层破碎带内静水压力从上到下逐渐增加，底部静水压力约为 5.096 MPa。断层破碎带渗透性系数初始值为 1.2×10^{-10} $m^2/(Pa\cdot s)$，孔隙率为 0.35。水源补给为断层顶部岩溶漏斗上部中的地表河流，巷道掘进过程中巷道壁和掘进掌子面的孔隙水压为 0。

2.3.1.3　模型参数与监测方案

模型计算主要选取了岩体的密度、弹性模量、泊松比、内聚力、内摩擦角和抗拉强度等一系列物理力学参数。具体模型参数取值见表 2-9。

为更好地反映巷道掘进过程中应力-渗流耦合作用下物理场的变化规律，分别沿巷道顶底板位置、断层带区域布置监测线，沿监测线均匀布置监测点，其中底板监测线上布置监测点 $A_1\sim A_4$，顶板监测线上布置监测点 $B_1\sim B_4$，在靠近断层的隔水岩体布置监测点 C_4 与顶、底板监测点 A_4、B_4 进行比较，断层带中沿左侧、中部、右侧监测线布置监测点 1～18，由此达到全面监测巷道及断层附近物理场的动态变化信息的目的。监测点详细布设位置如图 2-54 所示。

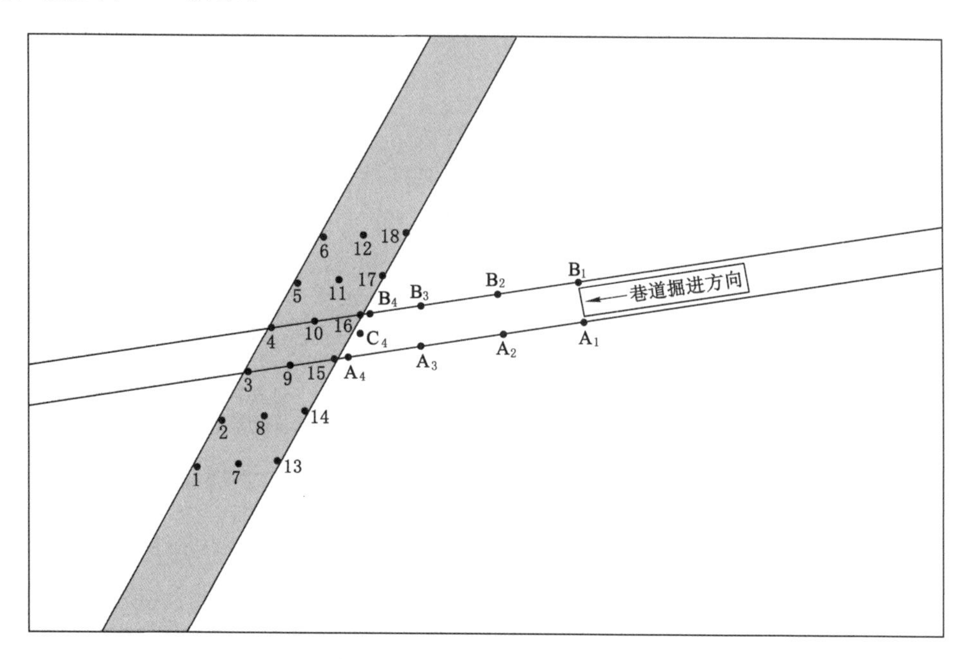

图 2-54　断层突水监测点布置图

2.3.1.4　模拟计算结果与分析

2.3.1.4.1　应力场分析

（1）应力场分布云图

图 2-55 为掘进时断层破碎带及巷道围岩的应力云图和掘进距离分别为 80 m、100 m、112 m 时的应力切面云图。

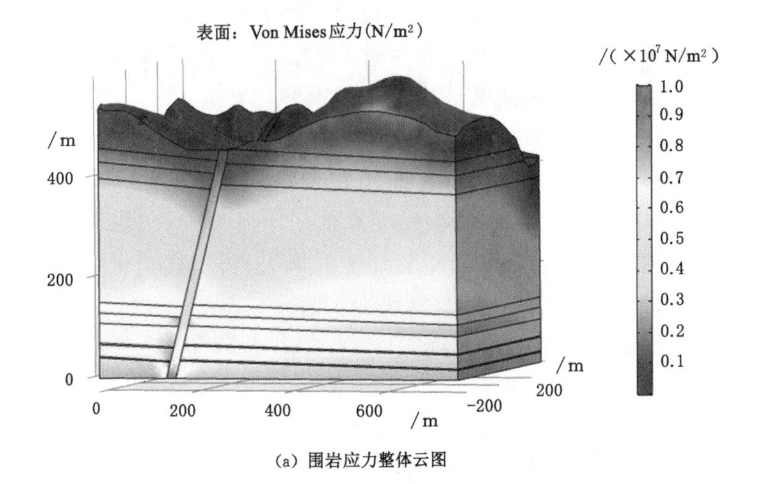

(a) 围岩应力整体云图

切面：Von Mises应力(N/m²)

(b) 围岩应力切面云图

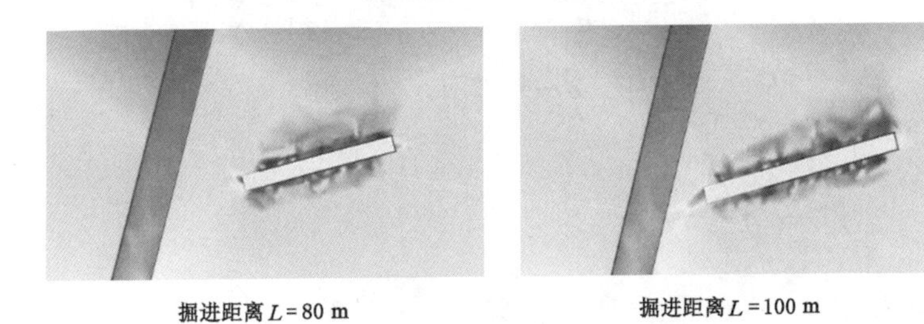

掘进距离 $L=80$ m　　掘进距离 $L=100$ m

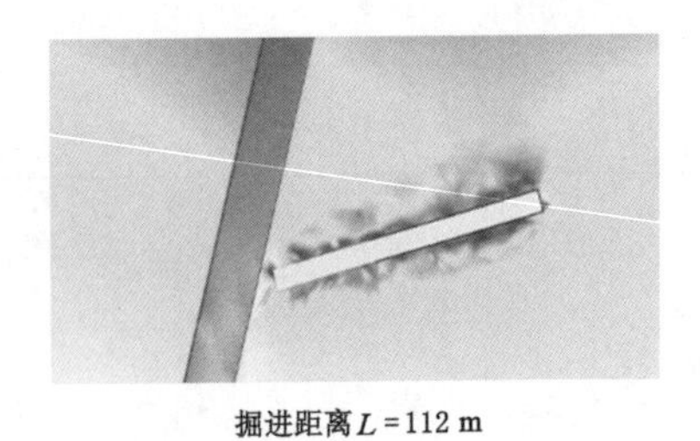

掘进距离 $L=112$ m

(c) 围岩应力随掘进距离的切面云图

图 2-55　巷道掘进围岩应力变化云图

据图分析可知：围岩整体上受自重应力的影响，应力从上到下依次增大。开挖导致巷道临空面围岩发生卸荷，造成区域应力场重分布；巷道顶、底板围岩垂直应力出现比周围岩体应力低的现象，而在巷道两端形成局部应力集中区，应力值明显高于周围岩体；随着巷道掘进不断靠近断层，采空区范围不断增加，围岩卸荷的范围也不断扩大，且顶板围岩的低应力区范围明显大于底板低应力区；巷道两端的应力集中区也随着巷道掘进不断增加且更为明显，同时可以看出，靠近断层的掘进工作面的应力集中范围相较于巷道另一端出现增大的现象，这可能是靠近断层的开挖工作面前端出现由于临空面和断层破碎带应力叠加而产生的应力集中增大现象；随着巷道开挖的进行，掘进距离从 100 m 开始，巷道掘进端的围岩应力集中区与断层应力集中区逐渐相连，由此可知巷道掘进靠近断层时将影响断层周围的应力分布。

（2）监测点应力随巷道掘进的变化分析

为更好地研究巷道掘进对围岩应力场的影响，选取巷道顶板、底板、断层带右侧区域的监测点，分别制作各监测点位移随巷道掘进的变化曲线进行分析（图 2-56、图 2-57、图 2-58）。

① 掘进工作面推进对巷道顶板、底板监测线上监测点应力的影响

据图 2-56 分析可知，随着巷道不断掘进，巷道顶板监测点和底板监测点应力的变化规律总体一致，主要是由巷道开挖造成围岩卸荷，应力重新分布造成的，具体表现为：在巷道远离断层时，各监测点的应力值在巷道掘进的一段距离内保持不变。在巷道逐渐接近断层的过程中，各监测点的应力值在巷道掘进的一段距离内有缓慢上升的趋势。之后随着掘进巷道的推进，采空区不断扩大，围岩发生卸荷，各监测点应力均发生急剧下降。应力下降这个过程中，顶、底板位于同一位置的监测点的下降段不再相同，其中顶板的监测点 B_1、B_2、B_3、B_4 的下降段明显长于底板对应的监测点，说明顶板围岩卸荷作用的时间长于底板围岩，大范围应力释放使得岩体向巷道开挖临空面以膨胀破坏等形式释放能量，导致巷道围岩裂隙更容易发育、扩展，渗透性增大，进一步恶化可导致围岩失稳破坏，突水灾害发生。图中监测点 A_1、B_1 的应力变化过程与其他监测点不一致，这是由于它们所处的位置距离巷道初始开挖位置较近的原因。监测点 A_4、B_4 的应力上升段中，应力的增加值远大于其他监测点的应力增加值，这是由于监测点 A_4、B_4 靠近断层，说明巷道掘进靠近断层时，会使得开挖工作面前端的应力与断层岩体应力相互叠加，从而产生应力集中增大的现象[31-33]。

② 掘进工作面推进对靠近断层隔水岩体中监测点的影响

据图 2-57 分析可知：随着巷道不断掘进，靠近断层的隔水岩体中各监测点的应力变化趋势基本相同，均表现为先平稳不变后缓慢上升，接着快速上升达到峰值后急剧下降。位于隔水岩体中部的监测点 C_4 在巷道掘进距离为 50～90 m 时应力保持平稳，掘进距离介于顶、底板的监测点 A_4、B_4 应力保持平稳段的掘进距离之间，且应力也在掘进距离为 112 m 处达到峰值，峰值应力的大小亦位于 A_4、B_4 峰值应力之间，之后应力下降，这与上述顶、底板监测线应力变化规律是一致的。

③ 掘进工作面推进对断层右侧监测点应力的影响

据图 2-58 分析可知：随着巷道不断掘进，断层右侧各监测点的应力变化趋势基本相同，

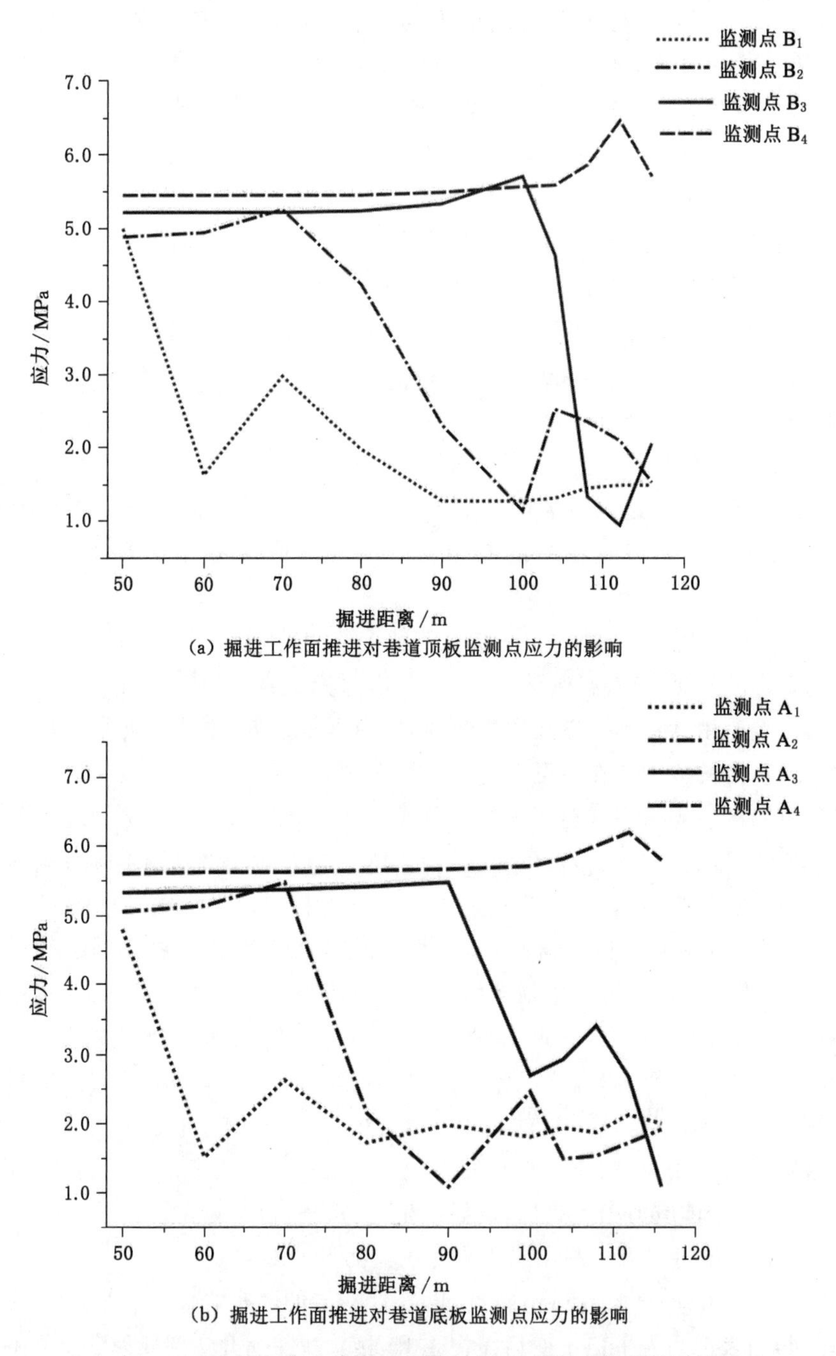

(a) 掘进工作面推进对巷道顶板监测点应力的影响

(b) 掘进工作面推进对巷道底板监测点应力的影响

图 2-56 掘进工作面推进对巷道顶、底板监测点应力的影响

应力均有一定程度的上升，各监测点应力均在掘进距离为 112 m 处达到最大值，说明断层在巷道掘进至 112 m 时右侧岩体有强烈的应力集中现象，与巷道掘进工作面围岩的应力集中叠加后更易造成围岩变形失稳破坏进而引发突水。值得一提的是，监测点 14 的应力增加量比其余监测点少，这是由于监测点 14 的位置在水平方向上离巷道掘进工作面更远，说明隔水岩体的厚度越大，巷道掘进越安全。

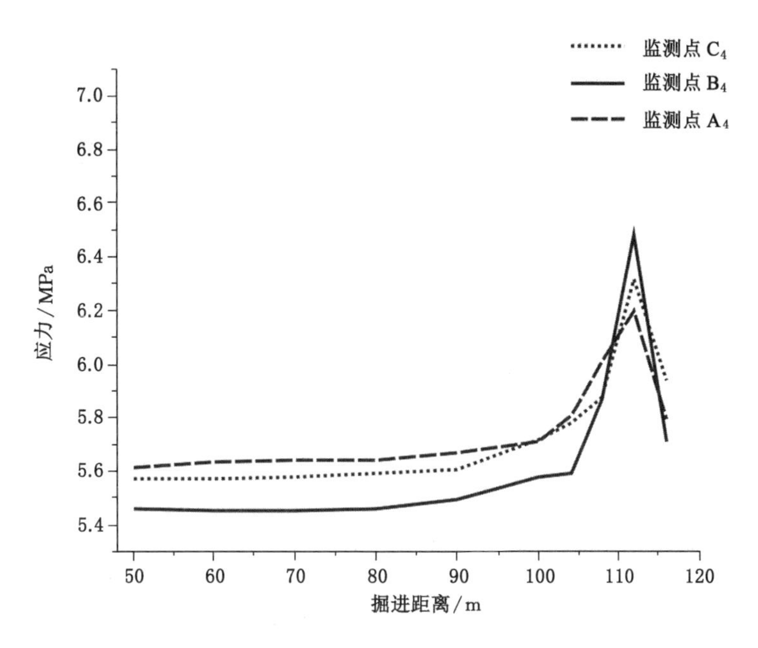

图 2-57 掘进工作面推进对靠近断层隔水岩体中监测点应力的影响

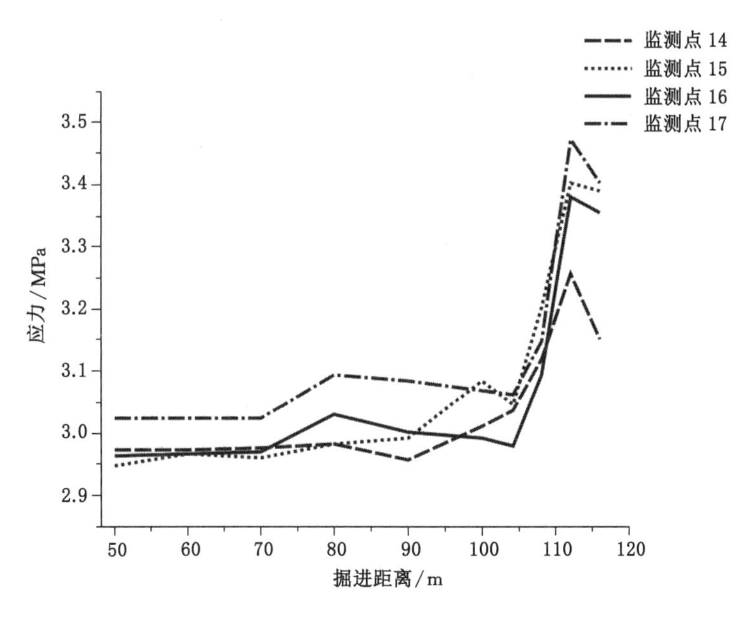

图 2-58 掘进工作面推进对断层右侧监测点应力的影响

2.3.1.4.2 位移场分析

(1) 位移场分布云图

图 2-59 为掘进时断层破碎带及巷道围岩的垂直位移切面云图和掘进距离分别为80 m、100 m、112 m 时的垂直位移切面云图。

据图 2-59 分析可知:巷道掘进造成了临空面范围内的围岩位移变化,越靠近巷道临空

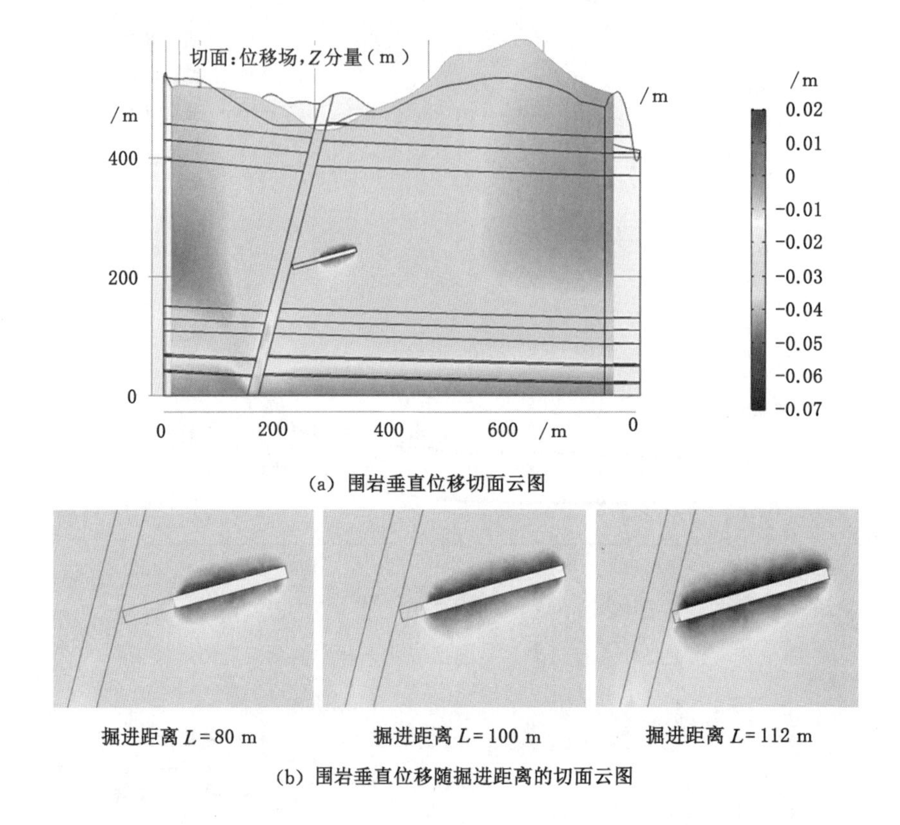

(a) 围岩垂直位移切面云图

(b) 围岩垂直位移随掘进距离的切面云图

图 2-59 巷道掘进围岩垂直位移变化云图

面的围岩产生的位移量越大。巷道底板附近产生正向位移，顶板产生负向位移。临空面上覆岩层的负向垂直位移最大达到了 0.007 m，临空面下伏岩层的正向垂直位移最大达到了 0.002 m，说明掘进过程中底板围岩的位移量总体上小于顶板围岩的负向位移量，顶板更容易发生大变形，这与上节应力场分析的规律是一致的，同时由图可知底板发生正向位移的岩体范围比顶板更广。随着巷道掘进距离不断增加，采空区的范围也不断增加，顶、底板岩体的位移朝不同方向皆有增加。断层位置附近的岩体主要表现为负向位移，且比巷道顶板岩体的负向位移小，巷道掘进对断层破碎带岩体的位移变化影响较小。

(2) 监测点位移随巷道掘进的变化分析

为更好地研究巷道掘进对围岩位移场的影响，选取巷道顶板、底板、靠近断层隔水岩体中监测点、断层带中部、左侧、右侧以及断层带之外左侧区域的监测点，分别制作各监测点位移随巷道掘进的变化曲线进行分析(图 2-60、图 2-61、图 2-62、图 2-63)。

① 掘进工作面推进对巷道顶板监测线上监测点垂直位移的影响

据图 2-60 分析可知：巷道顶板各监测点随着巷道掘进主要表现为负向位移，且随着巷道掘进不断靠近断层，垂直位移均表现出了不同程度的增加，可见巷道掘进会造成围岩向采空区的剧烈沉降变形。巷道顶板监测点垂直位移的变化趋势大致可分为 3 个阶段：第一个阶段为巷道远离断层时，断层附近的围岩由于距离开挖掌子面较远，受开挖扰动不明显，具

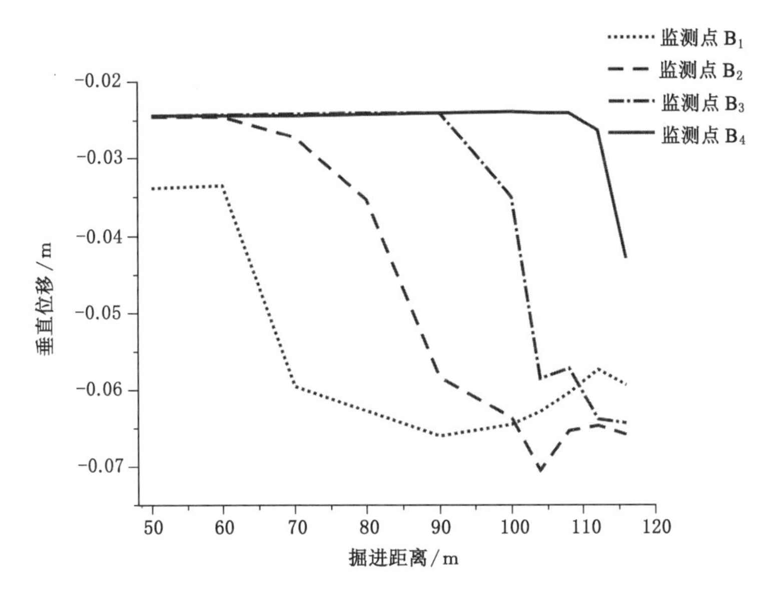

图 2-60　掘进工作面推进对巷道顶板监测点垂直位移的影响

体表现为曲线图中不同监测点的稳定阶段；第二个阶段为随着掘进巷道不断推进，各监测点的位移均出现急剧性、突变性的下降，直到下降到某个值时进入第三个阶段；第三个阶段为掘进巷道再推进时，监测点的垂直位移出现一定的回升并趋于稳定，对应图中监测点 B_1、B_2、B_3 在掘进距离为 112～116 m 时的变化情况。

② 掘进工作面推进对巷道底板监测线上监测点垂直位移的影响

据图 2-61 分析可知：巷道底板各监测点随着巷道掘进主要表现为从负向位移的不断减小过渡到正向位移的不断增加，且随着巷道掘进不断靠近断层，这种由负向正转变的趋势越来越明显。垂直位移的变化过程中，各监测点在掘进巷道远离断层时均表现出了不同掘进

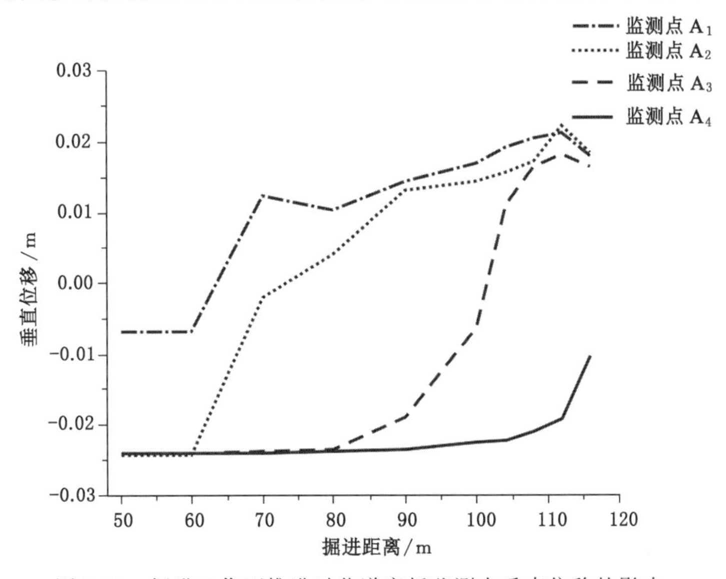

图 2-61　掘进工作面推进对巷道底板监测点垂直位移的影响

距离的稳定趋势。随着巷道不断推进，除监测点 A_4 外，其余监测点均在巷道掘进距离为 112 m 处达到正向位移峰值，而后进入平稳的下降回升阶段。由此可见，巷道底板监测点垂直位移的变化规律与顶板规律基本相同。

③ 掘进工作面推进对靠近断层隔水岩体中监测点垂直位移的影响

据图 2-62 分析可知，位于靠近断层隔水岩体中部监测点 C_4 的垂直位移变化规律为：巷道掘进距离为 50～100 m 时，垂直位移基本保持不变；掘进距离为 100～112 m 时，垂直位移有所增大，到 112 m 处时达到最大值；掘进距离为 112～116 m 时，垂直位移不断减小。监测点 C_4 的垂直位移变化与顶、底板监测点 B_4、A_4 相比较不明显，顶、底板的垂直位移主要是随着掘进巷道的不断靠近，各位移向不同方向急剧增大，说明掘进巷道顶、底板的隔水岩体更容易发生失稳破坏，形成突水通道从而导致突水。

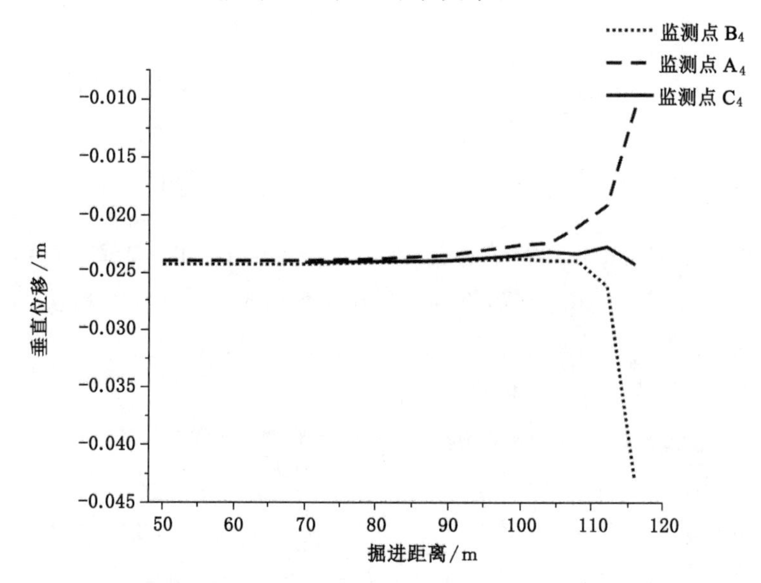

图 2-62 掘进工作面推进对靠近断层隔水岩体中监测点垂直位移的影响

④ 掘进工作面推进对断层监测点垂直位移的影响

据图 2-63 分析可知：

随着巷道掘进不断靠近断层，断层带左侧、中部、右侧区域各监测点垂直位移均表现出了上升或下降趋势。以巷道顶、底板所在轴线为界，位于顶板的监测点 4、5、6、10、11、12、16、17、18 主要表现为负向位移的增加，这是由于巷道开挖形成采空区，顶板的围岩发生沉降从而影响断层中位于巷道顶板区域的这些监测点。位于底板的监测点 1、2、3、7、8、9、13、14、15 主要表现为负向位移的减小，这是由于位于巷道采空区底板的围岩发生隆起所致。

巷道掘进距离为 50～100 m 时断层左侧、中部、右侧区域各监测点垂直位移的变化基本一致，均稳定不变。掘进距离为 100～116 m 时，断层右侧、中部区域监测点的垂直位移明显大于断层左侧的监测点垂直位移，说明断层存在一定的“屏蔽”效应，断层靠近掘进巷道一侧的岩体比另一侧对开挖扰动更为敏感，更容易发生变形破坏形成突水灾害。

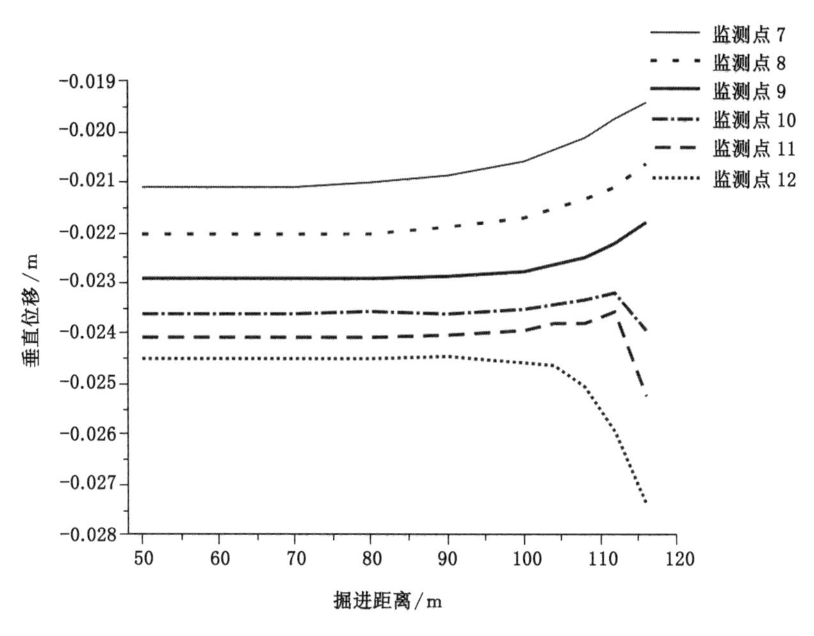

(a) 监测点 7、8、9、10、11、12位移变化

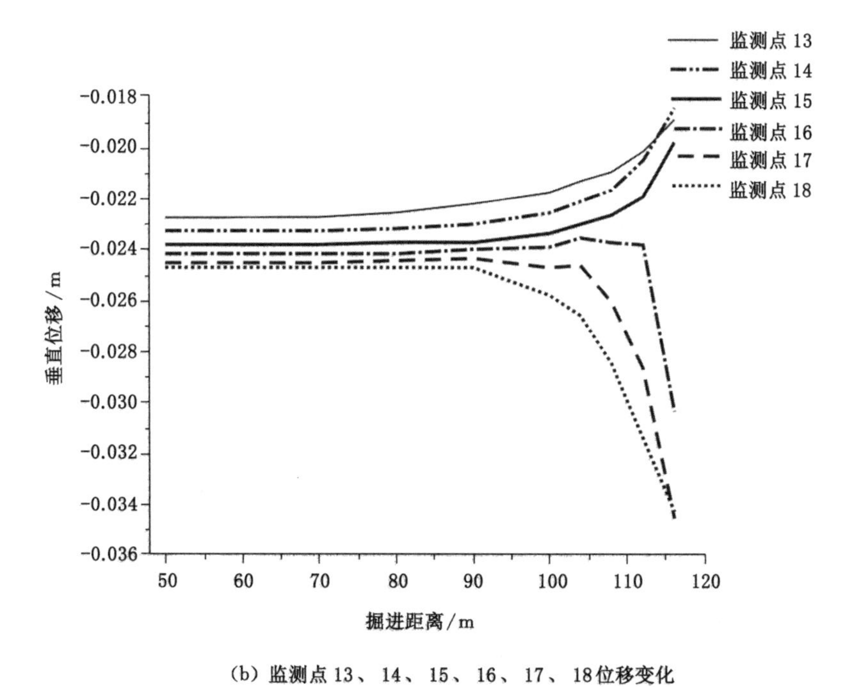

(b) 监测点 13、14、15、16、17、18位移变化

图 2-63　掘进工作面推进对断层监测点垂直位移的影响

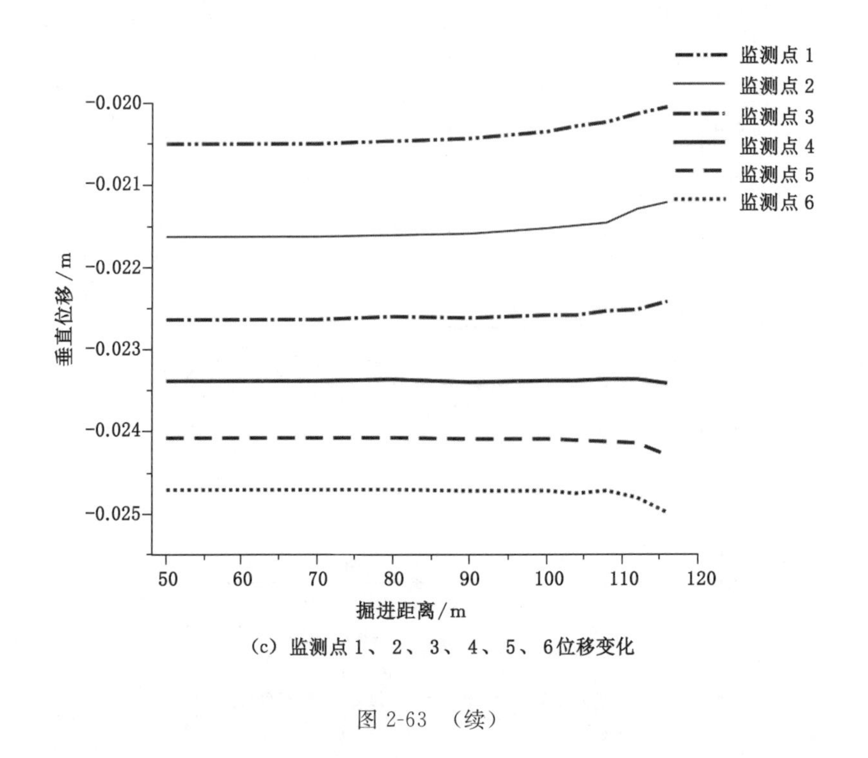

(c) 监测点1、2、3、4、5、6位移变化

图 2-63 (续)

2.3.1.4.3 塑性区分析

图 2-64 为掘进时断层破碎带及巷道围岩的有效塑性应变整体切面云图和掘进距离分别为 80 m、100 m、112 m 时的塑性区切面云图。

由表面的有效塑性应变图可知,巷道掘进时整体上塑性破坏主要分布于断层破碎带的中部靠左侧以及模型下部的龙潭组粉砂岩,中部的玉龙山组灰岩形变较少。这是由于龙潭组粉砂岩的岩性较为软弱,且上覆岩层自重大,易在开挖扰动下产生塑性破坏;对于断层破碎带来说,由于其的构成岩体破碎,且有一定倾角,导致了它在开挖过程中左侧的岩体比右侧更易发生变形破坏。

由切面云图可知,由于巷道的掘进形成了临空面,在矿山压力扰动和上覆岩层及自重的影响下,掘进巷道顶底板、巷道两端周围岩体及断层破碎带均发生了塑性破坏,且随着开挖不断靠近断层,围岩的塑性区变化显著,不断急剧性、突变性扩大。相比巷道周围岩体塑性区而言,断层破碎带的塑性破坏更为严重,这是由于断层破碎带的岩体岩性比玉龙山组灰岩岩性更为软弱,且断层破碎带富水,隔水岩体在孔隙水压力和采动应力的双重作用下发生形变破坏,最终失稳形成突水威胁。

随着巷道掘进不断接近断层,掘进距离为 80 m 时,巷道围岩开始出现塑性破坏,xz 切面上巷道周围岩体的塑性区范围较少,yz 切面上塑性区主要集中分布于巷道的肩部至脚部区域,且断层塑性区无明显变化;掘进距离为 100 m 时,各区域围岩塑性区进一步扩大,巷道顶、底板塑性区扩大,断层靠巷道掘进工作面一侧塑性区进一步加深,巷道工作面前端也出现塑性集中区,巷道的肩部至脚部区域塑性区急剧增大;掘进距离为 100～112 m 时,xz

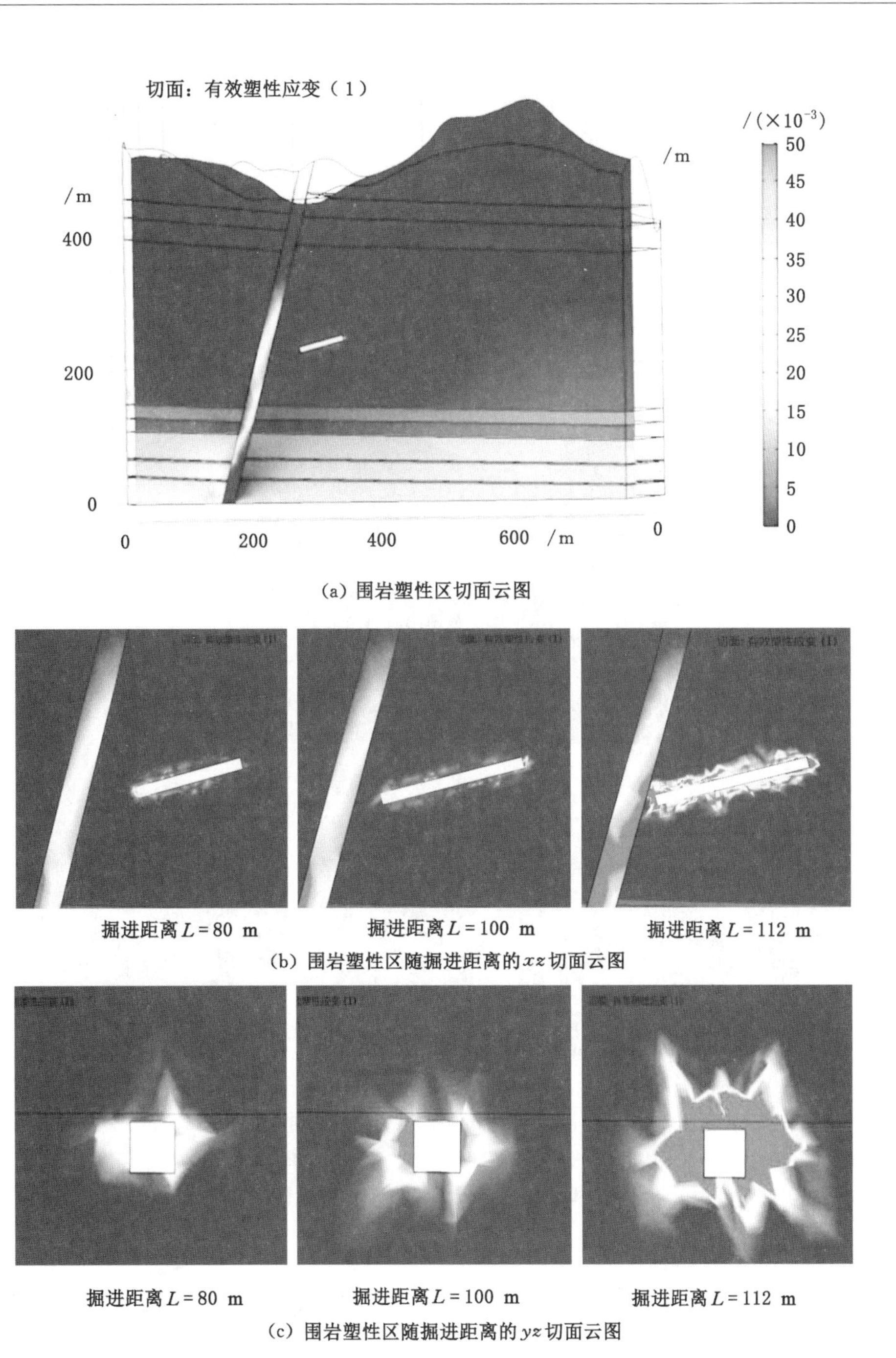

(a) 围岩塑性区切面云图

掘进距离 $L=80$ m　掘进距离 $L=100$ m　掘进距离 $L=112$ m

(b) 围岩塑性区随掘进距离的 xz 切面云图

掘进距离 $L=80$ m　掘进距离 $L=100$ m　掘进距离 $L=112$ m

(c) 围岩塑性区随掘进距离的 yz 切面云图

图 2-64　巷道掘进围岩塑性区变化云图

切面上巷道周围的塑性区增多，且顶板围岩的塑性破坏明显多于底板，这与应力场分析中顶板围岩更容易卸荷并破坏是一致的。巷道掘进至 112 m 时，yz 切面上巷道周围已被塑性破坏区包围，断层右侧塑性破坏急剧加深，且掘进工作面前端的塑性集中区几乎已触及断层，此时断层与巷道工作面之间的塑性破坏区已经相连，破坏区形成的裂隙使得 F_3 断层中地下水和巷道开挖面形成水力联系，在地下水的冲刷作用下，逐渐扩展成为导水通道，最终造成隧道围岩失稳，形成突水灾害。

2.3.1.4.4 孔隙水压力场分析

(1) 孔隙水压力场分布云图

图 2-65 为掘进时断层破碎带区域的孔隙水压分布云图和掘进距离分别为 80 m、90 m、112 m 时的孔隙水压切面云图。

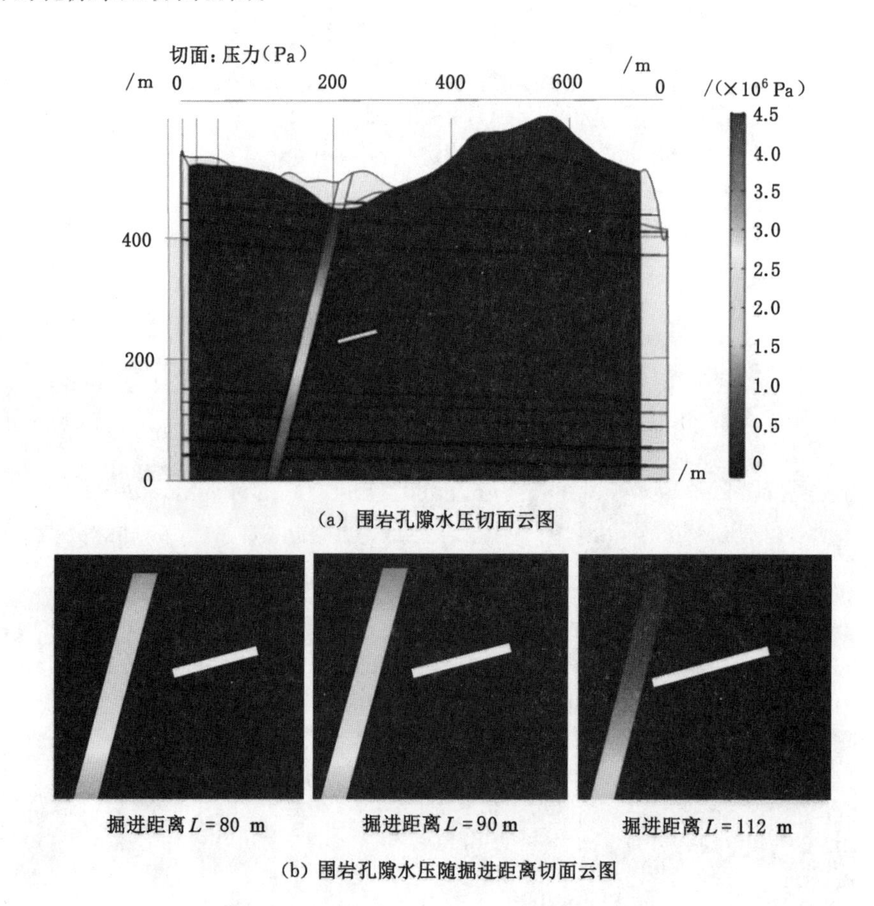

(a) 围岩孔隙水压切面云图

(b) 围岩孔隙水压随掘进距离切面云图

图 2-65 巷道掘进围岩孔隙水压变化云图

据图分析可知：从整体上看，断层破碎带岩体初始孔隙水压整体呈层状分布，均随深度的增加而增加。巷道开挖扰动可造成局部范围内瞬时的孔隙水压变化，当掘进距离距断层较远时，孔隙水压分布基本不受影响，随着巷道掘进逐渐靠近断层，孔隙水压的变化逐渐变得明显。巷道掘进距离为 80～90 m 时，断层破碎带中的水压下降不明显；掘进距离为 90～112 m 时，掘进形成的采空区和采动应力已经影响到了断层的孔隙水压，其下降明显。

(2) 监测点水压随巷道掘进的变化分析

为更好地研究 F_3 断层内部孔隙水压随巷道掘进的变化，选取监测点 4、9、10、16 为代表，分别表示断层破碎带中左侧、下部、上部和右侧区域的岩体进行分析，各监测点孔隙水压随开挖步的变化曲线见图 2-66。

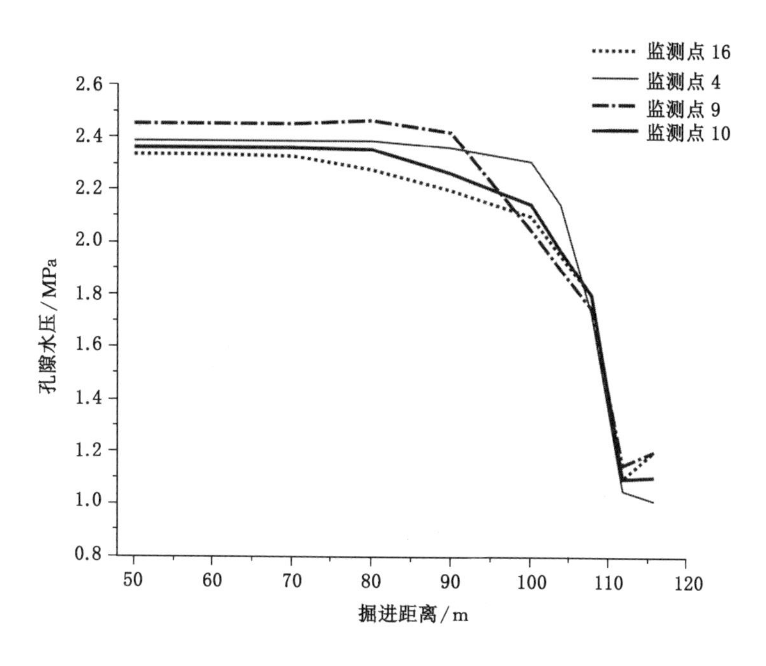

图 2-66 掘进工作面推进对断层内各监测点孔隙水压的影响

据图分析可知：

当掘进巷道向前推进的过程中，各监测点孔隙水压变化规律基本一致，总体上呈现下降趋势。在掘进开始的一定距离内(50～70 m)，各监测点孔隙水压保持相对平稳；当工作面不断推进靠近断层，掘进距离为 70～108 m 时，各监测点孔隙水压均出现不同程度下降；巷道掘进至 108～112 m 时，孔隙水压急剧下降；掘进距离为 112～116 m 时，孔隙水压逐渐稳定，各监测点有不同程度的回升。值得一提的是各监测点孔隙水压发生陡降时，在掘进距离为 112 m 处下降最快，推测在此处发生了突水，这与上小节中掘进距离为 112 m 时塑性破坏区沟通的现象是一致的。

比较各监测点孔隙水压在巷道掘进开始时的稳定距离可知，靠近巷道掘进工作面的监测点 10、16 的孔隙水压对掘进扰动更为敏感，分别在掘进距离为 80 m、70 m 后便开始下降，而位于断层带左侧的监测点 4 和相对监测点 10 距开挖面更远的监测点 9 的孔隙水压分别从掘进距离为 100 m 和 90 m 才开始下降。这说明断层带中越靠近巷道一侧的岩体，越容易在采动和水压的耦合作用下发生破坏，而远离采动的那侧岩体的变形破坏具有明显的滞后性，也与位移场变化中断层的“屏蔽”效应是一致的。

综上所述，掘进巷道不断接近断层时，断层内的孔隙水压不断减小，从而导致水力坡降增大，由 Darcy 定律可知流体的渗流速度和渗透水压亦不断增大，地下水更易沿采动形成的裂隙向巷道内渗流，造成围岩软化，力学性能降低，影响其变形和结构稳定，从而加剧断层破碎带岩体的失稳破坏，形成突水通道，导致断层突水灾害的发生。

2.3.1.5 掘进巷道岩溶导水断层突水多场灾变演化机理分析

通过上述对突水过程的模拟以及对突水过程中围岩的应力场、位移场、孔隙水压力场、塑性区的变化规律分析，可以提炼出掘进巷道岩溶导水断层突水灾变机理如下。

(1) 掘进巷道岩溶导水断层突水阶段划分

根据模拟结果分析，掘进巷道岩溶导水断层突水可大致分为4个阶段：稳定阶段、发育阶段、突变阶段、后稳定阶段。① 稳定阶段：掘进距离为50～70 m时，掘进工作面相对远离断层破碎带，采空区的存在对断层的影响较小，断层带的孔隙水压变化不明显，巷道围岩的应力、垂直位移基本保持不变，巷道周围的塑性区小幅度发育。② 发育阶段：随着掘进巷道不断推进，距离为70～112 m时，巷道顶底板、断层右侧区域监测点应力均表现为一定程度的上升后快速下降，巷道顶、底板围岩垂直位移向不同方向增加，断层的孔隙水压逐渐从缓慢下降演变为快速下降，围岩塑性区出现在围岩的各个部位并贯通增多。③ 突变阶段：巷道掘进到112 m时，掘进工作面顶端围岩的应力集中与断层右侧围岩的应力集中产生了叠加，右侧围岩的应力达到最大值，巷道顶板的位移正向增加到极值，掘进工作面顶板出现大量塑性破坏且与断层塑性区相连，断层破碎带内孔隙水压此时下降速率最大，这些信息均能说明此时已发生了突水。④ 后稳定阶段：巷道掘进距离为112～116 m时，部分远离断层的围岩的应力、位移、断层的孔隙水压从下降逐渐转变为缓慢上升后稳定。

(2) 掘进巷道岩溶导水断层突水前兆信息提取

巷道掘进过程中，当掘进工作面前方存在富水的导水断层时，在开挖扰动下多场变化信息在富水断层突水前具有相对明显的前兆特征，具体表现为：随着巷道的掘进，在巷道与断层之间隔水层破断诱发突水之前，其间围岩应力值表现为小幅度增大后快速下降，且巷道掘进工作面前端应力集中区与断层的应力集中区逐渐相连，巷道与断层间围岩塑性破坏逐渐得到发展并有互相贯通，巷道顶、底板的垂直位移向不同方向增加到极大值，围岩孔隙水压值在逐渐接近断层的过程中不断减小，且濒临突水时，断层破碎带围岩的孔隙水压表现为急剧下降。

(3) 掘进巷道岩溶导水断层突水灾变的多物理场变化特性总结

① 巷道掘进主要造成临空面范围的围岩发生卸荷，从而在巷道顶、底板区域的围岩出现应力降低、巷道两端的围岩出现应力集中的现象。同时会造成巷道底板围岩产生正向位移，顶板围岩产生负向位移，出现塑性破坏区；随着掘进距离的增加，采空区范围也不断增加，巷道围岩的应力卸荷、集中范围更大、现象更为明显，顶、底板围岩的垂直位移朝各自方向不断增加，巷道周围塑性区也逐渐发育、增多，断层带围岩的孔隙水压受开挖扰动及其他场的耦合作用而下降。

② 靠近断层的开挖工作面前端出现由于临空面和断层破碎带应力叠加而产生的应力集中增大现象使得断层附近的围岩更容易失稳破坏。同时，断层存在一定的"屏蔽"效应，断层靠近掘进巷道一侧的岩体比另一侧对开挖扰动更为敏感，更容易发生变形破坏形成突水灾害，而远离采掘工作面的那侧岩体的变形破坏具有明显的滞后性。

③ 各物理场对巷道开挖扰动的灵敏性不同，以靠近断层的监测点 C_4 及断层右侧同一位置的监测点16为例进行说明。对于监测点16来说，随着巷道掘进不断靠近断层，其应力在掘进距离为50～104 m时保持相对稳定，从掘进距离为104 m时开始快速上升；其垂直位移在掘进距离为50～108 m时保持相对稳定，从掘进距离为108 m时开始下降；其孔隙

水压在50～70 m时保持相对稳定，从掘进距离为70 m时开始下降。对于监测点C_4来说，随着巷道掘进不断靠近断层，其应力在掘进距离为50～90 m时保持相对稳定，从掘进距离为90 m时开始上升；其垂直位移在掘进距离为50～100 m时保持相对稳定，从掘进距离为100 m时开始发生变化。根据上述两不同监测点物理场的变化规律，可以得出隔水围岩各场对开挖扰动的灵敏性大小为：孔隙水压力场＞应力场＞位移场。

2.3.2　掘进巷道断层突水防突厚度研究

根据上节分析可知，巷道掘进时，随着开挖工作面不断接近断层，当掘进距离大于突水临界位置时，地下水就会突破巷道与断层破碎带间的隔水层，造成突水事故的发生。与2.2.2节中分析类似，在开挖扰动及地下水共同作用下，隔水层防突厚度的不足仍是致使其失稳破坏的最主要因素，因此需合理留设防突厚度。现从定性、定量的角度出发对防突厚度进行分析。采用与2.2.2节中相同的方法对因子的影响程度进行分析总结以及相关公式的推导，且同样采用COMSOL Multiphysics软件和正交试验进行模拟和分析，探讨各因素对防突厚度的影响以及拟合出防突厚度预测模型并与《煤矿防治水细则》中的经验公式进行验证对比。

2.3.2.1　模型的建立

针对贵州黔西新田煤矿将巷道布设在玉龙山灰岩含水层进行掘进的模式，同样根据相应的地质背景，合理概化掘进巷道断层突水模型进行数值模拟。与2.2.2节类似，计算模型以掘进巷道中心轴线为X轴，竖直方向为Y轴，详见图2-67。依据相关的勘察报告和文件，开挖全段同样存在完整岩体占围岩比例较大现象，也出现施工断面较小的情况，施工过程模拟按照全断面开挖考虑，不考虑支护衬砌。数值模型网格划分见图2-68，模拟的边界条件与上述突水案例模拟条件一致，岩体参数除断层影响带的力学参数保持不变外，地层的力学参数参照下文影响因素参数水平设置。

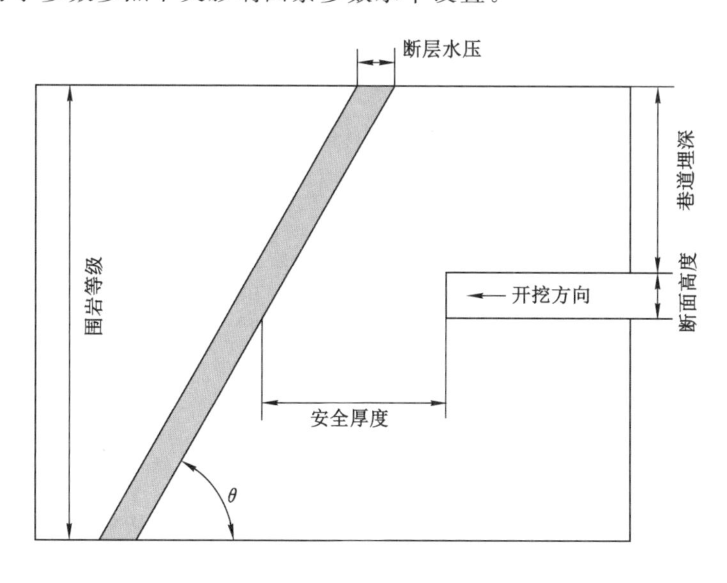

图2-67　断层突水防突厚度模型示意图

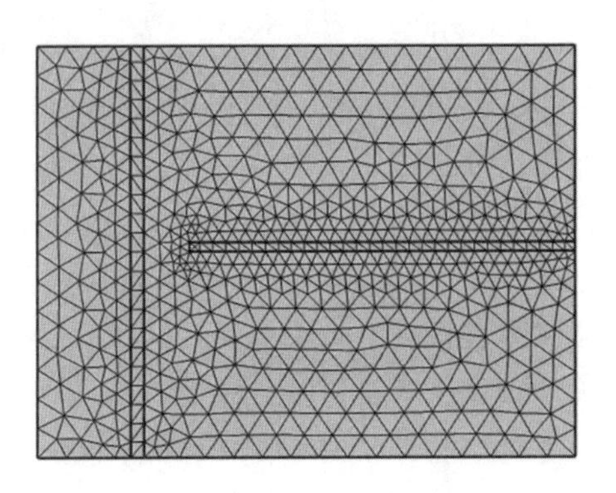

图 2-68 数值计算模型

2.3.2.2 模拟方案与参数水平设置

对于单因素或者两因素试验,因其因素少,试验的设计、实施以及分析都比较简单。但在对断层突水防突厚度的研究中,同样需要考虑多个因素对最小安全厚度的影响,与 2.2.2 节中对岩溶管道灾变防突厚度的研究类似,同样采用正交试验的形式来研究各个因素对防突厚度的影响以及采用正交表安排试验以使后续进行多元线性拟合更为简单。

2.3.2.2.1 正交试验原理

其原理详见 2.2.2.2.1 节。

2.3.2.2.2 影响因素和试验方案选择

(1) 防突厚度影响因素的确定

结合前文对岩溶管道灾变防突厚度的研究,同样选取断层倾角、巷道断面高度、断层水压、巷道埋深以及围岩等级为主要考虑因素,来研究它们对防突厚度的影响,以及选择弹性模量、内聚力这两项参数作为围岩等级的主要衡量指标。

(2) 防突厚度影响因素水平的设置

防突厚度的影响因素确定为断层倾角 θ、断面高度 H、断层水压 p、巷道埋深 B、围岩等级 A(弹性模量 E、内聚力 C)。根据工程实测资料及前人研究统计的参数范围将上述因素分别设定 5 个水平,选用与 2.2.2 节中相同的正交表进行正交试验。其影响因素水平设置见表 2-11。

表 2-11 各影响因素水平设置表

断层倾角 θ /(°)	断面高度 H /m	断层水压 p /Pa	巷道埋深 B /m	围岩等级 A	弹性模量 E /GPa	内聚力 C /MPa
30	2	1	100	1	3	2
45	4	3	200	2	6	3
60	6	5	300	3	9	4
75	8	7	400	4	12	5
90	10	9	500	5	15	6

2.3.2.2.3　断层突水判别准则

断层与掘进巷道之间的临界防突厚度，以塑性区贯通时掘进巷道掌子面中心点至断层面的水平距离为标准。通过反复改变巷道与断层间水平距离的大小来进行数值计算，并查看对应的塑性区的破坏情况，直到得出最小防突厚度临界值为止，断层突水时塑性区沟通图见图 2-69。

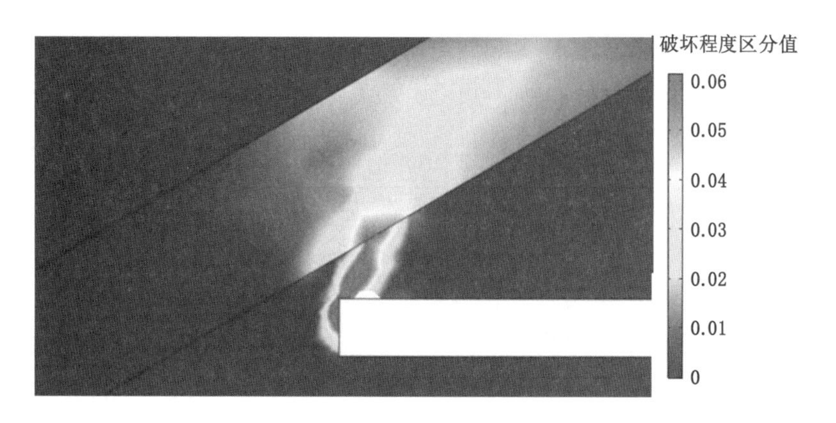

图 2-69　断层突水时塑性区沟通图

2.3.2.3　试验结果分析

与 2.2.2.3 节中相同，将 5 个影响因素分别安排在正交表的前 5 列，第六列作为空因子，之后根据上述组合进行数值模拟，得到不同因素影响下的断层突水防突厚度(表 2-12)，且选取不同断层倾角下的防突厚度模拟结果，详见图 2-70。

表 2-12　掘进巷道断层突水防突厚度试验结果表

正交试验号	倾角 θ/(°)	断面高度 H/m	断层水压 p/MPa	巷道埋深 B/m	围岩等级 A	防突厚度 L/m
1	30	2	1	100	1	8.70
2	30	4	3	200	2	10.20
3	30	6	5	300	3	11.00
4	30	8	7	400	4	9.75
5	30	10	9	500	5	14.00
6	45	2	3	300	4	6.50
7	45	4	5	400	5	9.00
8	45	6	7	500	1	17.50
9	45	8	9	100	2	13.00
10	45	10	1	200	3	7.00
11	60	2	5	500	2	16.50
12	60	4	7	100	3	7.50
13	60	6	9	200	4	11.75
14	60	8	1	300	5	4.00

表 2-12(续)

正交试验号	倾角 θ/(°)	断面高度 H/m	断层水压 p/MPa	巷道埋深 B/m	围岩等级 A	防突厚度 L/m
15	60	10	3	400	1	12.50
16	75	2	7	200	5	7.30
17	75	4	9	300	1	19.40
18	75	6	1	400	2	9.60
19	75	8	3	500	3	10.20
20	75	10	5	100	4	5.20
21	90	2	9	400	3	14.40
22	90	4	1	500	4	7.00
23	90	6	3	100	5	2.80
24	90	8	5	200	1	14.60
25	90	10	7	300	2	12.80

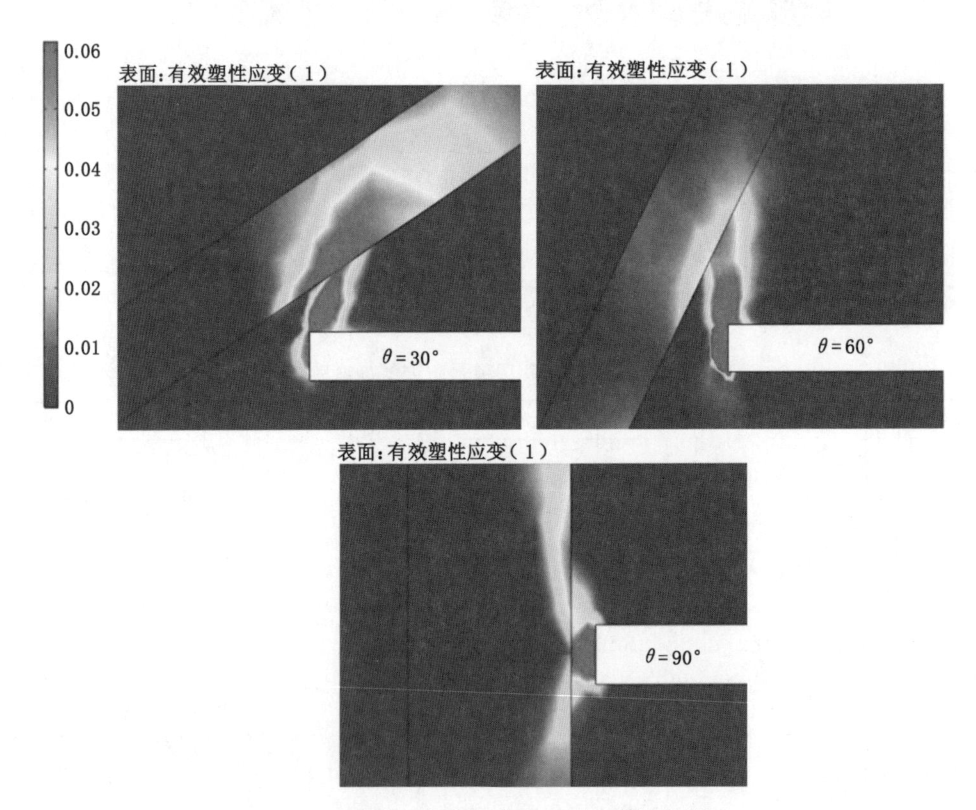

图 2-70　不同断层倾角下的防突厚度模拟结果图

2.3.2.3.1　极差分析

对上述正交试验的结果同样进行极差分析可以判断影响因素的主次顺序,其原理与2.2.2.3.1 节相同,最大极差所对应的那个影响因素为最主要的因素。根据试验结果整理分析得出各影响因素的极差,见表 2-13。

表 2-13 防突厚度影响因素极差分析表

试验结果	断层倾角 θ/(°)	断面高度 H/m	断层水压 p/MPa	巷道埋深 B/m	围岩等级 A
K_1	53.65	53.40	36.30	37.20	72.70
K_2	53.00	53.10	42.20	50.85	62.10
K_3	52.25	52.65	56.30	53.70	50.10
K_4	51.70	51.55	54.85	55.25	40.20
K_5	51.60	51.50	72.55	65.20	37.10
k_1	10.73	10.68	7.26	7.44	14.54
k_2	10.60	10.62	8.44	10.17	12.42
k_3	10.45	10.53	11.26	10.74	10.02
k_4	10.34	10.31	10.97	11.05	8.04
k_5	10.32	10.30	14.51	13.04	7.42
极差 R	1.40	1.90	36.25	28.00	35.60

表 2-13 中，K_i 为某影响因素的第 i 个水平所对应模拟结果的总和，k_i 为某一影响因素的各个水平所对应模拟结果的平均值的极差。通过对掘进巷道断层突水防突厚度试验结果进行极差分析，根据极差 R 大小可知，防突厚度影响因子的主次顺序为：$p>A>B>H>\theta$，即断层水压>围岩等级>巷道埋深>断面高度>断层倾角。

2.3.2.3.2 方差分析

同样对上述极差分析的结果进行方差分析，估算误差的大小和确定可以不考虑的因素。计算过程详见 2.2.2.3.2 节，分别计算出各因素离差平方和、自由度、均方以及 F 值并对 F 值进行检验，结果见表 2-14。

表 2-14 防突厚度影响因素方差分析表

方差来源	平方和	自由度	误差均方	F 值	显著性
θ	0.613	4	0.153	0.236	
H	0.615	4	0.154	0.237	
p	158.095	4	39.524	60.806	* *
B	81.417	4	20.354	31.314	* *
A	178.878	4	44.720	68.799	* *
误差 e	2.600	4	0.650		

查得临界值 $F_{0.05}(4,4)=6.388$，$F_{0.01}(4,4)=15.977$。由于 $F_\theta \approx F_H < F_{0.05}(4,4)$，所以断层倾角以及巷道断面高度对试验结果没有显著性影响。而 $F_A > F_p > F_B > F_{0.01}(4,4)$，所以对于给定显著性水平 $\alpha=0.01$，围岩等级、断层水压、巷道埋深对结果有显著性影响。

2.3.2.3.3 各因素影响趋势分析

根据表 2-14 方差分析结果，将掘进巷道断层突水防突厚度随各影响因素的变化绘成图 2-71，可以更加直观地看出各影响因素对防突厚度的影响趋势及影响程度。

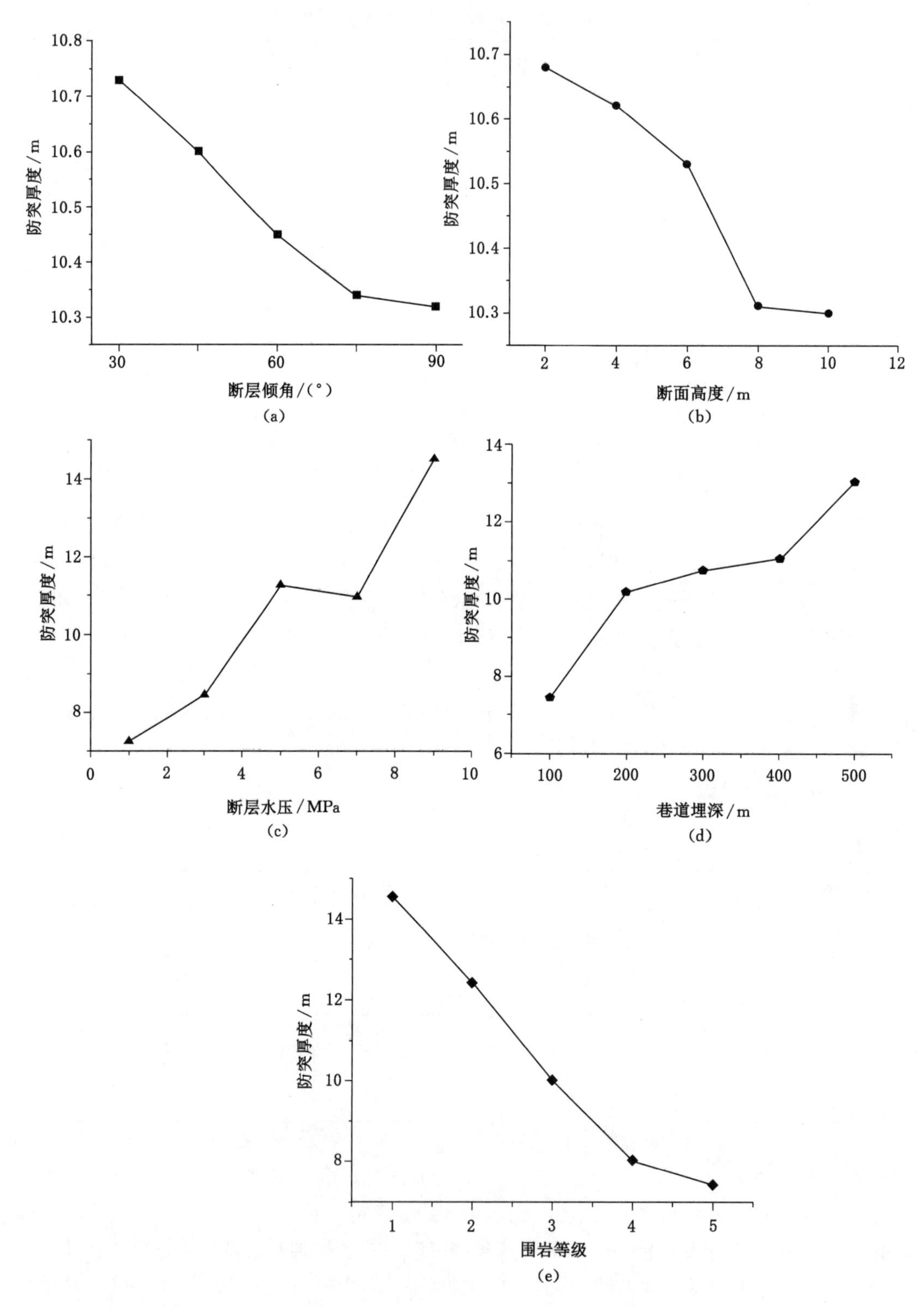

图 2-71　各因素对掘进巷道断层突水防突厚度影响趋势图

由图 2-71 可以看出：

(1) 断层倾角越大，防突厚度越小。不同断层倾角下开挖时，围岩的能量释放、应力场变化、顶板卸荷量都存在一定差异，围岩受开采扰动的程度及位移量的大小随着断层倾角变小而增大，且断层倾角为 30°时，最容易受到开采扰动的影响。且断层倾角影响着断层水压的大小，倾角越小，水压越大。在开挖扰动下，断层水压随着最小主应力和支承压力的增加而呈线性增大的趋势，且最小主应力越集中越容易造成工作面发生滞后突水。断层倾角较小时，断层岩体处于极度倾斜状态，围岩稳定性差，在采掘扰动的影响下，裂隙更容易贯通，从而引发突水事故[34-35]。故断层倾角越小，防突厚度越大。

(2) 掘进巷道断面高度越大，防突厚度越小。前人对隧道开挖的研究表明，隧道在某一方向尺寸的增加会引起围岩在垂直于该方向上的位移增加，平行于该方向上的位移减小，而巷道开挖与隧道开挖在很大程度上具有相似性[36]。因此，巷道断面高度越大，开挖使得围岩在采空工作面方向位移越小，因此更加稳定。

(3) 断层水压越大，防突厚度越大。根据有效应力原理及摩尔-库仑强度准则可知，孔隙水压的增大会导致岩体中固体颗粒的有效应力减小，岩体的抗剪强度降低，更容易在开采扰动下失稳破坏。同时地下水在渗流过程中会带走岩体中的一些物质、颗粒，使得其内部细观结构改变，导致岩体强度降低，从而引发变形、破坏。水压越大越容易造成围岩的水力劈裂破坏，从而使得岩体内的原生裂隙或开挖产生的裂隙不断发育、扩展、导通，导致突水事故的发生[37]。因此，断层水压越大，需要的防突厚度越大。

(4) 巷道埋深越大，防突厚度越大。围岩原始应力的大小由其所处的地下深度决定。埋深越大，原岩应力也就越大，巷道开挖引起的应力释放程度也就越大。且由单一孔洞周围的围岩应力解析解可知，原岩应力越大，对应围岩的拉应力或压应力越大，从而使得应力莫尔圆半径增大，围岩更容易破坏，产生的塑性区也越多。

(5) 围岩等级越高，防突厚度越小。巷道掘进过程中，隔水岩体的强度大小很大程度上决定了开挖扰动能否在岩体内部形成裂隙，裂隙能否进一步发育沟通成为导水通道进而引发突水。

2.3.2.4 掘进巷道断层突水防突厚度预测模型建立

2.3.2.4.1 多元线性回归及显著性检验

(1) 多元线性回归拟合

根据正交试验获得的防突厚度平均数值对各影响因素做一元回归分析，拟合出各影响因素与防突厚度之间的回归公式如下。

防突厚度与断层倾角 θ 的关系：

$$L = 1.141\ 62e^{-0.020\ 45\theta}, R^2 = 0.986$$

防突厚度与断面高度 H 的关系：

$$L = 10.809 - 0.053\ 5H, R^2 = 0.93$$

防突厚度与断层水压 p 的关系：

$$L = 6.230\ 5 + 0.851\ 5p, R^2 = 0.917$$

防突厚度与巷道埋深 B 的关系：

$$L = 6.864 + 0.012\,08B, R^2 = 0.896$$

防突厚度与围岩等级 A 的关系：

$$L = 16.074 - 1.862A, R^2 = 0.969$$

当 $\alpha = 0.05, n = 5$ 时，查得相关系数临界值 $r_{min} = 0.878$。上述 5 个相关系数值均大于 0.878，故所得经验公式有意义。基于以上分析，在建立防突厚度预测模型时需要同时考虑各种因素的影响。首先假设 L 与 $e^{-0.020\,45\theta}$、H、p、B、A 存在如下线性关系：

$$L = \lambda_1 e^{-0.020\,45\theta} + \lambda_2 H + \lambda_3 p + \lambda_4 B + \lambda_5 A + \lambda_6$$

式中，$\lambda_i (i = 1 \sim 6)$为待定系数。借助 Matlab 软件，经过多元线性回归，可求出各待定系数，最终得到掘进巷道断层突水防突厚度预测公式为：

$$L = 7.253\,9e^{-0.020\,45\theta} - 0.053\,5H + 0.851\,5p + 0.012\,08B - 1.862A + 7.896\,9$$

式中，各变量物理意义与上述内容一致，$R^2 = 0.943\,9$。

(2) 显著性检验

下面对上述拟合结果进行显著性检验，计算过程详见 2.2.2.3.2 节方差分析，计算结果见表 2-15。

表 2-15　掘进巷道断层突水防突厚度拟合公式方差分析表

方差来源	平方和	自由度	误差均方	F 值	显著性
回归平方和	489.888 2	5	122.472	19.287	* *
残差平方和	120.649 8	19	6.35	0.24	
总平方和	610.538	24	39.52	60.81	

F 服从自由度为(5,19)的分布，对于给定显著性水平 $\alpha = 0.01$ 下，$F > F_{0.01}(5,19) = 4.170\,8$，因此，$L$ 与 $e^{-0.020\,45\theta}$、H、p、B、A 有十分显著的线性关系，证明假设无误。

2.3.2.4.2　防突厚度预测模型检验与对比

由上节可得掘进巷道导水断层防突厚度的预测模型为：

$$L = 7.253\,9e^{-0.020\,45\theta} - 0.053\,5H + 0.851\,5p + 0.012\,08B - 1.862A + 7.896\,9$$

根据上述实例，F_3 断层倾角为 68°，掘进巷道断面高度为 4 m，巷道平均埋深为 250 m，断层水压为 2.5 MPa，根据巷道所在玉龙山组灰岩的物理力学参数可定义围岩等级为 4，代入预测模型中可得防突厚度 $L = 7.2$ m。

《煤矿防治水细则》[38]中考虑掘进工作面方向突水时，有含水或者导水断层的防隔水层的留设厚度采用以下公式计算：

$$L_0 = 0.5KM\sqrt{\frac{3p}{\delta_t}}$$

式中，L_0 为防隔水层留设厚度；M 为工作面高度；p 为静水压力；δ_t 为隔水岩层抗拉强度；K 为安全系数，一般情况下 K 取 2～5。由实例可知，工作面高度为巷道断面高度 4 m，静水压力为 2.5 MPa，玉龙山组灰岩抗拉强度取 1.7 MPa，按《煤矿防治水细则》取安全系数 $K = 2$，代入公式计算可得 $L_0 = 8.4$ m。

由前述模拟结果可知，巷道掘进距离为 112 m 时断层发生突水，此时巷道掌子面距离断层约 6.5 m，可将其视为实际突水发生时隔水岩体的厚度，记 $l=6.5$ m。

将上述由数值模拟得出的实际突水发生时隔水岩体厚度 l、多元线性回归预测防突厚度 L、《煤矿防治水细则》推导防突厚度 L_0 的值进行对比：

$$l=6.5<L=7.2<L_0=8.4$$

由上式可知，运用多元线性回归建立的防突厚度预测模型可靠且合理，其值大于案例中突水发生时的岩层厚度且小于《煤矿防治水细则》中经验公式推导的防突厚度，与经验公式相比有一定优越性和更高的准确度。

2.3.3　小结

（1）根据模拟结果分析，掘进巷道岩溶导水断层突水可大致分为 4 个阶段：稳定阶段、发育阶段、突变阶段、后稳定阶段。① 稳定阶段：掘进距离为 50～70 m 时，掘进工作面相对远离断层破碎带，采空区的存在对断层的影响较小，断层带的孔隙水压变化不明显，巷道围岩的应力、垂直位移基本保持不变，巷道周围的塑性区小幅度发育。② 发育阶段：随着掘进巷道不断推进，距离为 70～112 m 时，巷道顶底板、断层右侧区域监测点应力均表现为一定程度的上升后快速下降，巷道顶、底板围岩垂直位移向不同方向增加，断层的孔隙水压逐渐从缓慢下降演变为快速下降，围岩塑性区出现在围岩的各个部位并贯通增多。③ 突变阶段：巷道掘进到 112 m 时，掘进工作面顶端围岩的应力集中与断层右侧围岩的应力集中产生了叠加，右侧围岩的应力达到最大值，巷道顶板的位移正向增加到极值，掘进工作面顶板出现大量塑性破坏且与断层塑性区相连，断层破碎带内孔隙水压此时下降速率最大，这些信息均能说明此时已发生了突水。④ 后稳定阶段：巷道掘进距离为 112～116 m 时，部分远离断层的围岩的应力、位移、断层的孔隙水压从下降逐渐转变为缓慢上升后稳定。

（2）掘进巷道岩溶导水断层突水灾变的多物理场变化特性为：① 巷道掘进主要造成临空面范围的围岩发生卸荷，从而在巷道顶、底板区域的围岩出现应力降低、巷道两端的围岩出现应力集中的现象。同时会造成巷道底板围岩产生正向位移，顶板围岩产生负向位移，出现塑性破坏区；随着掘进距离的增加，采空区范围也不断增加，巷道围岩的应力卸荷、集中范围更大、现象更为明显，顶、底板围岩的垂直位移朝各自方向不断增加，巷道周围塑性区也逐渐发育、增多，断层带围岩的孔隙水压受开挖扰动及其他场的耦合作用而下降。② 靠近断层的开挖工作面前端出现由于临空面和断层破碎带应力叠加而产生的应力集中增大现象使得断层附近的围岩更容易失稳破坏。同时，断层存在一定的“屏蔽”效应，断层靠近掘进巷道一侧的岩体比另一侧对开挖扰动更为敏感，更容易发生变形破坏形成突水灾害，而远离采掘工作面的那侧岩体的变形破坏具有明显的滞后性。

（3）考虑不同因素对掘进巷道断层突水防突厚度的影响，设计正交试验运用数值模拟及多元线性回归得出了防突厚度的预测模型，分析表明，防突厚度影响因素的主次顺序为：断层水压＞围岩等级＞巷道埋深＞断面高度＞断层倾角，其中围岩等级、断层水压、巷道埋深对结果有显著的影响。防突厚度随断层倾角的增加而减小，随掘进巷道断面高度的增加而减小，随断层水压的增大而增大，随巷道埋深的增大而增大，随围岩等级的增大而减小。

3 耦合导水裂隙带发育高度和地下水流模型的涌水量预测方法研究

3.1 研究区概况

3.1.1 地理位置

青龙矿区位于黔西县东南部，其中心坐标为(2 988 000,35 611 655)，地理坐标为东经106°07′29″、北纬26°59′54″，方位角为106°。青龙井田与黔西县城的直线距离约为10.1 km，隶属黔西县古里镇。矿区东北部以谷里镇的大槽、石垭口一带为界，西南部以茶岔坝、高家寨、蓝天湾等为界，西北部止于安洛线、中寨线、闸口东线、白岩角线，东南部止于格老寨背斜轴。西南至东北长约8.25 km，东南至西北宽约5.4 km，矿区面积有21.791 5 km^2。矿区内有贵(阳)—毕(节)高等级公路及黔西县—谷里镇简易公路贯穿，与黔西县城距离17 km，与贵阳市距离1 110 km，矿区交通运输较为方便。

3.1.2 水文地质概况

区域内地下水主要为碳酸盐岩岩溶水和基岩裂隙水。岩溶水主要赋存于三叠系下统茅草铺组灰岩、白云岩和夜郎组灰岩以及二叠系下统茅口组灰岩等碳酸盐岩中。碳酸盐岩分布面积广，分布区多属裸露及半裸露的基岩山区，地表岩溶洼地、落水洞、溶斗、岩溶潭、岩溶大泉等较发育，地下局部发育溶洞、暗河，大气降水容易通过地表大量的负地形渗入岩溶裂隙、管道、暗河之中，岩层中赋存着丰富的岩溶水，富水性强，这些岩溶水长途径流，最后以岩溶泉或暗河等形式集中排泄于当地最低侵蚀基准面的河谷中，见图3-1。

3.1.2.1 含(隔)水层及富水性

矿井内有多个含水层，富水性各不相同。强富水性含水层自上至下依次为茅草铺组灰岩岩溶裂隙含水层、夜郎组玉龙山段岩溶裂隙含水层、茅口组灰岩岩溶裂隙含水层。弱含水层主要为长兴组岩溶裂隙含水层、龙潭组裂隙含水层。青龙井田主采煤层16煤直接充水含水层为龙潭组裂隙含水层，间接充水含水层为长兴组岩溶裂隙含水层。隔水层主要为夜郎组九级滩段泥质岩类隔水层、夜郎组沙堡湾段泥质岩类隔水层。现将各含、隔水层特征分述如下。

3.1.2.1.1 含水层

夜郎组玉龙山段(T_1y^2)岩溶裂隙含水层：玉龙山段在矿区内大面积出露。岩性主要为灰岩，夹少量泥灰岩，溶蚀现象发育。地层剥蚀现象严重，残厚为0～354.9 m，地层正常厚度区间在320～355 m。

长兴组(P_3c)岩溶裂隙含水层：长兴组少部于矿区中部出露，大部分赋存于第四系黏土。岩性主要为灰色灰岩，含水层厚度较薄，平均厚度为28.9 m。

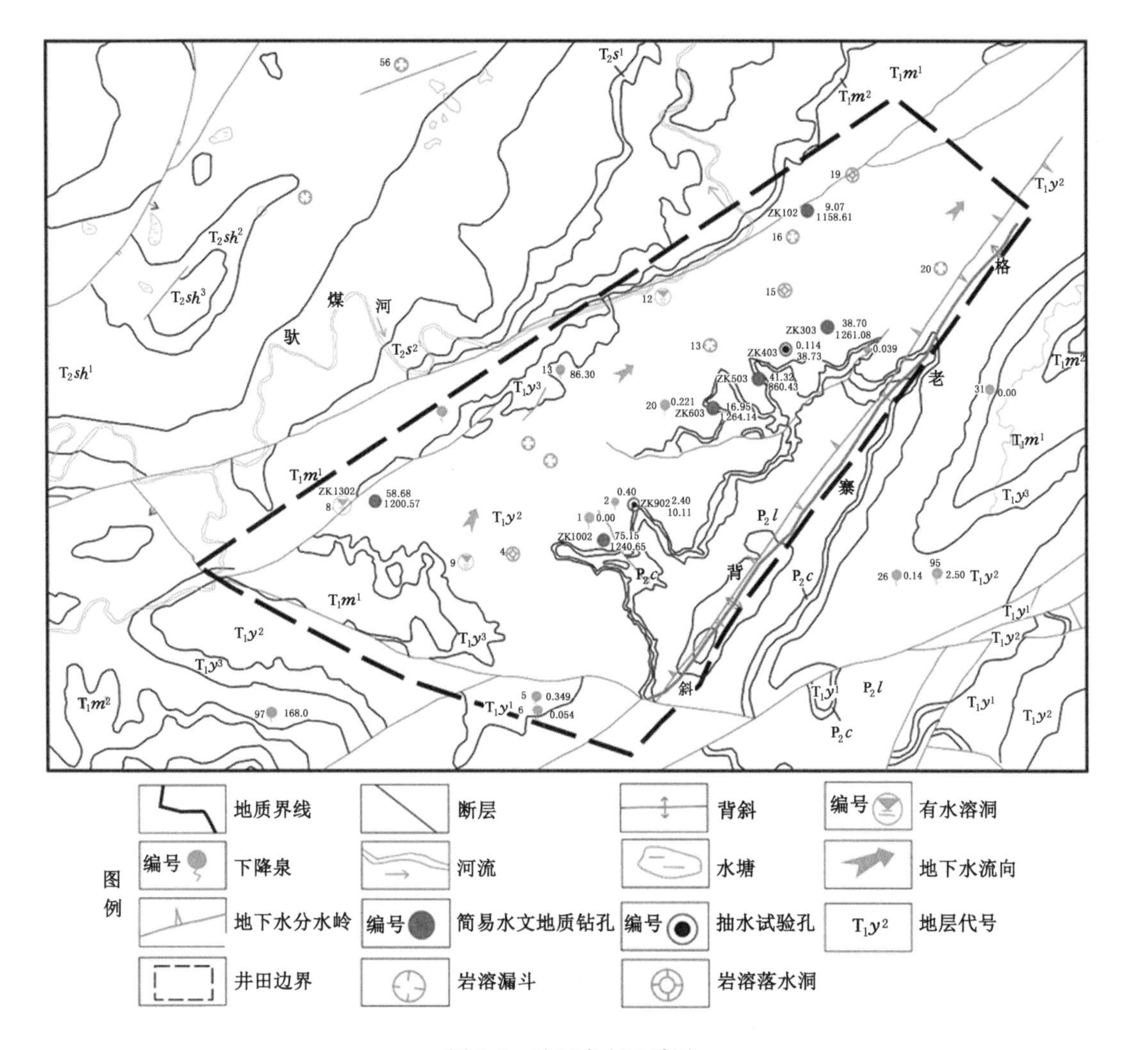

图 3-1 矿区水文地质图

龙潭组(P_2l)裂隙含水层:为 16 煤顶板直接充水含水层。根据岩性及富水性将龙潭组分为上、下两段,上段岩层厚度区间为 68.5～91.4 m,岩层平均厚度为 80.6 m,岩性主要为灰岩以及泥灰岩。

峨眉山玄武岩组($P_3\beta$)裂隙含水层:该层含水层主要于格老寨背斜核部出露。岩性以灰色～深灰色玄武岩为主,经调查地表未见泉水出露。钻孔揭露厚度区间为 0～66.0 m,平均揭露厚度为 6.68 m。

茅口组(P_2m)岩溶裂隙含水层:出露较少,仅于格老寨背斜核部局部出露。岩性以浅灰色灰岩为主。

3.1.2.1.2 隔水层

夜郎组九级滩段(T_1y^3)隔水层:岩性以粉砂质泥岩、泥质粉砂岩和钙质泥岩为主。隔水层地层剥蚀现象严重,残厚在 8.6～71.35 m 区间内,平均厚度为 46.9 m,正常情况下地层厚度为 55.45～71.35 m,平均厚度为 60.8 m。

夜郎组沙堡湾段(T_1y^1)隔水层:岩性主要为浅黄～灰黄色泥岩以及泥质粉砂岩。钻孔揭露厚隔水层厚度为 0.12～11.97 m，平均厚度有 7.41 m。

3.1.2.2 地下水的补给、径流、排泄条件

青龙井田雨水丰富，多年年均降雨量为 973.3 mm，玉龙山灰岩大面积出露，长兴灰岩局部出露，大气降水渗入补给地下含水层，形成地下径流。因地势不同，浅层风化裂隙潜水从高处流向低处，受构造作用以下降泉形式补给地表水；深层地下水多为承压水，地层和构造控制其流动方向，同时也受到地表水驮煤河最低侵蚀基准面的影响。地下水总流向为南东方向流向西北，地下水总流向与地层倾向基本一致。

驮煤河位于井田南西侧边界附近，径流方向为自南西流向北东，驮煤河河水沿裂隙可补给上述含水层。

3.2 覆岩导水裂隙带发育高度计算

青龙矿区涌水相关的主要含水层有两层：长兴组岩溶裂隙含水层和龙潭组裂隙含水层，其中龙潭组岩性主要为泥岩、泥灰岩，富水性弱，对矿井涌水威胁较小。长兴组岩溶裂隙含水层为煤层开采间接含水层，该含水层灰岩岩溶较发育，局部富水性强，当导水裂隙带触及该层时，该层地下水将对矿床开采产生影响。矿区主采煤层为 16 煤和 18 煤，其中 18 煤埋藏较深，导水裂隙带基本不会发育至长兴组，16 煤埋藏较浅，充分开采时存在导通长兴组岩溶裂隙水的可能，故本节以 16 煤导水裂隙带为研究对象，分析其发育高度。

3.2.1 导水裂隙带影响因素差异性分区

根据研究区地质资料可知，研究区内地质条件差异性较大，这就导致了导水裂隙带发育高度在矿区的不同位置存在差异。根据导水裂隙带影响因素的差异性对矿区进行分区，建立不同的地质结构模型，分区计算导水裂隙带高度是一种较为合理的思路。

3.2.1.1 导水裂隙带影响因素确定

煤层顶板导水裂隙带发育高度与覆岩岩性和组合类型及煤层特性均存在直接或间接关系，其影响因素众多且复杂多变，同时影响因素之间的关系错综复杂[39-40]。影响煤层顶板导水裂隙带发育高度的因素主要为工作面斜长、煤层埋深、煤层厚度及倾角、覆岩岩性和组合类型等[41-44]。

煤层充分开采前，工作面斜长与导水裂隙带呈正相关关系。随着工作面的推进，导水裂隙带高度随之增加直至煤层达到充分采动。

煤层埋深越深，导水裂隙带高度也就越大。煤层埋深大使得开采工作面围岩应力大，矿山压力与之呈正相关，导致煤层上覆岩层间易发育贯通性裂隙，进而发育成导水通道。

煤层厚度越大即采高越大，导水裂隙带高度越大。当开采高度较大时，其开挖产生的采空区高度较大，覆岩应力重分布时产生的不平衡力较大，导水裂隙带高度随之增大。因此，研究导水裂隙带发育高度时，不可忽略采高的影响。

煤层倾角对导水裂隙带高度有一定影响。大多数情况下，水平缓倾斜煤层上覆岩层的变形、破坏高度会缓慢增大，相较而言倾斜煤层的上覆岩层变形、破坏高度会迅速增大，而急倾斜煤层上覆岩层的变形、破坏高度将迅速减小。

导水裂隙带发育高度影响因素还有上覆岩层岩性及组合类型。当煤层上覆岩层岩性较硬时，覆岩抵抗变形破坏的能力较弱，较易发生断裂，导水裂隙带高度发育较高；当煤层上覆

岩层岩性较软即塑性较高时,煤层开采上覆岩层不易破断,只会发生沉降,破碎的岩石在上覆岩层重力下被再次压实,故而导水裂隙带发育高度受限。岩性组合对覆岩导水裂隙的影响主要是因为其关联着顶板岩层的分布位置以及岩石的力学性质。有学者提出将上述两个指标融合为一个指标即硬岩岩性比例系数,不仅避免了划分顶板类型时单轴抗压强度的确定问题,还解决了覆岩软硬岩层组合结构问题。硬岩岩性比例系数指煤层顶板以上统计高度内硬岩高度与统计高度的比值,该指标可代替顶板岩层单轴抗压强度和顶板岩层结构类型两个影响因素[45]。

青龙煤矿目前生产采区为一采区及其下部采区,本书以研究青龙煤矿工作面覆岩导水裂隙带发育高度为目的,故导水裂隙带研究范围为一采区。根据青龙煤矿开采地段的基础地质资料分析,一采区内的地应力大小基本相同,16 煤层倾角基本一致,各工作面斜长相差不大,但是在该区域内 16 煤层采深和采高差异较大,另外,开采区域的钻孔资料显示,16 煤的顶板岩层强度和岩层结构类型在采区内变化较大。故此,本书选用煤层埋深、煤层厚度、硬岩岩性比例系数 3 个影响因素作为本次分区的指标因素,利用这 3 个指标因素的差异性对一采区导水裂隙带发育高度进行分区性研究。分区过程如下所述。

3.2.1.2 导水裂隙带影响因素差异性分区

收集一采区内部及附近的钻孔资料,本次用于影响因素差异性分区的有 36 个钻孔,根据一采区拐点坐标和钻孔坐标制作一采区范围及钻孔分布图,见图 3-2。

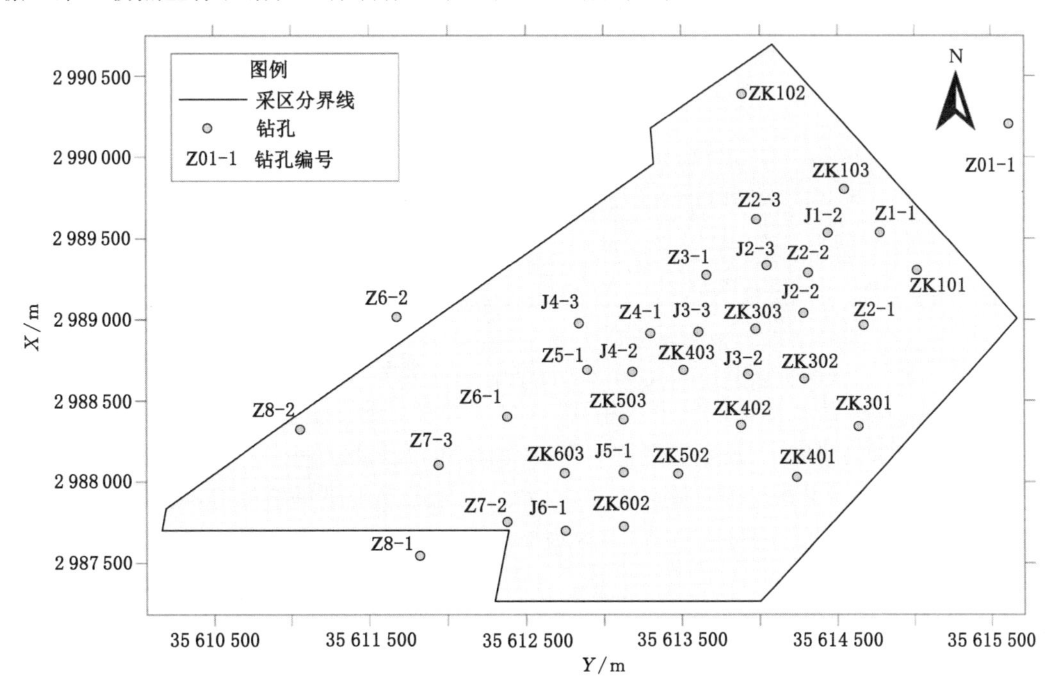

图 3-2 一采区范围及钻孔分布图

3.2.1.2.1 煤层埋深差异性分区

根据一采区的钻孔资料,统计出开采区 16 煤层埋深见表 3-1。由表 3-1 可知,该区域内 16 煤埋深范围区间为 38.62～287.43 m,由此可见 16 煤埋深差别较大。这与矿区地质构造有关：矿区内褶皱、断层较发育，导致一采区内各地层埋深差别较大；同时，受断层影响，一采区局部地区煤层倾角可达60°以上，故该区域内16煤层埋深差别较大。

表 3-1　开采区域16煤层采深统计表

钻孔编号	纬距(X)/m	经距(Y)/m	采深/m	钻孔编号	纬距(X)/m	经距(Y)/m	采深/m
ZK101	2 989 303.81	35 615 016.84	175.51	Z4-1	2 988 912.87	35 613 303.25	155.63
ZK102	2 990 391.20	35 613 884.95	246.52	J4-2	2 988 674.07	35 613 185.61	141.16
ZK103	2 989 804.41	35 614 541.88	155.70	J4-3	2 988 974.24	35 612 842.24	173.83
Z01-1	2 990 207.97	35 615 625.16	191.73	ZK502	2 988 047.56	35 613 475.54	95.33
J1-2	2 989 530.05	35 614 440.28	133.67	ZK503	2 988 385.19	35 613 126.65	104.57
Z2-1	2 988 965.94	35 614 669.93	130.92	Z5-1	2 988 689.28	35 612 894.47	173.07
Z2-2	2 989 285.38	35 614 311.67	129.30	J5-1	2 988 055.65	35 613 129.99	109.95
Z2-3	2 989 619.99	35 613 975.28	158.33	ZK602	2 987 723.96	35 613 129.26	135.77
J2-2	2 989 040.34	35 614 283.74	130.26	ZK603	2 988 052.04	35 612 744.23	87.45
J2-3	2 989 331.62	35 614 046.44	131.46	Z6-1	2 988 398.23	35 612 378.77	156.76
ZK301	2 988 336.96	35 614 631.66	90.70	Z6-2	2 989 009.64	35 611 677.27	287.43
ZK302	2 988 633.87	35 614 286.52	110.47	J6-1	2 987 703.17	35 612 751.28	189.93
ZK303	2 988 941.84	35 613 975.31	107.16	Z7-2	2 987 747.76	35 612 380.08	149.18
Z3-1	2 989 269.00	35 613 667.24	138.47	Z7-3	2 988 104.35	35 611 938.37	158.43
J3-2	2 988 661.95	35 613 928.94	105.20	Z8-1	2 987 540.72	35 611 820.56	171.95
J3-3	2 988 925.54	35 613 612.69	108.44	Z8-2	2 988 320.67	35 611 057.92	281.99
ZK401	2 988 029.03	35 614 243.48	38.62	Z1-1	2 989 538.27	35 614 779.58	149.33
ZK402	2 988 346.84	35 613 886.21	81.63	ZK403	2 988 685.02	35 613 513.22	104.50

煤层开采时，埋深不同将导致围岩应力不同，矿压作用大小也不同，从而导水裂隙带发育高度也不相同。故统计该区域内各钻孔16煤层埋深数据，利用专业绘图软件Surfer建立基于煤层埋深的研究区分区图，见图3-3。由图可知，在该区域中16煤层埋深自西北向东南逐渐减小，其原因主要与地层倾向有关，一采区内地层基本呈单斜构造，地层倾向以北西为主，故西北部煤层埋深较东南部大，且区内断层构造导致两盘同一段地层落差较大，也加剧了煤层埋深差异。

3.2.1.2.2　煤层厚度差异性分区

根据一采区的钻孔资料，统计出开采区16煤层厚度见表3-2。由表3-2可知，在该区域内的16煤层厚度区间为0.70～12.24 m，煤层厚度差距较大。导致该区域内煤层厚度变化的原因主要是矿区内地质构造强烈，褶皱和断层较发育。其中，褶皱会导致煤层各处受力不均，压力过大会导致煤层内部产生层间滑动或塑性流动，因此煤层厚度会出现明显的变化；断层构造也会导致煤层厚度发生变化，逆断层通常呈现"Z"状的形态，折断的煤层在相互作用力下向煤层薄弱处转移，故逆断层通常会导致煤层变薄[46]。

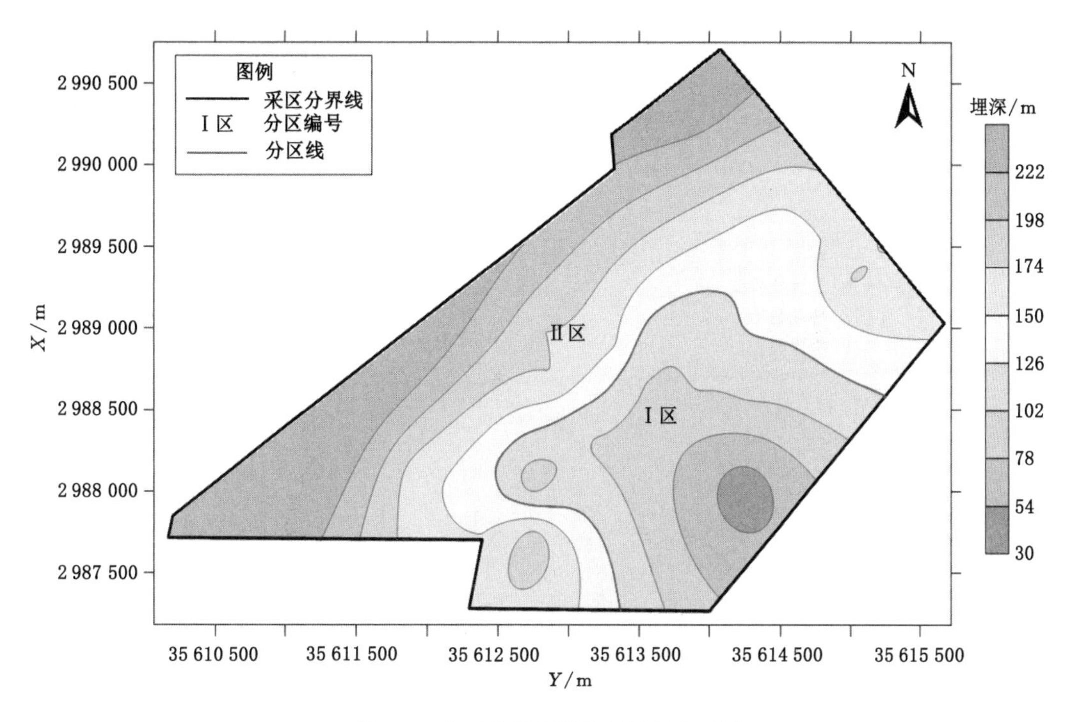

图 3-3 基于煤层埋深差异性的分区图

表 3-2 开采区域 16 煤层厚度统计表

钻孔编号	纬距(X)/m	经距(Y)/m	16 煤厚度/m	钻孔编号	纬距(X)/m	经距(Y)/m	16 煤厚度/m
ZK101	2 989 303.81	35 615 016.84	7.77	Z4-1	2 988 912.87	35 613 303.25	0.70
ZK102	2 990 391.20	35 613 884.95	3.76	J4-2	2 988 674.07	35 613 185.61	1.85
ZK103	2 989 804.41	35 614 541.88	3.37	J4-3	2 988 974.24	35 612 842.24	3.13
Z01-1	2 990 207.97	35 615 625.16	2.29	ZK502	2 988 047.56	35 613 475.54	0.84
J1-2	2 989 530.05	35 614 440.28	2.21	ZK503	2 988 385.19	35 613 126.65	2.40
Z2-1	2 988 965.94	35 614 669.93	3.40	Z5-1	2 988 689.28	35 612 894.47	1.35
Z2-2	2 989 285.38	35 614 311.67	3.50	J5-1	2 988 055.65	35 613 129.99	3.05
Z2-3	2 989 619.99	35 613 975.28	2.00	ZK602	2 987 723.96	35 613 129.26	2.36
J2-2	2 989 040.34	35 614 283.74	2.52	ZK603	2 988 052.04	35 612 744.23	7.75
J2-3	2 989 331.62	35 614 046.44	1.50	Z6-1	2 988 398.23	35 612 378.77	1.10
ZK301	2 988 336.96	35 614 631.66	3.25	Z6-2	2 989 009.64	35 611 677.27	2.00
ZK302	2 988 633.87	35 614 286.52	12.24	J6-1	2 987 703.17	35 612 751.28	2.60
ZK303	2 988 941.84	35 613 975.31	2.23	Z7-2	2 987 747.76	35 612 380.08	3.62
Z3-1	2 989 269.00	35 613 667.24	3.15	Z7-3	2 988 104.35	35 611 938.37	2.99
J3-2	2 988 661.95	35 613 928.94	2.59	Z8-1	2 987 540.72	35 611 820.56	3.78
J3-3	2 988 925.54	35 613 612.69	1.45	Z8-2	2 988 320.67	35 611 057.92	3.46
ZK401	2 988 029.03	35 614 243.48	3.35	Z1-1	2 989 538.27	35 614 779.58	3.28
ZK402	2 988 346.84	35 613 886.21	1.77	ZK403	2 988 685.02	35 613 513.22	1.51

煤层厚度不同会导致开采之后形成的采空区不同,覆岩应力重分布以及变形、破坏程度也就不同,从而导水裂隙带发育高度也不尽相同。通过 Surfer 软件绘制基于煤层厚度的研究区分区图见图 3-4。由图可知,16 煤层厚度在该区域内的西南角以及东部部分区域较大,中间区域较小。

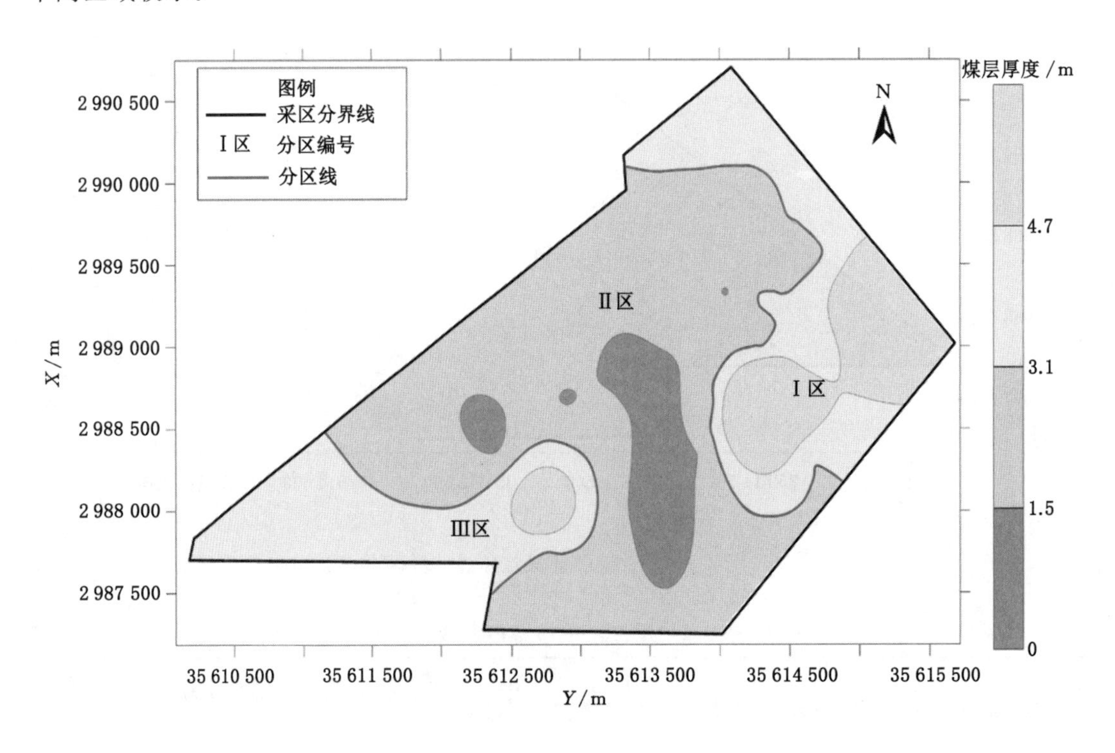

图 3-4　基于煤层厚度差异性的分区图

3.2.1.2.3　硬岩岩性比例系数差异性分区

硬岩岩性比例系数是指煤层顶板以上统计高度(导水裂隙带高度)内硬岩岩层累计厚度与统计高度的比值[45],计算公式为:

$$b = \frac{\sum h}{(15 \sim 20)M} \tag{3-1}$$

式中,M 为煤层采厚;$\sum h$ 为估算的导水裂隙带高度范围内硬岩岩层的累计厚度。

统计钻孔资料获取 16 煤层硬岩岩性比例系数,见表 3-3。由表 3-3 可知,硬岩岩性比例系数区别较大,其区间范围为 0.043～1.000。该区域内硬岩岩性比例系数差别较大的主要原因有:其一,由硬岩岩性比例系数计算公式可知,采厚与硬岩岩性比例系数呈负相关关系,由上文研究可知,该区域内煤层厚度变化较大,故硬岩岩性比例系数变化也较大;其二,地质构造使得硬岩岩性比例系数变化较大,即地质构造会对地层各处厚度造成影响,甚至会造成某些地层的缺失,故矿区内煤层顶板硬岩的厚度变化较大,从而使硬岩岩性比例系数变化较大。

表 3-3 开采区域 16 煤层硬岩岩性比例系数统计表

钻孔编号	纬距(X)/m	经距(Y)/m	硬岩岩性比例系数	钻孔编号	纬距(X)/m	经距(Y)/m	硬岩岩性比例系数
ZK101	2 989 303.81	35 615 016.84	0.178	Z4-1	2 988 912.87	35 613 303.25	0.941
ZK102	2 990 391.20	35 613 884.95	0.178	J4-2	2 988 674.07	35 613 185.61	0.731
ZK103	2 989 804.41	35 614 541.88	0.241	J4-3	2 988 974.24	35 612 842.24	0.585
Z01-1	2 990 207.97	35 615 625.16	0.450	ZK502	2 988 047.56	35 613 475.54	1.000
J1-2	2 989 530.05	35 614 440.28	0.598	ZK503	2 988 385.19	35 613 126.65	0.797
Z2-1	2 988 965.94	35 614 669.93	0.472	Z5-1	2 988 689.28	35 612 894.47	1.000
Z2-2	2 989 285.38	35 614 311.67	0.586	J5-1	2 988 055.65	35 613 129.99	0.646
Z2-3	2 989 619.99	35 613 975.28	0.777	ZK602	2 987 723.96	35 613 129.26	0.683
J2-2	2 989 040.34	35 614 283.74	0.329	ZK603	2 988 052.04	35 612 744.23	0.341
J2-3	2 989 331.62	35 614 046.44	0.873	Z6-1	2 988 398.23	35 612 378.77	0.511
ZK301	2 988 336.96	35 614 631.66	0.088	Z6-2	2 989 009.64	35 611 677.27	0.697
ZK302	2 988 633.87	35 614 286.52	0.043	J6-1	2 987 703.17	35 612 751.28	0.597
ZK303	2 988 941.84	35 613 975.31	0.167	Z7-2	2 987 747.76	35 612 380.08	0.294
Z3-1	2 989 269.00	35 613 667.24	0.428	Z7-3	2 988 104.35	35 611 938.37	0.583
J3-2	2 988 661.95	35 613 928.94	0.707	Z8-1	2 987 540.72	35 611 820.56	0.449
J3-3	2 988 925.54	35 613 612.69	0.781	Z8-2	2 988 320.67	35 611 057.92	0.477
ZK401	2 988 029.03	35 614 243.48	0.166 7	Z1-1	2 989 538.27	35 614 779.58	0.303 1
ZK402	2 988 346.84	35 613 886.21	0.893 7	ZK403	2 988 685.02	35 613 513.22	0.486 2

硬岩岩性比例系数通常反映了顶板岩层整体强度，煤层覆岩的强度性质对导水裂隙带高度的影响为：覆岩岩性较脆时，采动时覆岩更容易发生变形破坏；覆岩塑性较高时，采动时覆岩很难发生断裂[47]。利用绘图软件 Surfer 绘制基于硬岩岩性比例系数的导水裂隙带发育高度分区图，见图 3-5。由图 3-5 可知，16 煤层硬岩岩性比例系数在中部马鞍形状区域较大，其他区域较小。

结合基于各因素差异性所得的分区图，对该区域进行综合性分区，即将该区域总共划分为 6 个区域，具体分区见图 3-6。

3.2.2 煤层开采覆岩破坏发育规律分析

3.2.2.1 模型建立及基础参数

3.2.2.1.1 模拟方案设计

2013 年，青龙煤矿与山东科技大学合作，采用井下仰孔分段注水测漏方法在 11607 工作面开展了导水裂隙带高度观测项目，得出 11607 工作面导水裂隙带实际发育高度为 44.9 m。故首先以 11607 工作面为例建立 16 煤开挖模型，获取该工作面导水裂隙带发育高度模拟值，并与实测值进行对比分析，以验证数值模拟的可靠性。

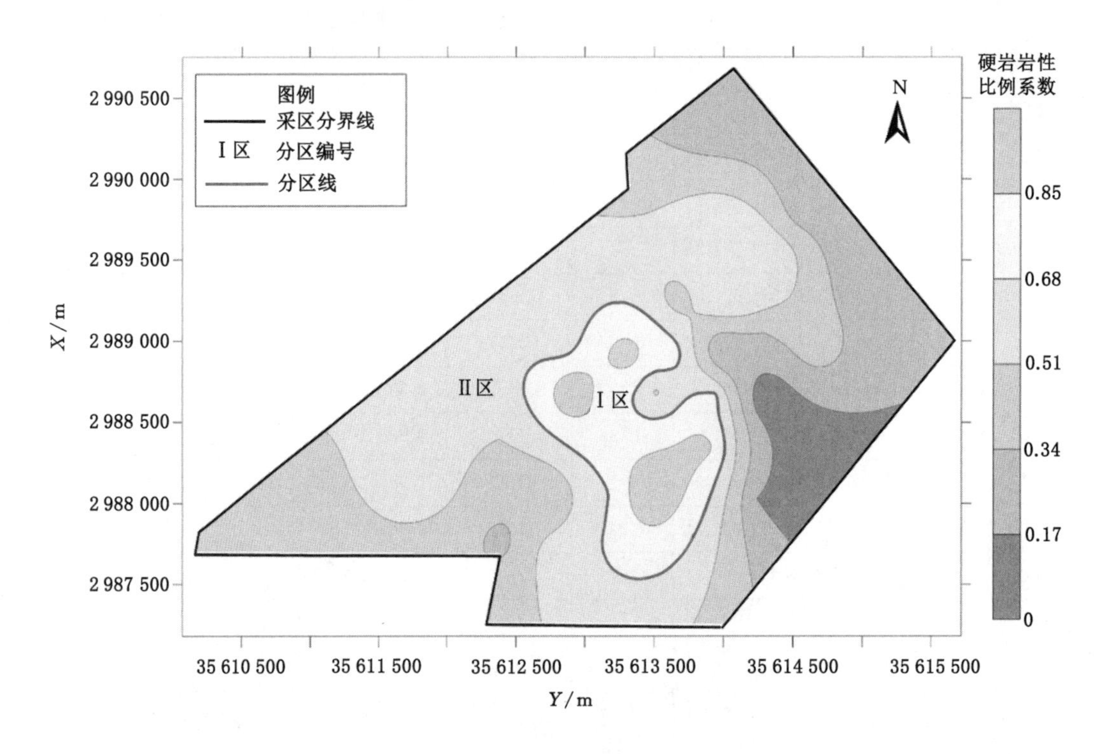

图 3-5 基于硬岩岩性比例系数差异性的分区图

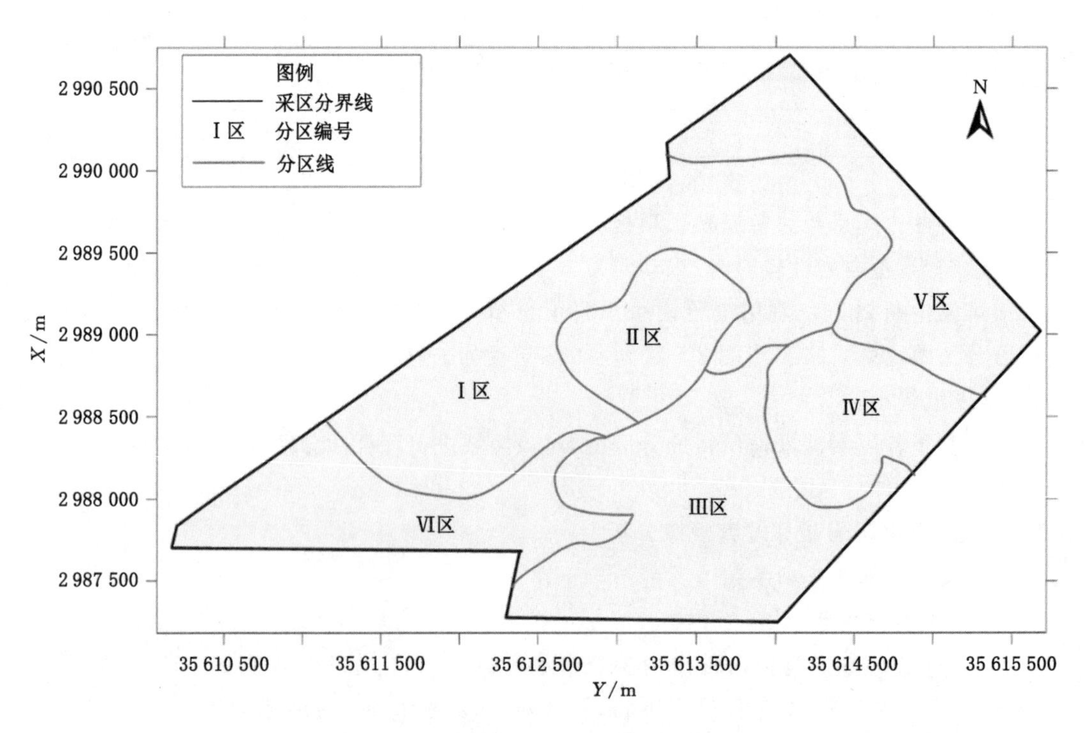

图 3-6 青龙煤矿一采区综合分区图

导水裂隙带数值模拟方案：首先，对有导水裂隙带高度实测值的工作面进行数值模拟，节理损伤本构模型选用摩尔-库仑岩石破坏准则，模拟力学参数选用实测参数，运用 UDEC 软件[48-50]进行煤层开挖数值模拟计算，得到导水裂隙带高度模拟值，并比较分析导水裂隙带高度实测值与模拟值，判定数值模拟结果的可靠性；其次，数值模拟可靠性得到保证后，基于上文导水裂隙带影响因素差异性分区结果，对一采区其他分区的钻孔资料和地质资料进行分析，选取各分区内典型工作面进行模拟，根据各分区地层的实测产状及地层厚度，并沿 16 煤走向进行分步开挖，模拟出分步开挖对煤层覆岩的影响，分析研究煤层开采之后的应力、位移演化规律，并通过裂隙形成规律判断 16 煤开采引起的导水裂隙带发育高度。其中，模拟开挖流程见图 3-7。下文以 11607 工作面为例说明 16 煤覆岩导水裂隙带发育高度计算过程。

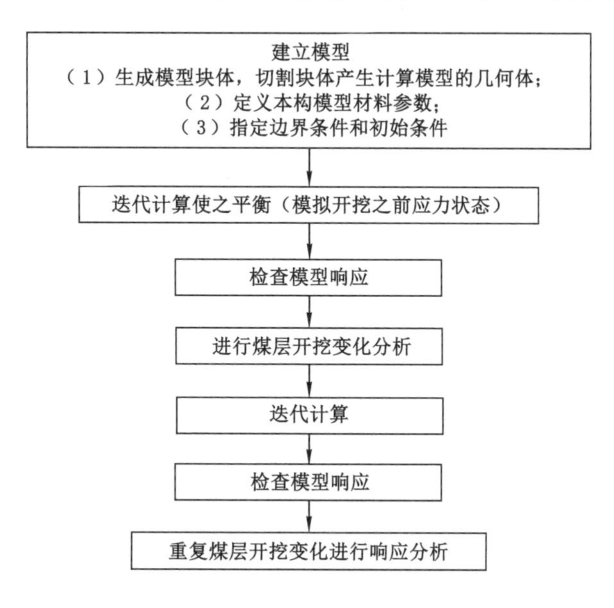

图 3-7 UDEC 模拟煤层开挖流程

3.2.2.1.2 基础模型的建立

根据 11607 工作面的地质及钻孔资料可知，16 煤位于二叠系上统龙潭组地层，工作面掘进方向为地层走向，故沿地层走向绘制地层剖面线，地层自上而下依次为 P_2m、P_3l、P_3c、T_1y^1、T_1y^2、Q。模拟采用直角坐标系，竖直方向上定为 Y 轴，走向方向为 X 轴，基于此建立二维数值模拟模型。模型高 200 m，为消除岩层倾向方向的边界效应，宽度设为600 m，所模拟区域岩性有砂质黏土、石灰岩、泥灰岩、细砂岩、粉砂岩、煤层、泥岩。根据模型中不同岩性的地层，将其划分为 11 个单元层，并通过添加节理对岩层做进一步分割，便于导水裂隙带发育高度的计算。模型计算需要利用 UDEC 软件对有限单元进行三角剖分，最终建立 11607 工作面的数值模拟模型如图 3-8 所示。

3.2.2.1.3 参数赋予及初始平衡计算

UDEC 软件内定义了 7 种材料本构模型，根据岩土特征，本书选取摩尔-库仑模型进行计算分析，其表达式见式(3-2)。对于摩尔-库仑本构模型，需要的岩石力学性质分别有密度、体积模量、剪切模量、内摩擦角、内聚力、剪胀角、抗拉强度。力学参数未被赋予时，系统默认参数值为 0。

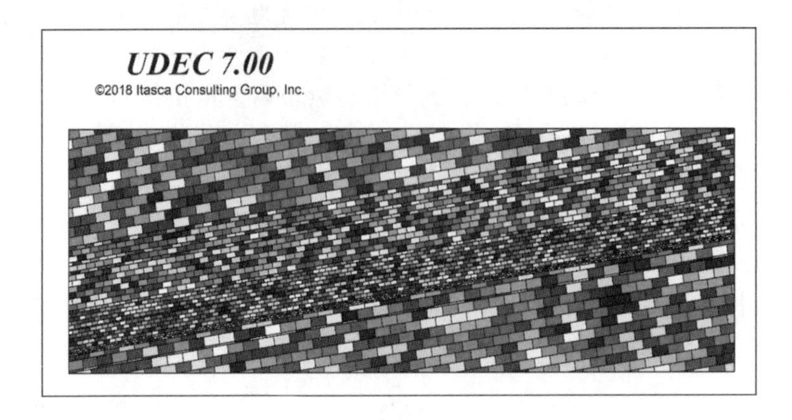

图 3-8 11607 工作面地质模型

$$\begin{cases} f^{s}=\sigma_1-\sigma_3\dfrac{1+\sin\varphi}{1-\sin\varphi}+2C\sqrt{\dfrac{1+\sin\varphi}{1-\sin\varphi}} \\ f^{t}=\sigma_3-\sigma_t \end{cases} \tag{3-2}$$

式中，σ_1 为最大主应力；σ_3 为最小主应力；φ 为内摩擦角；C 为内聚力；σ_t 为抗拉强度；当 $f^{s}=0$ 时发生剪切破坏，当 $f^{t}=0$ 时发生拉伸破坏。

给定岩石和节理参数：在 11607 工作面模型中，根据地层岩性将岩块概化为 11 个单元，模型岩层岩性自上而下依次为砂质黏土、石灰岩 1、石灰岩 2、泥灰岩、细砂岩 1、粉砂岩 1、石灰岩 3、粉砂岩 2、16 煤、泥岩、细砂岩 2。依据矿区实测资料给定各岩层所需力学参数，如表 3-4 所示。另外，在 UDEC 模拟过程中，需赋予节理的力学参数，节理的力学参数取经验值，见表 3-5。

表 3-4 岩层力学参数

岩性	密度 /(kg/m³)	抗拉强度 /MPa	内摩擦角 /(°)	内聚力 /MPa	弹性模量 /GPa	泊松比	体积模量 /GPa	剪切模量 /GPa
砂质黏土	2 690	0.08	18.000	0.258	10.729	0.297	5.365	8.809
石灰岩 1	2 750	3.17	39.940	6.481	31.970	0.252	15.985	21.485
石灰岩 2	2 670	3.17	41.200	6.580	31.380	0.270	15.690	22.739
泥灰岩	2 810	1.15	32.814	2.524	11.780	0.292	5.890	9.439
细砂岩 1	2 660	1.50	32.940	2.481	15.387	0.206	7.694	8.723
粉砂岩 1	2 700	1.85	37.750	2.910	19.646	0.174	9.823	10.044
石灰岩 3	2 680	3.15	39.440	6.204	31.815	0.210	15.908	18.284
粉砂岩 2	2 700	1.86	37.380	2.470	18.985	0.180	9.493	9.888
16 煤	1 400	0.37	22.570	0.830	18.191	0.120	9.096	7.979
泥岩	2 690	1.74	31.370	2.460	12.069	0.264	6.035	8.523
细砂岩 2	2 660	1.86	31.530	2.150	17.776	0.152	8.888	8.513

表 3-5 节理力学参数

岩性	法向刚度 /GPa	切向刚度 /GPa	内摩擦角 /(°)	内聚力 /MPa	抗拉强度 /MPa
砂质黏土	15.156	6.658	24	2.4	1.5
石灰岩 1	23.927	17.546	28	3.9	3.4
石灰岩 2	25.040	17.552	27	3.7	3.7
泥灰岩	23.980	18.049	30	3.8	3.6
细砂岩 1	24.700	21.070	31	3.5	3.3
粉砂岩 1	22.880	18.594	31	3.4	3.8
石灰岩 3	17.400	14.670	29	3.2	3.7
粉砂岩 2	15.840	10.642	25	3.5	3.3
16 煤	14.422	2.621	16	0.9	1.2
泥岩	19.290	7.465	18	1.6	2.0
细砂岩 2	25.700	19.670	31	3.5	3.3

设置模型约束条件：约束模型底部和两侧边界位移为 0；上边界为自由边界。在 UDEC 中，压应力为“－”，拉应力为“＋”。除此之外需要赋予岩层地应力和重力加速度。

初始地应力平衡：在静态求解模式中，用最大不平衡力来判断是否达到平衡状态，理论上最大不平衡力等于 0 时，则该模型达到了绝对的平衡，但是在实际模拟中，最大不平衡力往往不能达到绝对的 0 值，故实际模拟时默认当最大不平衡力与系统的整个外力相比可忽略不计时，系统为平衡状态。通过 UDEC 软件中 STEP 或 SOLV 命令求解 11607 工作面模型的初始平衡，该模型的初始的最大不平衡力变化见图 3-9。

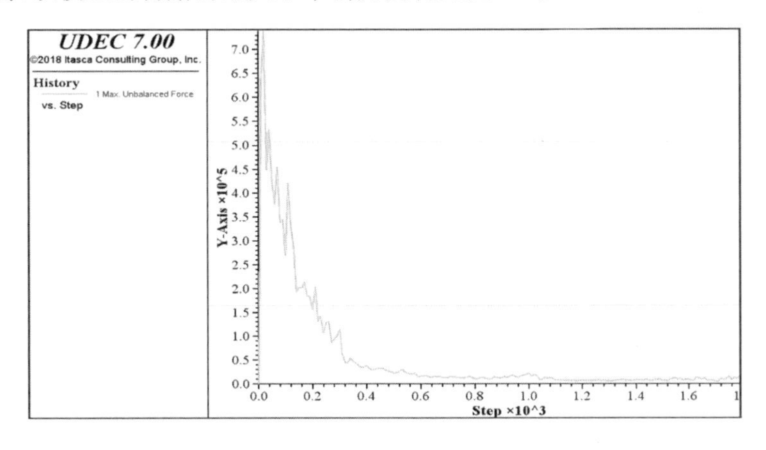

图 3-9 最大不平衡力变化图

3.2.2.2 模拟结果分析

初始地应力平衡后，进行煤层开挖模拟，选择分段开挖方式，开挖 10 次，开挖步距为 10 m，累计开挖 100 m。UDEC 模拟煤层开挖通过删除设定区域来实现，根据设置好的开挖边界逐步开挖，并监测最大不平衡力，见图 3-10。对开挖数值模拟结果加以分析，主要分析覆岩竖向位移、垂直应力场和裂隙发展的动态变化过程，并以裂隙发育情况为主，应力和位移变化为辅，确定导水裂隙带发育高度。最后将导水裂隙带发育高度模拟值与工作面导水裂隙带高度观测值进行对比分析，以验证数值模拟的准确性。

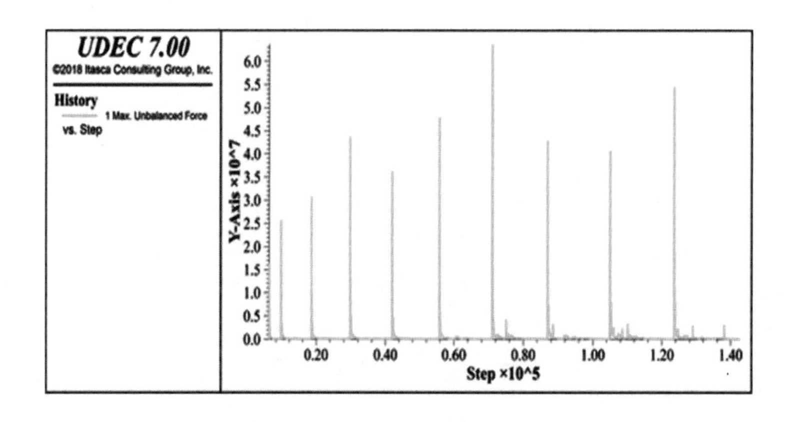

图 3-10　煤层开挖最大不平衡力变化图

3.2.2.2.1　覆岩位移变化特征

为了深入研究随着煤层开采覆岩位移变化特征，故对工作面推进不同距离时的覆岩位移变化进行分析，部分工作面推进不同距离时的竖向位移见图 3-11。

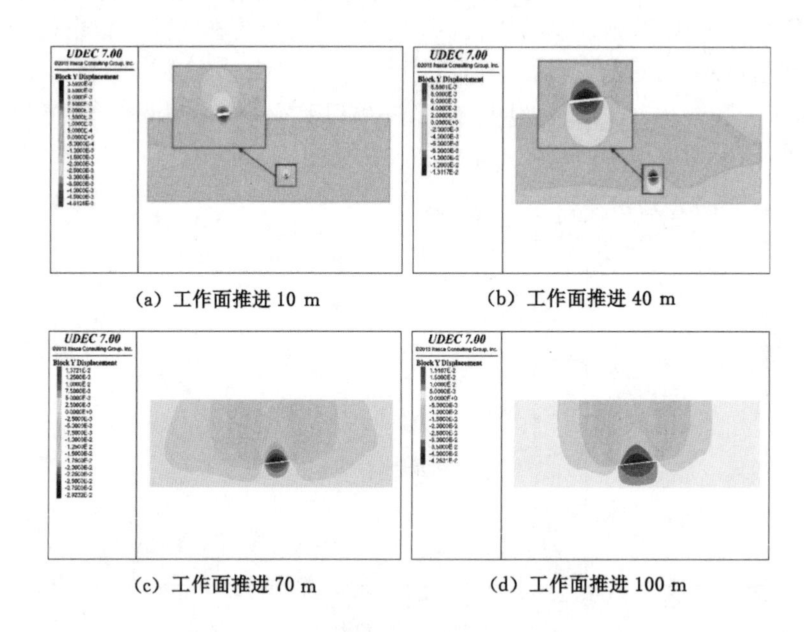

(a) 工作面推进 10 m　(b) 工作面推进 40 m

(c) 工作面推进 70 m　(d) 工作面推进 100 m

图 3-11　工作面推进不同距离时的位移云图

从工作面向前推进不同距离所对应的竖向位移云图可以看出，最初开采后竖向移动等值线在采空区上方是闭合的，随着工作面的推进，竖向位移逐渐变为不闭合曲线。煤层开采后，煤层顶板在自重及上覆岩层的作用下，产生了向下的位移，随着工作面的推进，地表至煤层顶板之间岩层均发生了下沉，上覆岩层产生的位移量逐渐增大，煤层直接顶下沉量最大，工作面推进结束后达到 42.53 mm，同时底板由于开挖卸荷，也出现了一定程度的底鼓，向上位移最大达到了约 15.11 mm。分析工作面推进不同距离对应的竖向位移图可得，位移变化量最大的地方始终在采空区正上方，两帮形成了一个对上支撑，致使煤壁变形较小；每一步开挖都形成一个代表性的位移变化带，随开挖推进而依次向前发展，顶板位移变化呈现出移动拱形的特征。

为了更为准确直观地研究上覆各个岩层随工作面开采的竖向位移的变化，选取沿走向方向采空区中部的剖面，分别在煤层上部粉砂岩 2、石灰岩 3、粉砂岩 1、细砂岩 1、泥灰岩中部设置监测线，在监测线上布设监测点，每条线上布设 11 个监测点，监测点间距为25 m，监测点布设见图 3-12。随着煤层的推进，统计各点数据，绘制出工作面推进 10 m、50 m、70 m、100 m 时对应的各个测线(1～5)的下沉曲线图，见图 3-13。

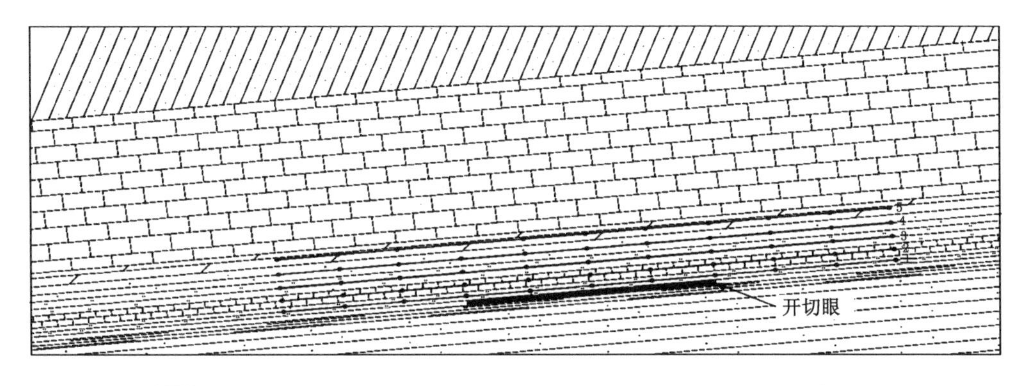

图 3-12 位移监测点布设图

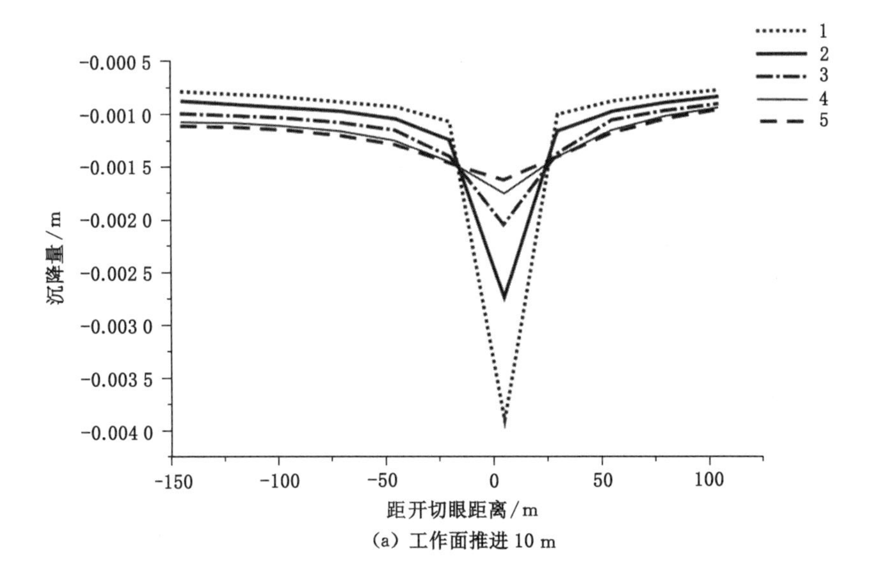

图 3-13 工作面推进不同距离时覆岩位移沉降图

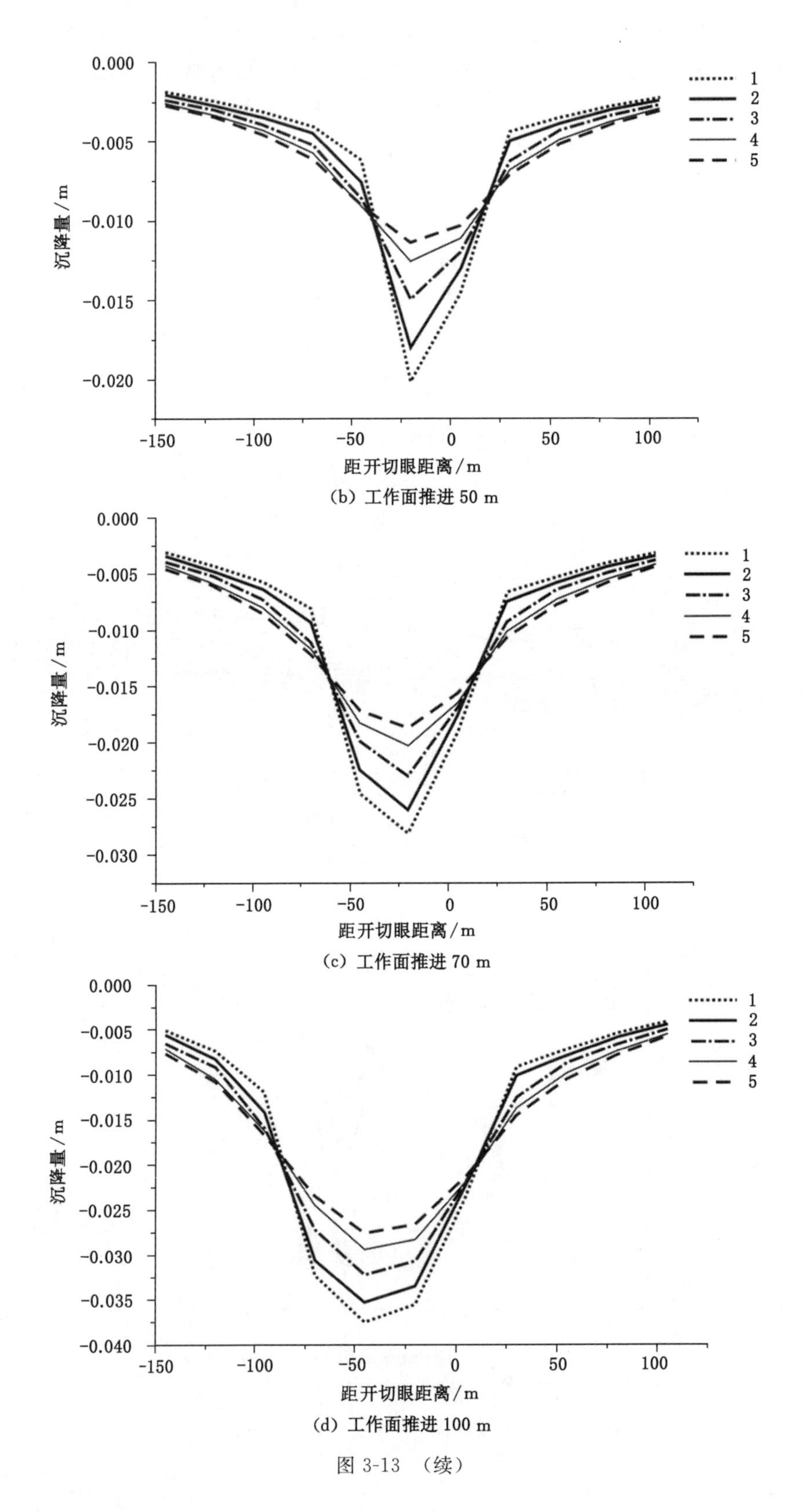

(b) 工作面推进 50 m

(c) 工作面推进 70 m

(d) 工作面推进 100 m

图 3-13 （续）

从图 3-13 可以看出，工作面开挖不同距离，上覆各岩层的沉降曲线基本呈现对称分布，且随着工作面推进，下沉区域范围随之增大，上覆各岩层沉降量均逐渐增大。采空区覆岩内各点下沉值由下向上逐渐减小，说明覆岩内由下向上依次分布有冒落带、裂隙带和弯曲下沉带。当工作面推进到 10 m 时，直接顶岩层位移较小，在距离直接顶最远处的泥灰岩只发生了极小的竖向位移；工作面推进到 30 m 时，直接顶岩层发生了较大的竖向位移，推测直接顶发生垮落，上覆其他岩层位移进一步增加；工作面推进 30～90 m 时，直接顶岩层直至泥灰岩均发生了不同程度的竖向位移；工作面推进 100 m 时，上覆各岩层下沉量变化较小，说明随着煤层开采，采空区冒落岩石得到压实，覆岩移动也逐渐趋于稳定。

3.2.2.2.2　覆岩应力变化特征

煤层开采前岩体处于平衡状态，煤层开挖后，这种平衡状态被打破，从而引起围岩应力的重新分布，采动覆岩应力分布规律随工作面推进距离而不断调整变化，当岩体的强度低于所承受的应力时，就会发生破坏。为了深入研究随着煤层开采覆岩中应力分布特征，同样对工作面推进不同距离时的应力场进行分析，工作面不同推进距离所对应的垂直应力分布图见图 3-14。

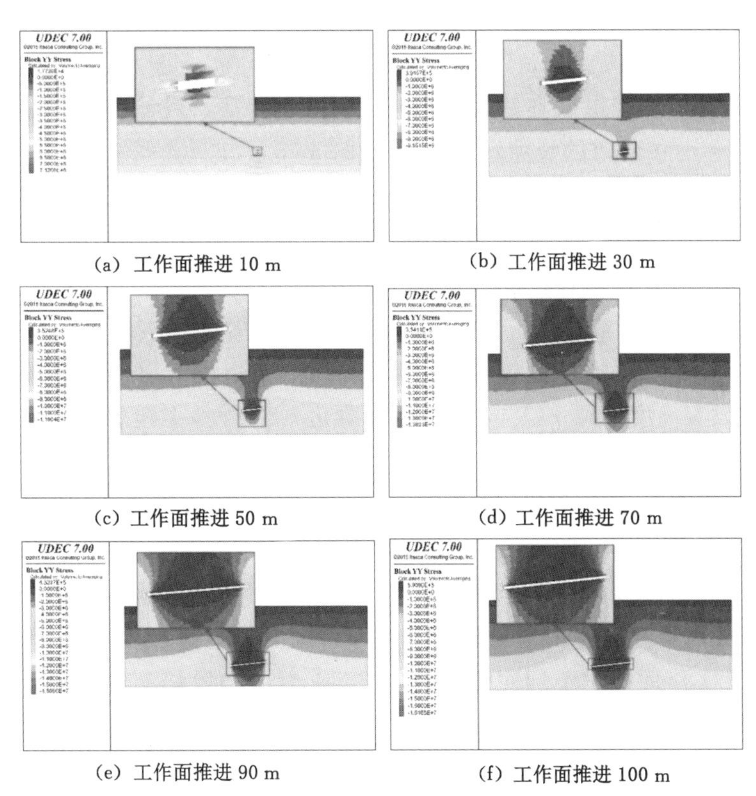

(a) 工作面推进 10 m　　(b) 工作面推进 30 m

(c) 工作面推进 50 m　　(d) 工作面推进 70 m

(e) 工作面推进 90 m　　(f) 工作面推进 100 m

图 3-14　工作面推进不同距离时的竖向应力图

从工作面推进不同距离时的竖向应力图可知：采空区上方一定高度内产生开口向下的抛物线形拉应力区，此处应力显著降低，拉应力区外部应力远大于拉应力，原因在于煤层开挖后围岩为了维持平衡状态发生应力重分布，即采空区上部岩层应力释放，压力转向未开采区，故拉应力区外部有高应力拱；覆岩竖向应力自下而上逐渐增大，在开挖两端出现应力集中，这两处应力最大，这是由于采空区上方作用跨越采空区范围的宏观应力拱，应力拱中拱脚处应力最大，而两侧拱脚刚好位于工作面两端，故此处应力最大。垂向应力分布状态总体表现为：形成一个两边高中间低的应力拱，应力拱以临空面垂直方向为轴线呈对称分布。

工作面开挖距离为 10 m 时，采空区上部出现极小范围的拉应力区，拉应力区高度、宽度均较小，应力拱基本未成拱形，拉应力形成区域内岩层发生变形或破坏；工作面开挖距离为 30 m 时，拉应力范围在宽度和高度上均有所增大，应力拱基本成形，但拱形呈锯齿状，应力拱高度发育至 15.5 m，拱脚处最大垂直应力为 9.85 MPa；工作面开挖距离为 50 m 时，拉应力区明显增大，应力拱形弧度较为圆滑，应力拱高度最大约为 18.5 m，拱脚处最大垂直应力达到 11.9 MPa；工作面开挖距离为 70 m 时，应力拱形弧度更为圆滑，与外层应力衔接过渡更明显，应力拱最大高度达到 33.5 m，拱脚最大垂直应力为 13.82 MPa；工作面开挖距离为 90 m 时，应力拱范围继续扩张，应力拱高度最大为 42.55 m，工作面两端应力值继续增大至 15.7 MPa；工作面开挖距离为 100 m 时，工作面两端高应力区应力增大至 16.16 MPa，采空区上部应力拱仍然贯穿整个采空区，应力拱宽度增大，高度基本稳定在 42.55 m，说明工作面在推进到 90 m 时就已达到充分采动。

3.2.2.2.3 覆岩裂隙发育特征

为进一步研究覆岩变形破坏区随煤层开采的分布特征，分析工作面开挖 10 m、30 m、50 m、70 m、90 m、100 m 时的裂隙发育情况，见图 3-15。

从工作面开挖不同距离的裂隙发育图看，工作面充分开采前，工作面覆岩裂隙随工作面掘进而不断发展。总的来看，导水裂隙带整体呈梯形分布，顶部短，底部长，以自采空区中部与煤层开采方向垂直方向为中轴呈对称分布。

分析导水裂隙带发育规律：当工作面推进 10 m 时，采空区直接顶发育有少量裂隙；当工作面推进到 30 m 时，采空区直接顶在拉应力作用下完全破坏，裂隙延伸到了石灰岩 3 顶部，导水裂隙带发育高度达到 13.5 m；当工作面推进 50 m 时，上覆岩层的裂隙发展更为明显，裂隙延伸至粉砂岩 1 中，煤层覆岩裂隙发育高度达到 18.5 m；当工作面推进 70 m 时，覆岩破坏范围进一步增大，裂隙发展至粉砂岩 1 顶部，裂隙发育高度为 38.5 m；工作面开挖至 90 m 时，裂隙发育高度进一步增大至 42.55 m，此时裂隙已延伸至长兴灰岩底部；工作面开挖至 100 m 时，裂隙高度基本不变，稳定在 42.55 m，这说明当煤层开采至 90 m 时，岩层已达到充分开采，随后随着工作面的推进，导水裂隙带高度基本稳定。

通过 11607 工作面推进不同距离的位移图、应力图和覆岩裂隙发育图可知，工作面推进 90 m 时岩层已达到充分开采，导水裂隙带发育高度的判定以裂隙发育图为主，本次模拟充分开采后应力拱高度和裂隙发育高度基本稳定在 42.55 m，故判定导水裂隙带高度为 42.55 m。根据 11607 工作面实测资料可知覆岩导水裂隙带高度实测最大值为 44.9 m，模拟值与实测值相差 2.35 m，二者较为相近，由此可知导水裂隙带数值模拟结果较为可靠，可借助数值模拟手段对研究区工作面导水裂隙带高度进行分区模拟。

3.2.2.3 不同分区导水裂隙带发育高度模拟值

前文中根据导水裂隙带影响因素差异性指标将一采区分为 6 个子区，根据青龙煤矿巷道布置资料可知，11607 工作面位于Ⅳ区，且Ⅴ区和Ⅵ区内没有布置工作面，故遵循上述

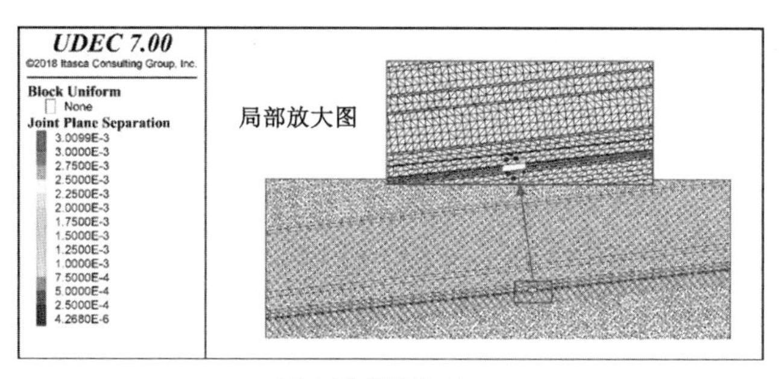

(a) 工作面推进 10 m

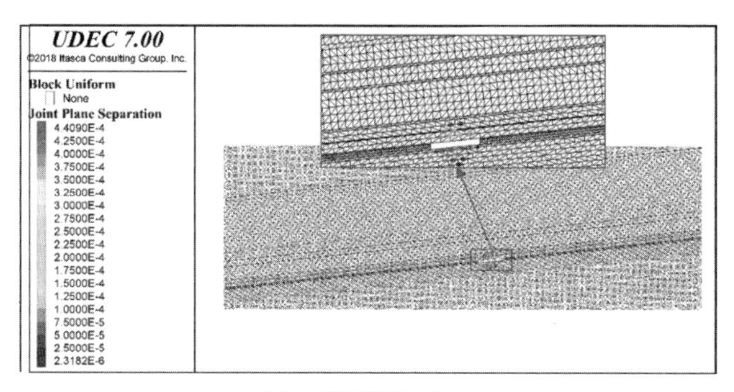

(b) 工作面推进 30 m

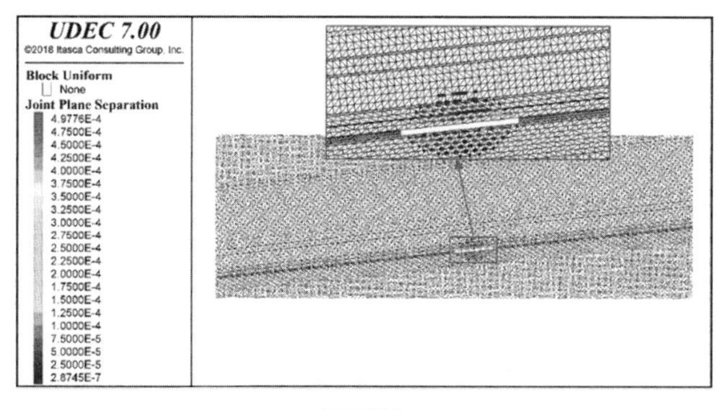

(c) 工作面推进 50 m

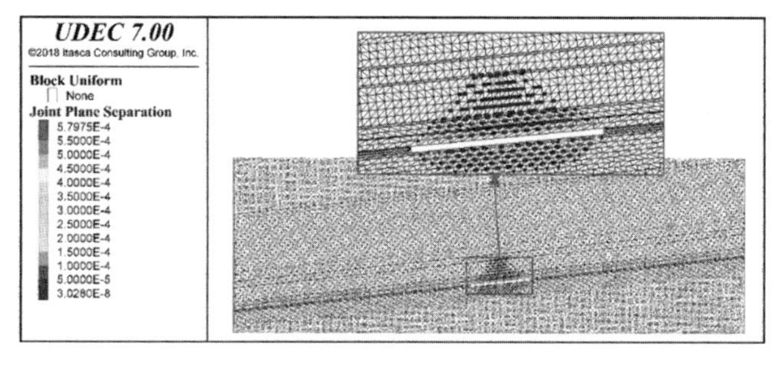

(d) 工作面推进 70 m

图 3-15 工作面推进不同距离时的裂隙发育图

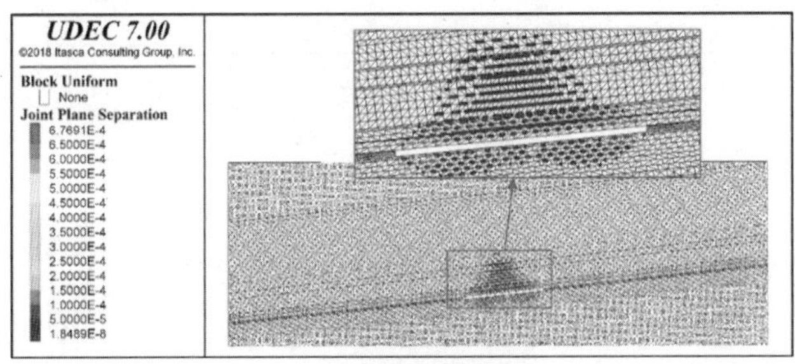

(e) 工作面推进 90 m

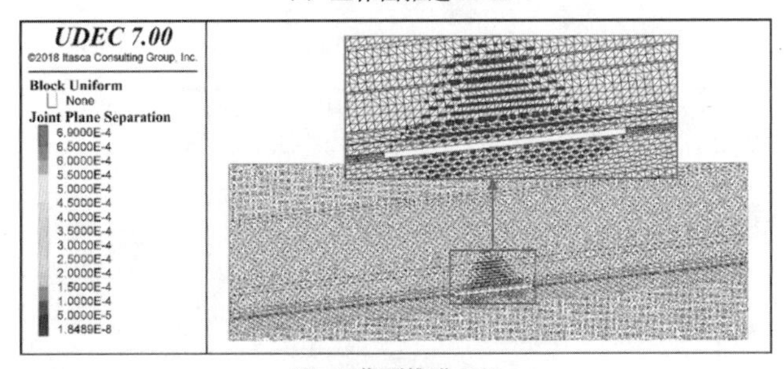

(f) 工作面推进 100 m

图 3-15 （续）

11607 工作面数值模拟，构建Ⅰ区、Ⅱ区、Ⅲ区的 UDEC 数值模拟模型，并计算出各分区 16 煤覆岩导水裂隙带发育高度。各分区导水裂隙带模拟计算图见图 3-16，计算出各分区导水裂隙带发育高度见表 3-6。

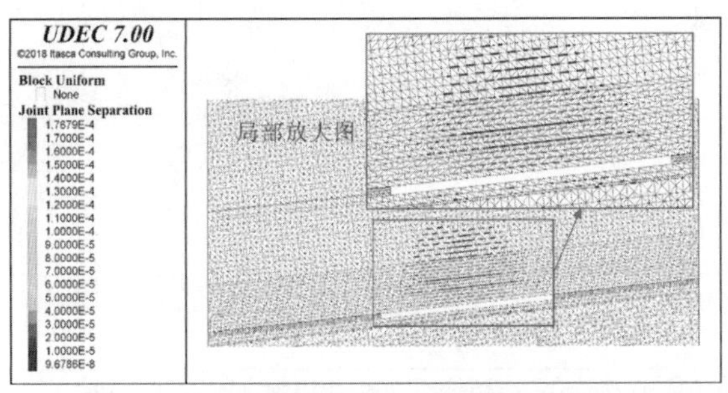

(a) Ⅰ区典型工作面导水裂隙带发育图

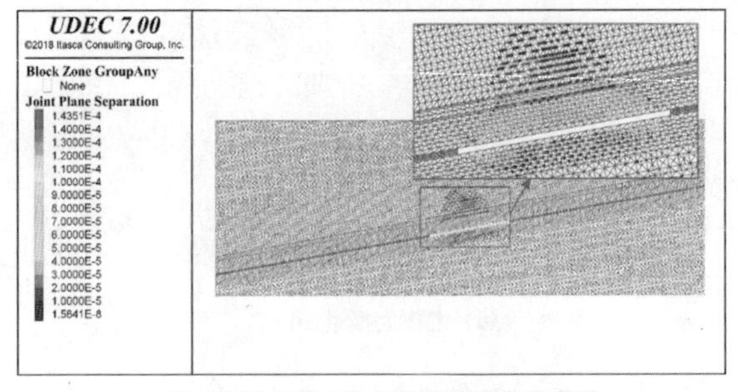

(b) Ⅱ区典型工作面导水裂隙带发育图

图 3-16 各分区导水裂隙带发育图

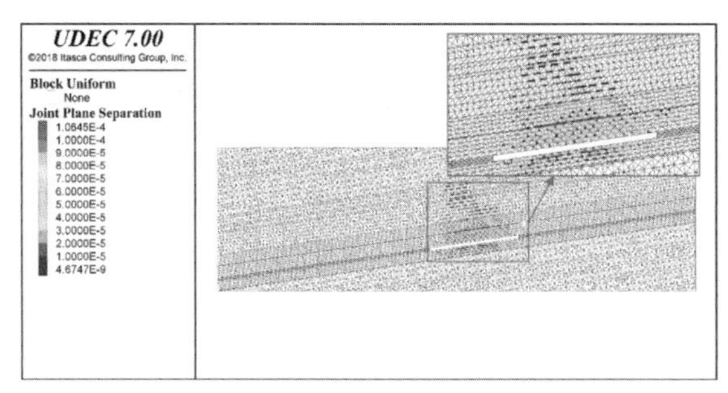

(c) Ⅲ区典型工作面导水裂隙带发育图

图 3-16 （续）

表 3-6 各分区导水裂隙带高度模拟值

区号	Ⅰ区	Ⅱ区	Ⅲ区	Ⅳ区
导水裂隙带高度/m	53.82	49.38	48.70	42.55

由表 3-6 可知，青龙煤矿一采区 16 煤工作面导水裂隙带高度范围为 42.55～53.82 m，各分区导水裂隙带高度从大至小排序为：Ⅰ区、Ⅱ区、Ⅲ区、Ⅳ区。主要原因在于：16 煤埋深从Ⅰ区至Ⅳ区逐渐减小，Ⅰ区埋深最大，此处 16 煤开采矿山压力较大，较易发育贯通性裂隙，故此处导水裂隙带高度最大；Ⅱ区、Ⅲ区硬岩岩性比例系数较大，即 16 煤顶板岩性较硬，有利于裂隙的产生和发展，但同时此处煤层采厚较小，在采厚和采深的综合影响下，Ⅱ区和Ⅲ区导水裂隙带发育不会超过Ⅰ区，同时Ⅱ区煤层埋深较Ⅲ区更大，更易发育裂隙，故Ⅱ区导水裂隙带高度高于Ⅲ区；Ⅳ区煤层埋深最浅，故上覆岩层压力最小，同时此处硬岩岩性比例系数最小，即顶板岩性最软，导水裂隙带形成后会被重新压实，高度有所减小，均不利于导水裂隙带的发育，故此处导水裂隙带高度最小。基于上述分析，影响导水裂隙带的主要因素有煤层埋深、煤层厚度以及硬岩岩性比例系数，各区导水裂隙带发育高度规律与煤层埋深规律基本一致，故推测煤层埋深对导水裂隙带高度发育影响性较其他因素更大。

3.2.3 导水裂隙带发育高度修正

3.2.3.1 导水裂隙带发育高度经验值计算

《建筑物、水体、铁路及主要井巷煤柱留设与压煤开采规范》中规定了导水裂隙带形态的描述及在各类条件下导水裂隙带的计算公式（表 3-7），该公式适用于采用单一薄及中厚煤层或厚煤层分层开采。根据钻孔及地质资料，青龙煤矿 16 煤层顶板为粉砂岩，由实测资料可知粉砂岩单轴抗压强度为 30～60 MPa，属中硬顶板。根据《建筑物、水体、铁路及主要井巷煤柱留设与压煤开采规范》计算各工作面的导水裂隙带高度经验值如表 3-8 所示。

表 3-7 《建筑物、水体、铁路及主要井巷煤柱留设与压煤开采规范》导水裂隙带高度计算经验公式

岩性	计算公式之一/m	计算公式之二/m
坚硬	$H_{li}=\dfrac{100\sum M}{1.2\sum M+2.0}\pm 8.9$	$H_{li}=30\sqrt{\sum M}+10$

表 3-7(续)

岩性	计算公式之一 /m	计算公式之二 /m
中硬	$H_{li}=\dfrac{100\sum M}{1.6\sum M+3.6}\pm 5.6$	$H_{li}=20\sqrt{\sum M}+10$
软弱	$H_{li}=\dfrac{100\sum M}{3.1\sum M+5.0}\pm 4.0$	$H_{li}=10\sqrt{\sum M}+5$
极软弱	$H_{li}=\dfrac{100\sum M}{5.0\sum M+8.0}\pm 3.0$	—

注:1. $\sum M$ 为累计采厚。2. 公式应用范围:单层采厚 1～3 m,累计采厚不超过 15 m。3. 计算公式中±号项为中误差。

表 3-8　采区各工作面导水裂隙带高度经验值计算

区号	工作面	导水裂隙带高度经验值/m
Ⅰ区	21606	41.962
	21604	37.193
	21602	29.990
Ⅱ区	11615	40.058
	11613	30.093
	11611	30.526
Ⅲ区	11608	30.780
	11606	42.801
Ⅳ区	11609	36.710
	11607	38.105

3.2.3.2　修正系数计算

《建筑物、水体、铁路及主要井巷煤柱留设与压煤开采规范》中的经验公式是通过统计华北平原煤矿导水裂隙带高度数据而来,故该经验公式在黔北矿区的适用性较低,可通过对经验公式进行修正来改善其适用性。构建修正系数表达式,根据各工作面导水裂隙带发育高度经验值和模拟值,利用式(3-3)求解出各区经验公式的修正系数见表 3-9。

$$\xi_j=\frac{h_j}{H_j} \tag{3-3}$$

式中,ξ_j 为第 j 区域内经验公式修正系数;h_j 为第 j 区域内典型工作面导水裂隙带高度模拟值;H_j 为第 j 区域内典型工作面导水裂隙带高度经验值。

表 3-9　经验公式修正系数

区号	导水裂隙带高度模拟值/m	导水裂隙带高度经验值/m	修正系数 ξ
Ⅰ区	53.82	42.06	1.280
Ⅱ区	49.38	41.57	1.188
Ⅲ区	48.70	41.81	1.165
Ⅳ区	42.55	38.49	1.105

3.2.3.3 导水裂隙带发育高度修正值计算

用各分区经验公式修正系数乘以各工作面导水裂隙带发育高度经验值，可得青龙煤矿16煤各工作面导水裂隙带发育高度修正值，见表3-10。

表3-10 16煤各工作面导水裂隙带发育高度修正值

区号	工作面	修正系数 ξ	导水裂隙带高度经验值/m	导水裂隙带高度修正值/m
Ⅰ区	21606	1.280	41.962	53.711
	21604		37.193	47.607
	21602		29.990	38.387
Ⅱ区	11615	1.188	40.058	47.589
	11613		30.093	35.750
	11611		30.526	36.265
Ⅲ区	11608	1.165	30.780	35.859
	11606		42.801	49.863
Ⅳ区	11609	1.105	36.710	40.565
	11607		38.105	42.106

3.3 数值模拟法预测矿井涌水量

3.3.1 工作面导通长兴含水层情况

本次数值模拟研究将结合导水裂隙带进行矿井涌水量预测，即将导水裂隙带数值模型与矿区地下水模型耦合计算涌水量，故需讨论16煤工作面导水裂隙带导通长兴灰岩含水层情况，为后文导水裂隙带数值建模做铺垫。

统计16煤开采工作面所在或邻近钻孔数据，计算工作面16煤顶板距离长兴灰岩底部距离，再结合上文导水裂隙带修正结果，判定工作面导水裂隙带是否导通长兴灰岩含水层。各工作面导通长兴灰岩含水层情况见表3-11。

表3-11 工作面导通长兴灰岩含水层情况

区号	工作面	16煤顶板至长兴灰岩距离/m	导水裂隙带高度修正值/m	是否导通
Ⅰ区	21606	58.06	53.711	未导通
	21604	55.44	47.607	未导通
	21602	54.25	38.387	未导通
Ⅱ区	11615	49.34	47.589	未导通
	11613	50.20	35.750	未导通
	11611	40.90	36.265	未导通
Ⅲ区	11608	52.80	35.859	未导通
	11606	49.00	49.863	导通
Ⅳ区	11609	40.20	40.565	导通
	11607	46.70	42.106	未导通

2022 年，青龙煤矿 16 煤规划开采工作面共 10 个，其中 11606 工作面和 11609 工作面覆岩导水裂隙带都将发育至长兴灰岩，一旦导通上部灰岩含水层，岩溶水涌入工作面，将威胁到矿井的安全生产。

3.3.2 水文地质条件概化

3.3.2.1 模型范围及边界

模拟计算区域面积约 22.57 km^2，整体位于格老寨背斜的北西翼，背斜轴为井田水文地质单元的北东边和地下分水岭，因此将其定为隔水边界。矿井北西侧主要地表水体——驮煤河为自然边界，根据观测资料确定驮煤河水对研究区有补给，且在矿区范围内，该河均发源于二叠系上统龙潭组（P_2l）地层，与含水层有较好的水力联系，虽然河流水位受降雨变动而发生变化，但其水位的变化相对整个模拟区而言不明显，所以将河流定为定水头边界。矿井西南有区域性断裂构造分布，构成矿井西南自然边界，由于断层性质，将其定为隔水边界。根据水文地质资料和地下水流向，将矿井北东定为排泄边界。研究区边界概化情况见图 3-17。含水层均概化为非均质各向异性，整体为三维非稳定流。

图 3-17　模拟区边界条件概化图

3.3.2.2 含(隔)水层概化

16 煤直接充水含水层为龙潭组裂隙含水层，间接充水含水层为长兴组岩溶裂隙含水层，其中龙潭组裂隙含水层主要岩性为泥岩、泥灰岩，富水性弱，长兴组灰岩岩溶较发育，富水性弱～中等。相较而言，导水裂隙带导通长兴组岩溶裂隙含水层时，矿井涌水量大部分将来源于长兴灰岩，龙潭组裂隙含水层的涌水量较小，为了充分研究长兴组地下水对矿井涌水的影响，本次数值模拟将龙潭组裂隙含水层视为隔水层。因此，本模型将玉龙山灰岩岩溶裂隙含水层概化为第一层潜水含水层，长兴灰岩岩溶裂隙含水层概化为第二层承压含水层，茅口组灰岩岩溶裂隙含水层概化为第三层承压含水层，沙堡湾段泥岩和龙潭组处理为隔水层。

3.3.2.3 水文地质参数

用于数值建模的水文地质参数有两种：一种是含水层的水文地质参数，如含水层的渗透系数、孔隙率及储水基体有效压缩率等；另一种是用于计算各种地下水补排量的参数和经验系数，例如大气降水入渗系数。

3.3.2.3.1 含水层水文地质参数

根据区内钻孔抽水试验，可得到各岩层的渗透系数，COMSOL Multiphysics 软件内置物理场参数为渗透率，二者转换关系为[51]：

$$K=\frac{\rho g}{\mu}k \tag{3-4}$$

式中，ρ 为液体密度，取值 1 000 kg/m^3；g 为重力加速度，取值 10 m/s^2；μ 为液体动力黏滞系数，取值 1.308×10^{-3} Pa·s；K 为渗透系数，常用单位为 m/d、m/s 或 cm/s；k 为渗透率，常用单位为 m^2 或 cm^2。

各岩层孔隙率选取经验值，区内含水层渗透率及孔隙率取值见表 3-12。

表 3-12 区内各岩层渗透率及孔隙率取值

岩性	渗透系数/(m/d)	渗透率/m^2	孔隙率
玉龙山灰岩	$2.118\ 06\times10^{-8}$	$2.770\ 42\times10^{-15}$	0.25
长兴灰岩	$2.595\ 94\times10^{-6}$	$3.395\ 49\times10^{-13}$	0.35
茅口灰岩	1.89×10^{-4}	$2.473\ 33\times10^{-11}$	0.30

3.3.2.3.2 大气降雨

大气降雨入渗补给是研究区主要的补给来源，其补给量的大小与降雨量、包气带岩性和厚度有着密切联系。确定研究区大气降雨入渗系数 a 的值取 0.1，降雨量的质量通量计算公式为：

$$N=\rho\cdot a\cdot P \tag{3-5}$$

式中，N 为质量通量，kg/(m^2·d)；ρ 为流体密度，kg/m^3；a 为降水入渗系数，无量纲；P 为降雨量，m/d。

在模型中，使用 Darcy 定律接口的质量通量对降雨量进行概化，并将其定义为插值函数进行调用。

3.3.2.3.3 侧向排泄

研究区的地下水侧向排出量主要由东北部的流出边界所产生，根据 Darcy 定律，断面的侧向流出量由下式进行计算：

$$M=K\cdot H\cdot B\cdot I \tag{3-6}$$

式中，M 为含水层的侧向流出量，m^3/d；K 为边界附近含水层的渗透系数，m/d；H 为含水层厚度，m；B 为边界的长度，m；I 为边界附近的地下水水力坡度。

在模型中，选用生产井的形式进行概化，计算得 M 值为 12.95 m^3/d。

3.3.2.4　矿区水文地质模型建立

3.3.2.4.1　地表地形起伏情况

首先，按照已有地质地形图及研究区拐点确定模型范围，研究区拐点坐标见表 3-13。

表 3-13　矿区拐点坐标

拐点	经距/m	纬距/m
1	35 615 701.539	2 989 067.783
2	35 613 704.520	2 986 961.808
3	35 612 451.510	2 986 961.811
4	35 613 704.511	2 986 961.900
5	35 610 185.503	2 987 833.822
6	35 613 280.526	2 990 169.827

下载青龙煤矿所在区域卫星地图，利用 ArcGis 软件获取矿区高程数据，将数据导入 COMSOL Multiphysics 软件，使用软件中的插值函数及参数化曲面功能进行实现，然后使用分割对象及删除实体功能操作。初始模型范围及地表起伏情况见图 3-18。

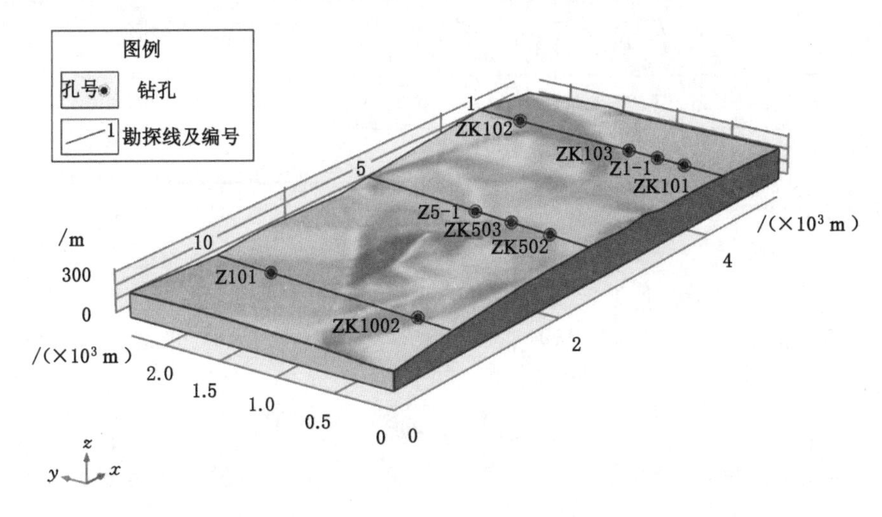

图 3-18　地表地形图

3.3.2.4.2　地层概化

首先根据地质地形图中地层出露情况及地层产状资料划分地层，然后使用软件中的工作平面、分割域及删除实体功能进行操作，地层划分结果见图 3-19。

3.3.2.4.3　河流概化

研究区内地表水主要有矿区北西侧发育的驮煤河。驮煤河从矿区边界附近流过，由南西向北东径流，在中寨一带转向北流出矿区。虽然河流水位受降雨变动而发生变化，但相对整个模拟区而言，其变动仍不明显，将其概化为定水头边界。在模型中，选用注射井进行概化，其驮煤河水头数据通过定水头形式给定。

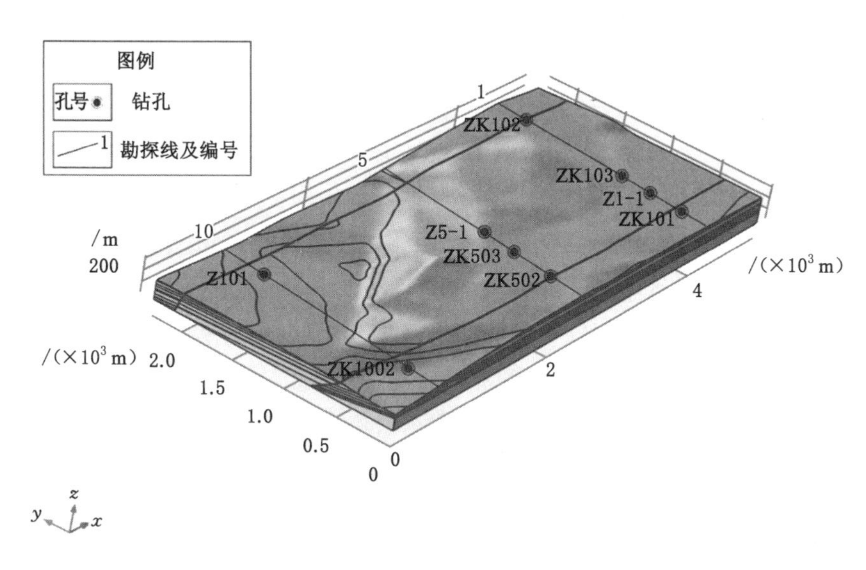

图 3-19 地层划分图

3.3.2.4.4 断层概化

根据区内钻孔、巷道揭露断点及三维地震探测和测井资料可知，研究区内发育较多断层，考虑到模型过于复杂会影响计算结果，在准确构建矿区地质模型的基础上尽量简化模型复杂性，故选取矿区内发育规模较大及对研究区影响较大的断层进行概化，即 F_2、F_4 断层，其均为张性断层，导水能力较好，故将断层处理为导水断层。在模型中，利用软件中的工作平面、分割域功能对岩层进行切割构建断层地质模型，并利用软件中材料给定功能对地层进行岩性填充（不同颜色代表不同岩性）。对模型中河流及断层概化的示意图见图 3-20。

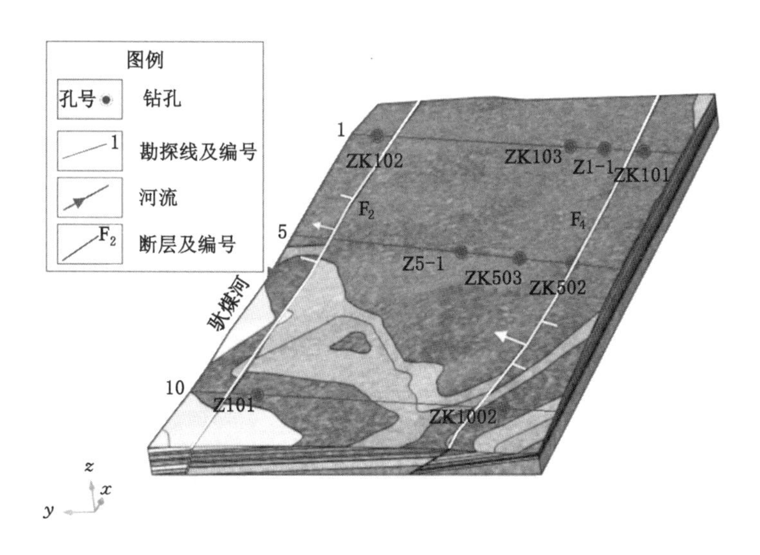

图 3-20 河流及断层概化示意图

3.3.3 矿井涌水量数值模型

3.3.3.1 本构模型及网格剖分

3.3.3.1.1 物理场

目前针对破碎状态下碎裂岩体的流场描述主要包括3种：① 以低雷诺数为特征的忽略地下流体惯性力的线性层流的Darcy渗流方程。流体在长兴灰岩岩溶裂隙含水层中的流速较低，可应用Darcy方程近似求解[52]。② Navier-Stokes是不可压缩自由流动方程。该方程忽略了渗流阻力对流体流动的影响，突水后水流在巷道或工作面内的流动状态比较符合Navier-Stokes方程的运动特点。③ 非线性渗流Brinkman方程。导水裂隙带是含水层与工作面之间的过渡区域，该区域内地下水的流动呈现非Darcy非线性渗流的运动特点，当水流在该区域流动时，速度一般较快，不能完全忽略由剪切作用引起的能量耗散，也就是说流体的剪切应力需要被考虑，而非线性渗流Brinkman方程正好考虑了这一因素，因此比较适合用来描述这个区域水流流动情况。

总的来说，模型中的流场如图3-21所示：含水层Darcy流、导水裂隙带内Brinkman流以及采空区内部的Navier-Stokes流。上述3种流场可以通过软件内置的Darcy定律模型及自由和多孔介质流动模型实现。

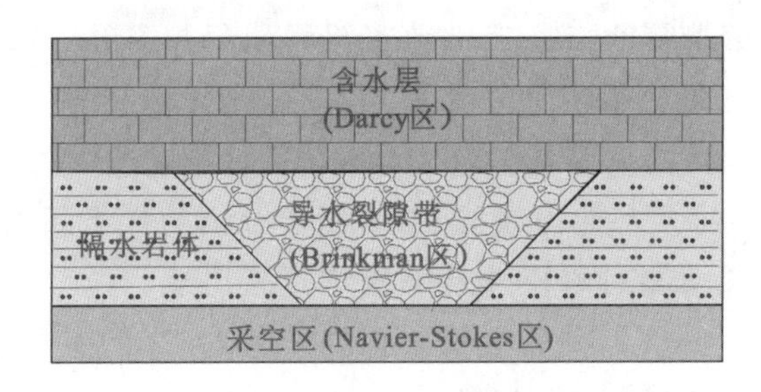

图3-21 矿井涌水数值模型示意图

Darcy定律以压力梯度为主要驱动力，适用于流经多孔介质孔隙的流体流动，可用于对低速流动或渗透率和孔隙率均很小的介质进行建模。COMSOL Multiphysics软件中内置有Darcy定律物理场，其方程表达式为[53]：

$$\begin{cases} \dfrac{\partial}{\partial t}(\varepsilon_{\mathrm{p}}\rho)+\nabla\cdot(\rho u)=Q_{\mathrm{m}} \\ u=-\dfrac{k}{\eta}\nabla p \end{cases} \tag{3-7}$$

式中，ε_{p}为孔隙率；ρ为流体密度，kg/m^3；u为流体流速，m/s；k为渗透率，m^2；η为动力黏滞系数，Pa·s；p表示流体压力，Pa；Q_{m}表示源项。

关于Brinkman方程和Navier-Stokes方程的详细介绍见前文2.1.3.4节。

3.3.3.1.2 自定义耦合

在此模型中，含水层选择Darcy定律模块，工作面及导水裂隙带选择自由和多孔介质模块，该模块已自动将导水裂隙带Brinkman流与工作面Navier-Stokes流耦合，故还需将含

水层 Darcy 流与导水裂隙带 Brinkman 流耦合起来,方法如下:

(1) 含水层中 Darcy 流出口压力 p 改为导水裂隙带 Brinkman 流的压力因变量 p_2;

(2) 将导水裂隙带 Brinkman 流方程中的入口边界中涉及速度场的 x、y、z 三个方向的默认变量 u、v、w 对应改为 Darcy 定律中的 dl.u、dl.v 与 dl.w。通过将两个方程中的变量互换,实现两个物理场的双向耦合。

3.3.3.1.3 网格剖分

本次模型网格划分选用自由四面体网格,为保证模型精度,将工作面和导水裂隙带区域的网格大小设定为较细化,其他部分网格大小设定为常规选项。

3.3.3.2 参数调整

由于模型初始输入的参数中渗透率值是根据研究区钻孔抽水试验所得,因此初始输入的渗透率值仅能代表相应钻孔区域的渗透率,并不能够代表一个年代地层的渗透率值。因此,本次参数调整主要对不同地层的渗透率进行调整,以使模型预测涌水量值与矿区实际涌水量值更接近。以初始输入渗透率值为基准,对渗透率值进行调整,最终得到更符合此模型的渗透率值见表 3-14。

表 3-14 区内各岩层渗透率及孔隙率调整结果

岩性	渗透系数/(m/s)	渗透率/m^2	孔隙率
玉龙山灰岩	2.28×10^{-6}	2.17×10^{-15}	0.25
沙堡湾泥岩	1.95×10^{-9}	2.64×10^{-16}	0.20
长兴灰岩	2.47×10^{-6}	3.00×10^{-13}	0.35
龙潭细砂岩	4.21×10^{-9}	5.53×10^{-16}	0.18
16 煤	2.27×10^{-9}	2.87×10^{-16}	0.10
龙潭粉砂岩	1.04×10^{-8}	1.46×10^{-15}	0.25
茅口灰岩	1.89×10^{-6}	2.45×10^{-11}	0.30

3.3.3.3 模型的识别与验证

模型的识别和验证是一种对数值模型不断地进行反演和试验的过程,也是成功建立数值模型的重要环节之一。通过对水文地质参数的不断调整,使模型处于可信度高且与实际地下水系统较符合的状态。模型校准需要在以下原则的基础上进行,例如,模拟与实际的地下水系统,它们的地下水动态过程要基本相符,地下水流向、水位等值线图基本相似。

3.3.3.3.1 流场拟合

由于研究区缺乏钻孔水位长期监测数据,水文孔仅有某一时间节点的水位值,故考虑将早期钻孔水位用于建模,后期钻孔水位用于拟合。模型计算时间区间为 2004 年 10 月至 2007 年 11 月,此时研究区 16 煤处于初步开采阶段,导水裂隙带还未形成。统计该时间区间内的降雨量数据,根据式(3-5)计算降雨质量通量,计算结果见表 3-15,利用插值函数对降雨质量通量进行调用。侧向排泄通过生产井对其进行概化,侧向流出量设定为 12.95 m^3/d。

表 3-15　2004 年 10 月至 2007 年 11 月研究区降雨参数

时间	全月降雨量/mm	质量通量/[kg/(m² · d)]	时间	全月降雨量/mm	质量通量/[kg/(m² · d)]	时间	全月降雨量/mm	质量通量/[kg/(m² · d)]
2004-10	47.7	0.16	2005-11	91.2	0.30	2006-12	18.9	0.06
2004-11	18.5	0.06	2005-12	9.2	0.03	2007-01	28.0	0.09
2004-12	8.5	0.03	2006-01	17.2	0.06	2007-02	19.0	0.06
2005-01	11.2	0.04	2006-02	13.4	0.04	2007-03	17.2	0.06
2005-02	11.4	0.04	2006-03	29.1	0.10	2007-04	97.7	0.33
2005-03	33.0	0.11	2006-04	69.1	0.23	2007-05	117.0	0.39
2005-04	37.3	0.12	2006-05	139.1	0.46	2007-06	258.1	0.86
2005-05	148.2	0.49	2006-06	119.7	0.40	2007-07	211.3	0.70
2005-06	142.5	0.48	2006-07	105.9	0.35	2007-08	229.3	0.76
2005-07	246.0	0.82	2006-08	47.8	0.16	2007-09	110.9	0.37
2005-08	137.1	0.46	2006-09	18.8	0.06	2007-10	46.3	0.15
2005-09	93.7	0.31	2006-10	69.6	0.23	2007-11	4.8	0.02
2005-10	126.7	0.42	2006-11	5.7	0.02			

模型计算完成后，在软件中根据需要自行查看所需物理量图，将实际流场与模拟流场进行对比分析，其中模型地下水流线图见图 3-22，长兴灰岩含水层水位拟合效果图见图 3-23。

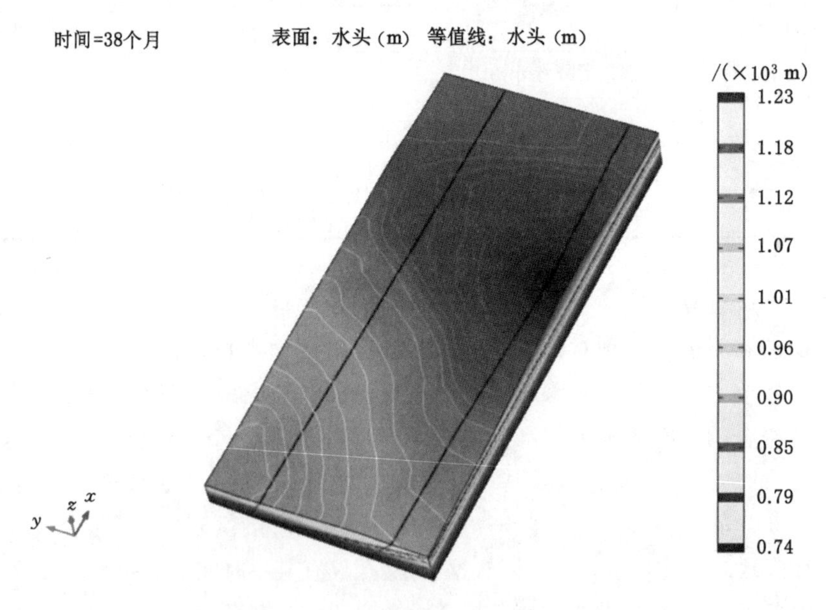

图 3-22　模型地下水水头及等水头线

长兴组含水层在模型内部，该含水层等水头线无法直接导出，通过设置探针导出长兴组含水层不同位置水压，并利用 Surfer 软件进行插值计算，获取模拟水头等值图，在此基础上制作长兴灰岩含水层水位拟合效果图(图 3-23)。

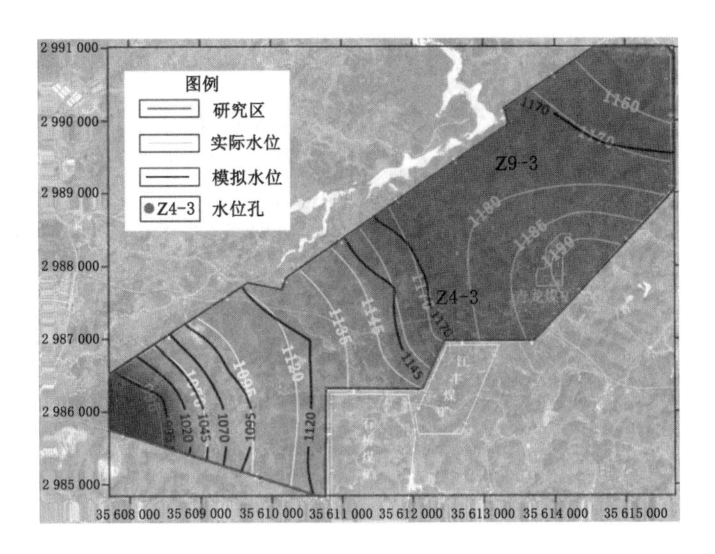

图 3-23 长兴灰岩含水层水位拟合效果图

如图 3-23 所示，将实测流场与模拟流场进行对比分析，两者之间的变化趋势基本一致，可见研究区的实际流场与模拟流场基本相符。同时在检验过程中，选取两个具有代表性的水文观测孔 Z4-3、Z9-3 来作为检验对象，由表 3-16 可知，本次研究选择的钻孔实测水位与模拟计算水位相对误差皆小于 1%，符合模拟精度要求。

表 3-16 观测水位与模拟水位结果对比分析

编号	观测水位/m	模拟水位/m	绝对误差/m	相对误差/%
Z4-3	1 175.81	1 178.53	2.72	0.231
Z9-3	1 173.91	1 176.42	2.51	0.214

3.3.3.3.2 涌水量拟合

以 2014 年 1—12 月作为模型涌水量识别验证期，此时研究区 16 煤已大面积开采，11606 工作面和 11609 工作面导水裂隙带均已形成，本次数值模拟将建立考虑导水裂隙带模型的涌水量计算模型，即将导水裂隙带数值模型与矿区地下水模型耦合，下文将对 16 煤工作面和导水裂隙带模型进行构建。

依据研究区工作面布置资料，将 16 煤开采至 2014 年的工作面三维建模导入地质模型中，模型工作面概化如图 3-24 所示。

参考他人研究成果，当煤层开采到一定范围后，采空区上方裂隙发育带形如梯台[54-55]，导水裂隙带三维示意图见图 3-25，其中煤层开采截面上导水裂隙带形态为梯形，这与上文导水裂隙带数值模拟结果保持一致。参考上文煤层开采模拟导水裂隙带发育形态可知截面梯形的腰与下底夹角大致为 45°，见图 3-26，在此基础上对 11606 工作面、11609 工作面导水裂隙带进行概化，导水裂隙带模型构建见图 3-27。将工作面和导水裂隙带耦合进数值模型中后，对模型进行网格剖分，见图 3-28。

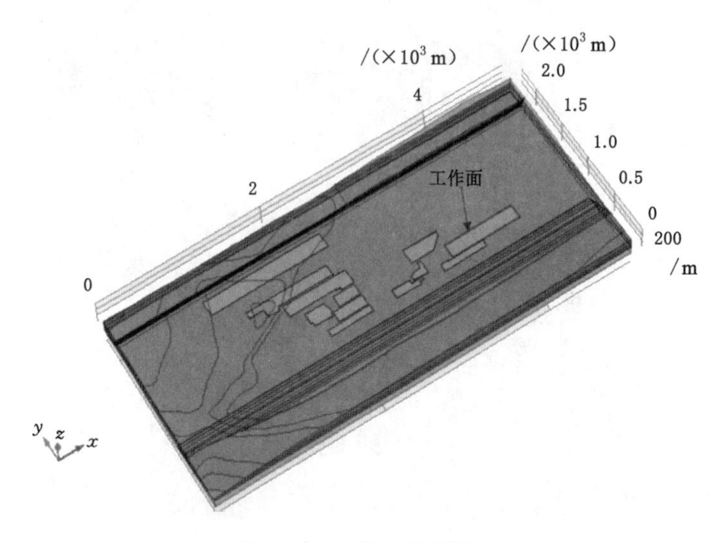

图 3-24　工作面概化图

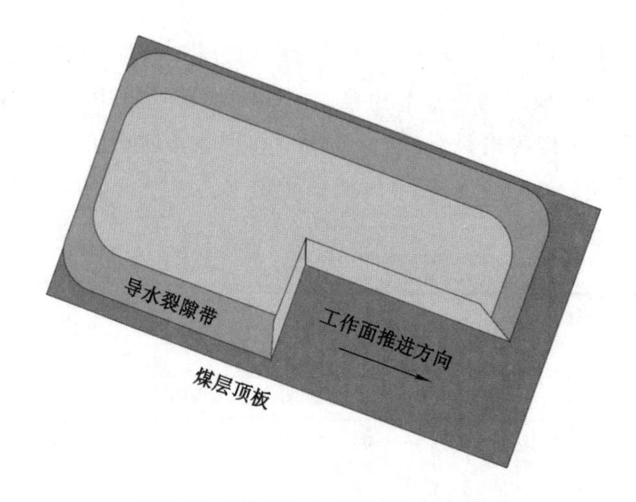

图 3-25　覆岩导水裂隙带三维示意图

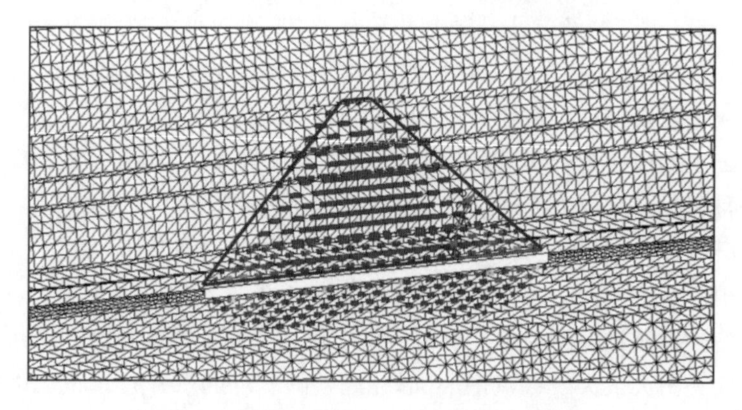

图 3-26　煤层开采模拟导水裂隙带发育形态图

(a) 11606工作面导水裂隙带

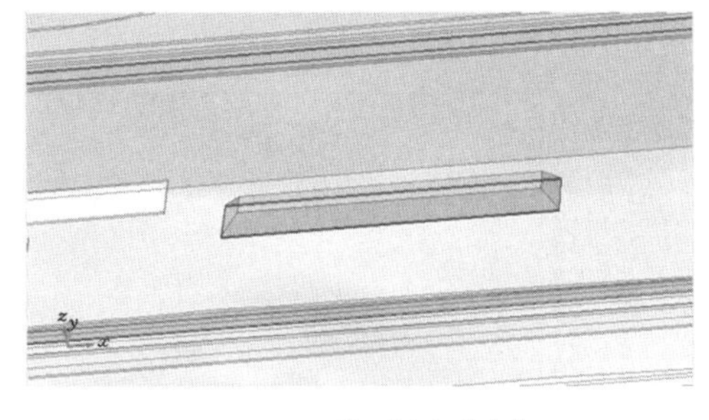

(b) 11609工作面导水裂隙带

图 3-27　导水裂隙带概化图

图 3-28　模型网格化图

模型求解器选择瞬态研究，其中“步长”一栏中，单位选“Ms”(月)，时间步设定为 range(0，1，12)，表示计算时间从 0 到 12 月，且每间隔一个月输出一次计算结果。

计算完成后通过表面积分工具直接实现涌水量预测，在模型中依次选中 11606 工作面及 11609 工作面上表面进行计算，所求表面积分值即为涌水量值，计算过程见图 3-29。整理统计数据，各时间点的表面积分值(矿井涌水量)见图 3-30。

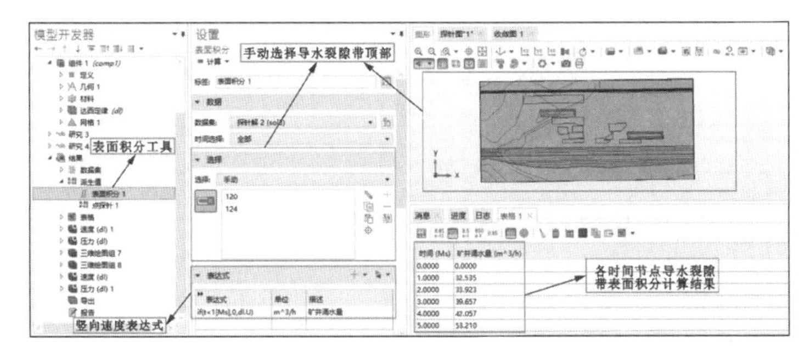

图 3-29　涌水量计算过程图

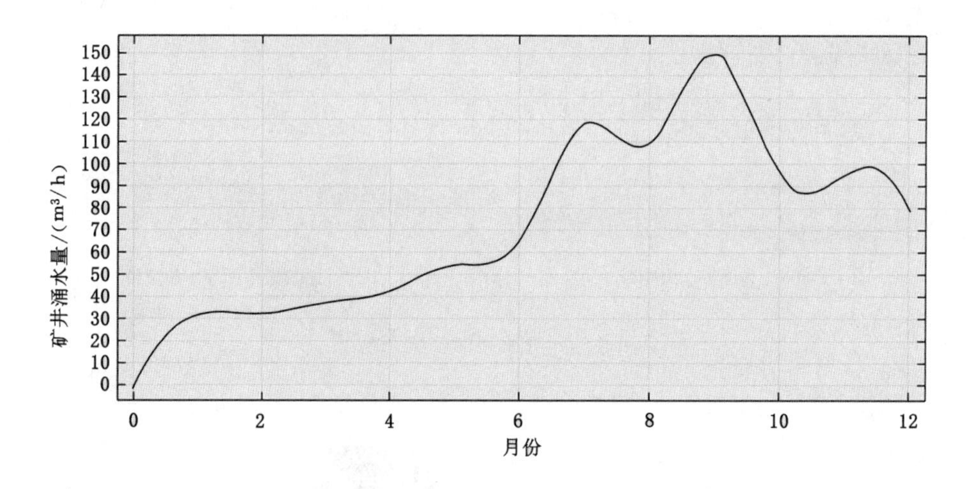

图 3-30　2014 年矿井涌水量模拟值变化曲线

统计青龙煤矿 2014 年每月的矿井涌水量实际值，将涌水量模拟值与实际值进行对比分析，结果见表 3-17。

表 3-17　涌水量模拟值与实际值误差分析

月份	涌水量模拟值/(m^3/h)	涌水量实际值/(m^3/h)	绝对误差/(m^3/h)	相对误差/%	平均相对误差/%	精度/%
1	33.4	35.0	1.6	4.57	4.87	95.13
2	34.1	35.9	1.8	5.01		
3	39.2	41.6	2.4	5.77		
4	44.2	46.0	1.8	3.91		
5	56.5	59.0	2.5	4.24		
6	66.4	70.5	4.1	5.82		
7	119.7	124.0	4.3	3.47		
8	110.4	117.9	7.5	6.36		
9	152.5	162.1	9.6	5.92		
10	97.1	103.2	6.1	5.91		
11	96.5	102.1	5.6	5.48		
12	80.6	82.2	1.6	1.95		

经计算，模型平均相对误差为 4.87％，模型涌水量拟合精度为 95.13％，模型精度基本符合要求。

对比分析矿井涌水量模拟值与实际值可知，矿井涌水量实际值总稍大于模拟值，其原因有以下几点：其一，此次数值模拟并未考虑 16 煤直接含水层即龙潭组弱含水层对涌水量的影响，随着工作面的扩大，采空区逐渐增多，龙潭组弱含水层对矿井涌水量的影响将逐渐增大，故此次数值模拟计算长兴灰岩涌水量稍小于矿井总涌水量；其二，矿井存在部分钻孔封闭质量不良情况，煤层开采波及至封闭不良钻孔时，会导致其他含水层的水涌入矿井；其三，长兴灰岩含水层岩溶较发育，发育有溶洞、暗河，据调查 11609 工作面导通长兴灰岩含水层时，发生了溶洞突水，推测此处地下水补给条件较好，而数值建模时并未考虑此处补给条件较好，也会导致矿井实际涌水量要大于模拟值。

3.3.4 矿井涌水量预测

3.3.4.1 矿井涌水量计算

在已经拟合好的 2014 年涌水量拟合模型基础上，继续预测 2022 年全年矿井涌水量。根据研究区巷道布置情况可知，2022 年将继续开采 21602 工作面，根据前文导水裂隙带高度研究可知该工作面导水裂隙带高度不会发育至长兴灰岩，故只需将 2004—2022 年间新开采的工作面添加至 2014 年的涌水量拟合模型中，每月降雨量取 2004—2022 年的月降雨量平均值，转换成质量通量，见表 3-18。模型选择瞬态求解器，时间步设定为 range(0,1,12)，单位为“Ms”(月)，计算完成后对 11606 工作面和 11609 工作面进行积分，将积分结果导出得 2022 年 1—12 月矿井涌水量变化曲线(图 3-31)和每月涌水量预测值(表 3-19)。

表 3-18 2022 年 1—12 月降雨量和质量通量输入情况

月份	降雨量/mm	质量通量/[kg/(m^2·d)]	月份	降雨量/mm	质量通量/[kg/(m^2·d)]
1	17.746 15	0.591 538	7	170.130 80	5.671 026
2	13.738 46	0.457 949	8	119.269 20	3.975 641
3	31.461 54	1.048 718	9	76.823 08	2.560 769
4	77.300 00	2.576 667	10	72.533 33	2.417 778
5	129.430 80	4.314 359	11	27.966 67	0.932 222
6	156.907 70	5.230 256	12	18.291 67	0.609 722

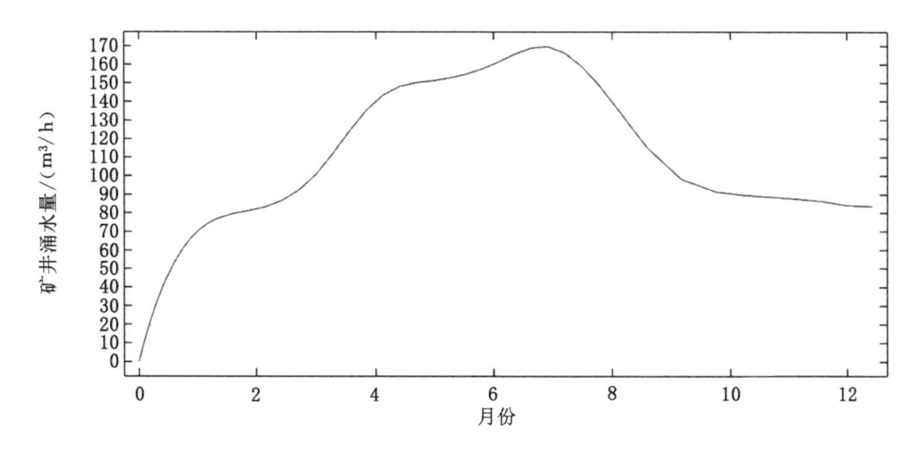

图 3-31 2022 年 1—12 月矿井涌水量预测变化曲线

表 3-19 2022 年 1—12 月矿井涌水量预测值

月份	涌水量预测值/(m^3/h)	月份	涌水量预测值/(m^3/h)
1	70.32	7	169.12
2	82.14	8	140.24
3	100.98	9	102.23
4	140.54	10	90.32
5	151.44	11	88.10
6	160.12	12	84.12

3.3.4.2 涌水动态过程分析

矿井涌水预测计算完成后，进一步对涌水动态过程进行分析，利用软件查看流场相关图片，地下水流线图和等水头线图见图 3-32。

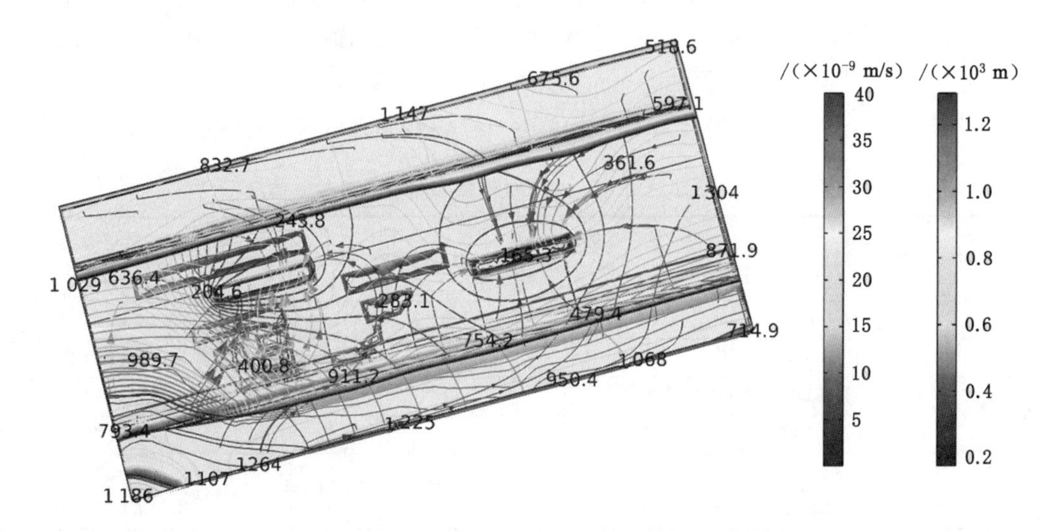

图 3-32 地下水流线图及等水头线图

分析矿区地下水流线图和等水头线图，发现导水裂隙带形成后矿区地下水流场发生较大改变，根据地下水流线可知长兴组含水层地下水从不同方向流向导水裂隙带，越靠近导水裂隙带 Darcy 速度越大，并且导水裂隙带所在区域和其他工作面均形成了地下水降落区，即以该工作面为辐射中心，水头向外部逐渐增加。同时发现导水裂隙带周边地下水降落区更大，水头下降程度更明显，其原因在于导水裂隙带孔隙率、渗透率远大于一般岩层，长兴灰岩含水层地下水以较快的流速沿导水裂隙带涌入工作面，导致导水裂隙带附近地下水水头降低，而周边地下水在水头差作用下流向此处，使得工作面顶板持续涌水，故导水裂隙带所在区域地下水降落区较大，且水头下降明显。其他未发生涌水的工作面周边地下水会在压力差作用下渗入工作面，工作面周边区域地下水减少，形成小范围地下水降落区。

对流场中流速相关图片进行切片处理，导水裂隙带附近地下水流速见图 3-33，导水裂隙带所在工作面地下水流速见图 3-34、图 3-35。

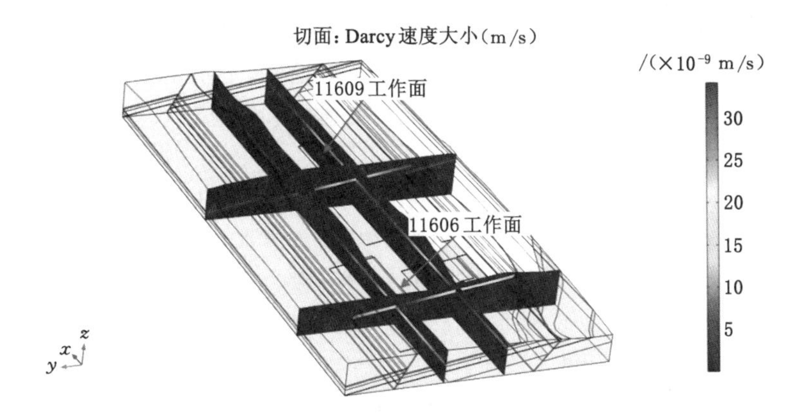

图 3-33 导水裂隙带附近地下水流速切面云图

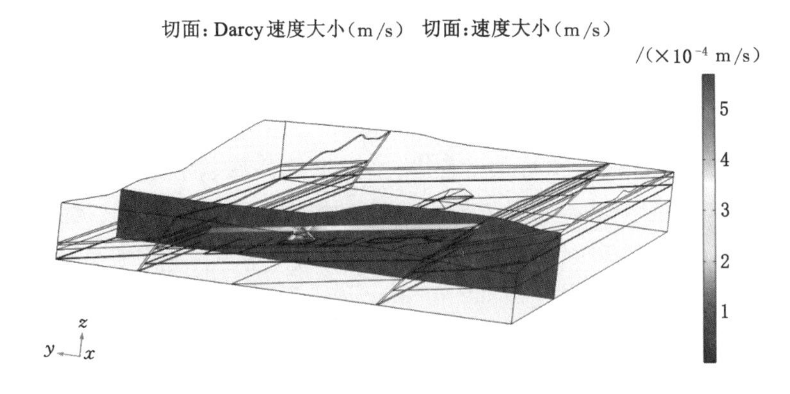

图 3-34 11606 工作面地下水流速切面云图

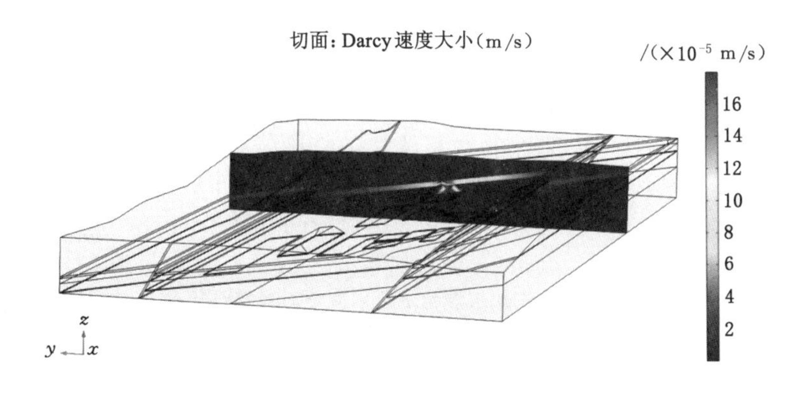

图 3-35 11609 工作面地下水流速切面云图

由导水裂隙带附近地下水速度切面云图可知，相较于其他含水层，长兴组含水层地下水流速较大。其原因一方面在于长兴组含水层大规模发育碳酸盐岩，渗透率和孔隙率较大，故地下水 Darcy 速度较大；另一方面是由于导水裂隙带的存在使得该区域长兴组地下水以较快的速度涌入工作面，导水裂隙带所在区域水头显著降低，周围地下水在水头差作用下渗流速度也有所增大。同时还发现越靠近导水裂隙带含水层地下水流速越快，原因在于此处为 Darcy 流与 Brinkman 流的耦合面附近，地下水由含水层中的 Darcy 流转为导水裂隙带中流速较大的 Brinkman 流，故此处地下水流速较快，这与前文 Darcy 速度场地下水流线图保持一致。

分析 11606 工作面和 11609 工作面地下水流速切面图，发现长兴组灰岩含水层与导水裂隙带接触区域水流速呈现两端大、中间小的规律，并且导水裂隙带中水流速明显大于含水层地下水流速，其原因在于导水裂隙带中岩石已变形破坏，孔隙率、渗透率较大，此时驱动地下水流动的因素有流速、压力以及重力，所以此区域内地下水流速较大。

3.3.5 其他方法预测矿井涌水量

将地下水数值模型与导水裂隙带数值模型耦合进行涌水量预测的相关研究极少，本次数值模拟研究具有一定的创新性，涌水量预测的准确性也值得进一步探讨。上文已利用数值法对 2014 年矿井涌水量进行拟合，故本节将通过大井法和灰色理论 GM(1,1)预测模型计算 2014 年矿井涌水量，通过对比分析大井法、灰色理论 GM(1,1)预测模型以及数值法预测结果的误差，对数值模拟的可靠性做深入分析。

3.3.5.1 大井法预测涌水量

大井法基本原理为：在矿井疏排水过程中，当地下水位稳定下降时，即可认为以矿井为中心形成的地下水辐射流场基本满足了地下水稳定井流的条件，可将形状复杂的巷道系统分布范围假设为一个理想大井，整个巷道系统的涌水量相当于大井的涌水量，可利用地下水动力学公式试求大井内的涌水量。

3.3.5.1.1 矿坑充水条件分析

本矿井开采时的充水含水层主要为顶板上层长兴灰岩含水层，长兴组灰岩岩溶较发育，富水性中等，开采时该层涌水将通过导水裂隙带进入矿井，故选用大井法对研究区长兴灰岩含水层涌水量进行计算。

3.3.5.1.2 涌水量计算

(1) 计算参数的选取

长兴组灰岩含水层渗透系数根据水文孔 B1102、B1302、ZJ3-1、Z4-3、Z9-3、Z3-1 长兴灰岩含水层抽水试验资料确定，采用算数平均法综合确定长兴灰岩含水层的平均渗透系数值为 0.077 m/d，参数统计见表 3-20。2014 年 12 月矿井开采面积达 878 472 m^2，由于矿井开采范围一般是不规则的，因此大井半径用近似圆计算，计算得 r 值为 528.9 m。

表 3-20 长兴组灰岩含水层水文地质参数统计表

孔号	B1102	B1302	ZJ3-1	Z4-3	Z9-3	Z3-1
渗透系数 K/(m/d)	0.000 170	0.002 996	0.005 420	0.072 800	0.375 650	0.003 000

根据研究区水文地质资料确定其他参数值：

M：采用长兴组含水层平均厚度 28.9 m；

H_1：含水层水位标高＋1 199.72 m(2015 年长兴组含水层钻孔水位标高)；

H_2：截止到 2014 年最低开采标高＋962.5 m；

S：$H_1-H_2=237.22$ m；

R:$R=10S\sqrt{K}+r=1\ 186.7$ m;

h_0:静水断面高度,取0值。

(2) 公式选择及预算结果

长兴组含水层具有一定的承压性,故采用大井法承压完整井公式计算,得研究区2014年12月矿井正常涌水量为:

$$Q=1.366\frac{K[(2S-M)M-h_0^2]}{\ln R-\ln r} \tag{3-8}$$

式中,Q为涌水量,m^3/h;K为渗透系数,m/d;S为水位降深,m;M为含水层厚度,m;h_0为静止水位,m;r为引用半径,m;R为引用影响半径,m。

将参数代入式(3-8)得矿井正常涌水量为119.78 m^3/h。

3.3.5.1.3 误差分析

2014年12月矿井实际涌水量为82.2 m^3/h,对大井法结果与矿井涌水量实际值进行对比分析,见表3-21。

表3-21 大井法涌水量误差分析

月份	实际值/(m^3/h)	公式值/(m^3/h)	绝对误差/(m^3/h)	相对误差/%
12	82.2	119.78	37.58	45.7

由大井法预测误差分析可知大井法预测效果不佳,预测结果偏大,预测相对误差为45.7%,其原因在于:其一,大井法对于矿区水文地质条件的概化十分简单,无法反映复杂水动力条件下的地下水运动特征,该方法适用于各向同性、均质、等厚的含水层,实际上长兴灰岩不可能完全均质、各向同性;其二,长兴组地下水涌入工作面的流速、流量随时间发生变化,其流动状态并非稳定流,采用稳定流公式计算会导致误差较大;其三,大井法将整个开采区域都视为导水通道,影响半径与实际差异很大,造成涌水量预测值偏大。

3.3.5.2 灰色理论预测模型

矿井涌水量预测是一个复杂的系统。矿井涌水量受水文、地质、降水量、开采程度及开采技术条件等诸多不完全、不确定或未知因素综合影响,属于一个灰色系统。在灰色系统理论中,最常用的就是GM(1,1)预测模型。它通过采用微分拟合的方法,对离散的、随机的时间序列原始数据信息进行累加累减动态处理,必要时再进行精度修正,从看似杂乱无序的原始数据中找出其中的规律性。灰色理论模型的提出,解决了传统建模方法不能对矿井涌水这种不确定系统做全面、连续、长期处理的难题。

3.3.5.2.1 灰色理论预测模型原理

(1) 数据检验与处理

为了使GM(1,1)预测模型精度更高,需对参与建模的数据进行检验与预处理。

计算数列的级比:

$$\xi(k)=k^{(0)}(k-1)/A^{(0)}(k)\quad k\in(2,3,\cdots,m) \tag{3-9}$$

检验计算的级比是否都在可容覆盖区间($e^{-2/(m+1)}$,$e^{2/(m+1)}$)内,若所有数据均在该区间内,则可以建立GM(1,1)模型进行预测。如果有数据未在该区间内,则需要对数据进行预处理,通过预处理可以削弱数据的波动变化,提高预测精度。数据预处理的方法有数据平滑法、数据开平方法、数据取对数法、算子强化及弱化法。此外，还可以通过对数据进行平移变换获得符合要求的数据列。

(2) 建立灰色理论 GM(1,1)模型

依据样本数据建立原始序列。对原始序列做累加处理，得到累加序列(AGO 序列) $A^{(1)}=(A^{(1)}(1),A^{(1)}(2),\cdots,A^{(1)}(m))$，AGO 的计算公式为：

$$A^{(1)}(k)=\sum_{n=1}^{k}A^{(0)}(n)\quad k=1,2,\cdots,m \tag{3-10}$$

建立白化形式的方程，GM(1,1)模型对应的一阶微分方程为：

$$\frac{\mathrm{d}A^{(1)}}{\mathrm{d}t}+aA^{(1)}=b \tag{3-11}$$

式中，a 为系统发展系数；b 为驱动系数。

使用最小二乘法，求得微分方程系数向量构造数据矩阵 $\boldsymbol{B}$，$\boldsymbol{Y}_{\mathrm{m}}$，其中：

$$\boldsymbol{B}=\begin{bmatrix}-0.5(A^{(1)}(1)+A^{(1)}(2)) & 1\\ -0.5(A^{(1)}(2)+A^{(1)}(3)) & 1\\ \cdots & \cdots\\ -0.5(A^{(1)}(n-1)+A^{(1)}(n)) & 1\end{bmatrix} \tag{3-12}$$

$$\boldsymbol{Y}_{\mathrm{m}}=(A^{(0)}(2),A^{(0)}(3),\cdots,A^{(0)}(m))^{\mathrm{T}} \tag{3-13}$$

设 $\hat{\boldsymbol{G}}$ 为未知参数向量，$\hat{\boldsymbol{G}}=[a,b]^{\mathrm{T}}$，根据最小二乘法可知：

$$\hat{\boldsymbol{G}}=(\boldsymbol{B}^{\mathrm{T}}\boldsymbol{B})^{-1}\boldsymbol{B}^{\mathrm{T}}\boldsymbol{Y}_{\mathrm{m}} \tag{3-14}$$

通过微分模型的解计算预测值：

$$\hat{\boldsymbol{A}}^{(1)}(t+1)=\left[A^{0}(1)-\frac{b}{a}\right]\mathrm{e}^{-at}+\frac{b}{a} \tag{3-15}$$

(3) 灰色理论 GM(1,1)模型的精度检验

对实测值和预测值之间的误差进行逐点检验，通过各点的相对残差值，可以计算出预测模型的精度值。其中，绝对误差序列为：

$$\Delta(k)=|A^{(0)}(k)-\hat{A}^{(0)}(k)|\quad k=1,2,\cdots,m \tag{3-16}$$

相对误差序列为：

$$\Delta(k)'=\frac{|\Delta(k)|}{A^{(0)}(k)} \tag{3-17}$$

平均相对误差为：

$$\bar{\delta}=\frac{1}{m}\sum_{k=1}^{m}\Delta(k)' \tag{3-18}$$

模型精度为：

$$F=(1-\bar{\delta})\times 100\% \tag{3-19}$$

式中，F 为模型精度，F 值越大，模型拟合效果越好。$F\geqslant 0.8$ 时，模型通过残差检验；$F<0.8$ 时，需要对模型原始数据进行调整，才可以进行预测。

3.3.5.2.2 涌水量 GM(1,1)预测模型

以 2013 年 1—12 月的矿井涌水量数据为基础(表 3-22)，考虑到灰色理论 GM(1,1)预测模型只能对短期矿井涌水量进行预测，故只预测 2014 年 1—6 月的矿井涌水量。

表 3-22　青龙煤矿 2013 年 1—12 月矿井涌水量

月份	1	2	3	4	5	6
涌水量/(m^3/h)	88.5	81.3	48.8	65.8	77.8	70.0
月份	7	8	9	10	11	12
涌水量/(m^3/h)	68.0	60.0	54.0	26.6	22.6	36.0

(1) 数据处理

根据表 3-22 可得原始数据列 $Y_0=(88.5,81.3,48.8,65.8,77.8,70.0,68.0,60.0,54.0,26.6,22.6,36.0)$，原始数据有 12 个，可容覆盖区间为(0.857,1.166)。

需对原始数据进行预处理，取对数函数，得到原始序列 $A^{(0)}=(4.48,4.40,3.89,4.19,4.35,4.25,4.22,4.09,3.99,3.28,3.12,3.58)$。

(2) 建立涌水量 GM(1,1)模型

按照公式对原始序列 $A^{(0)}$ 进行累加，得到累加序列 $A^{(1)}$，各个序列数据见表 3-23。

表 3-23　原始序列与累加序列

序号	1	2	3	4	5	6	7	8	9	10	11	12
$A^{(0)}$	4.48	4.40	3.89	4.19	4.35	4.25	4.22	4.09	3.99	3.28	3.12	3.58
$A^{(1)}$	4.48	8.88	12.77	16.96	21.31	25.56	29.78	33.87	37.86	41.14	44.26	47.84

根据式(3-11)，计算得 $a=0.024$，$b=4.594$。按照式(3-15)，可得涌水量预测模型：

$$\hat{A}^{(1)}(t+1)=-186.92e^{-0.024t}+191.4$$

根据预测模型可得涌水量预测值：

$$\hat{A}^{(1)}=(30.06,37.73,35.63,43.73,52.01,60.45)$$

(3) 残差检验

根据式(3-16)和式(3-17)得到绝对误差和相对误差(见表 3-24)，经计算，模型平均相对误差为 11%，模型精度 F 为 89%。

表 3-24　误差检验表

月份	涌水量/(m^3/h)		绝对误差/(m^3/h)	相对误差/%	平均相对误差/%	精度/%
	实际值	预测值				
1	35.0	30.06	4.94	14	11	89
2	35.9	37.73	1.83	5		
3	41.6	35.63	5.97	14		
4	46.0	43.73	2.27	5		
5	59.0	52.01	6.99	12		
6	70.5	60.45	10.05	14		

3.3.5.2.3　其他方法与数值模拟法预测误差对比分析

结合上文矿井涌水量数值模拟预测结果，将数值模拟法与其他方法预测结果进行对比，其中数值模拟法、大井法、灰色理论 GM(1,1)预测模型预测结果的平均相对误差分别为4.87%、45.7%、11%，故矿井涌水量预测效果最好的是数值模拟法，其次是灰色理论GM(1,1)预测模型，大井法预测效果最差，进一步验证了数值模拟的可靠性。分析原因在于：大井法是传统的涌水量预测方法，将矿井的整个开采系统假设为一个大井，并利用裘布依稳定流基本方程计算矿井涌水量，这种方法忽视了含水层与矿井之间的水力联系，尤其在青龙煤矿这种水文地质条件较为复杂的地区，往往会造成矿井涌水量计算结果明显大于实际值。同时大井法预测公式中渗透系数、含水层厚度取值受人为干扰较大，参数误差以及概化误差会降低涌水量求解的准确性。灰色理论 GM(1,1)预测模型可依据矿井涌水量原始数据建立微分方程所描述的动态模型，能够揭示涌水量数据内在规律，相对来说较大井法的预测结果更为科学，但是灰色理论 GM(1,1)预测模型更适合短期预测，预测时间越长，误差越大。数值模拟法在进行矿区三维水文地质模型构建时考虑了地下水补给排泄条件、岩层产状、水文地质参数及矿区边界条件，并将导水裂隙带和开采工作面耦合进模型中，通过流场拟合和涌水量拟合确保了参数的精确性，以此为基础计算出的涌水量更具可信度。

3.4 小结

矿井涌水量形成的主要原因是采矿引起的导水裂隙带沟通了富水含水层，引起了含水层中的地下水沿着导水裂隙带进入矿井，在这一过程中只有导水裂隙带到达含水层的位置会发生涌水，未到达的位置不会发生涌水。目前的涌水量预测方法均未考虑导水裂隙带发育高度这一因素，普遍将整个开采区均视作导水通道，造成计算结果失真。鉴于以上原因，本研究以典型煤矿为例，利用煤层埋深、煤层厚度、硬岩岩性比例系数 3 个因素对矿区的地质条件进行了差异性分区，并对不同地质条件下的导水裂隙带发育高度进行了数值模拟计算。在上述工作的基础上，构建了基于 Darcy 流、Brinkman 非 Darcy 流、Navier-Stokes 非线性流的矿井三维水文地质模型，并将导水裂隙带和开采工作面耦合进模型中，模拟了地下水沿导水裂隙带涌入采空区的动态过程，完成了矿井涌水量预测，并与传统方法进行了对比分析，论证了预测结果的准确性。研究工作系统地阐述了导水裂隙带在矿井涌水量预测过程中的作用及其实现过程，可以有效地提高矿井涌水量预测的精度，为相关领域的研究提供一定的依据和参考。

4　西南地区煤层顶板岩溶含水层富水性分区及突水危险性评价技术研究

我国西南地区是世界上最大的连片裸露碳酸盐岩分布区，在长期的岩溶作用下，该地区二叠系煤层顶板的吴家坪组、长兴组、夜郎组玉龙山段等碳酸盐岩地层广泛分布溶洞、洼地、落水洞、地下暗河等岩溶形态，煤层顶板岩溶含水层富水性强弱具有明显的空间分布不均一性、各向异性。煤层开采过程中，一旦顶板导水裂隙带发育高度到达强富水区域，极易造成矿井突水灾害。本章根据西南地区岩溶地下水赋存特征，在考虑各因素对含水层富水性影响程度的基础上，从岩溶发育程度、含水层岩性组合、地质构造及裂隙、含水层水文地质参数和地形地貌 5 个方面，确定了 12 项评价指标，构建了较全面的西南地区煤层顶板岩溶含水层富水性评价指标体系。在此基础上，基于 GIS 和网络层次分析法(ANP)建立了煤层顶板岩溶含水层富水性评价模型，实现了典型煤矿煤层顶板岩溶含水层富水性分区。同时进一步根据开采厚度、开采深度和岩性组合的空间分布差异，制作了导水裂隙带高度分区计算图，对不同地质条件下的煤层开采过程进行了数值模拟计算，得到典型煤矿导水裂隙带发育高度分区计算结果。利用导水裂隙带高度与目标含水层底板标高进行比较判断突水发生的可能性，当导水裂隙带到达含水层，则根据含水层富水性的强弱判断突水危险性的大小，以此为原则，对典型煤矿煤层顶板突水危险性进行了分区评价。

4.1　研究区概况

4.1.1　交通位置

研究区小屯煤矿位于贵州省大方县县城南部大约 6 km，行政区划隶属大方县小屯乡、羊场镇管辖。研究区范围北至园方、落水洞、中寨一线以南，南至贵毕公路，东至中寨、叉冲、滑石村一线，西到达园方—龙潭口一线。北至北纬 27°6′32.47″，南抵北纬 27°4′32.47″，东西向长 3～4 km，经度为 105°34′4.13″～105°37′18.17″。

4.1.2　地质条件

4.1.2.1　地层岩性

从钻孔揭露地层来看，研究区内主要发育地层为二叠系、三叠系和第四系地层，由老到新为二叠系中统茅口组、二叠系上统峨眉山玄武岩组、二叠系上统龙潭组、二叠系上统长兴组、三叠系下统夜郎组和第四系。矿区内地层及具体地层岩性见表 4-1。

表 4-1 研究区地层简表

系	统	组	段	主要岩性	厚度/m
第四系(Q)				坡积物等	0～22
三叠系	下统	夜郎组(T_1y)	九级滩段(T_1y^3)	泥质粉砂岩	0～137
			玉龙山段(T_1y^2)	厚层状灰岩及中厚层状泥质灰岩	81.60～185.00/121.40
			沙堡湾段(T_1y^1)	厚层状灰岩夹钙质泥岩及泥质灰岩	33.27～71.42/57.92
二叠系(P)	上统(P_3)	长兴组(P_3c)		燧石灰岩	9.70～21.35/13.95
		龙潭组(P_3l)	上段	薄层泥质粉砂岩、粉砂岩、细砂岩、泥岩互层及煤层	23.54～61.39/45.27
			下段	薄层泥质粉砂岩、粉砂岩、细砂岩、泥岩互层及煤层	113.96～159.11/132.67
		峨眉山玄武岩组($P_3\beta$)		玄武岩	0～80
	中统(P_2)	茅口组(P_2m)		灰色薄～中厚层状灰岩	未完全揭露

4.1.2.2 地质构造

矿区位于扬子板块川滇黔盆地黔北断拱大方背斜东翼，羊厂坝向斜西侧。矿区总体呈一宽缓的单斜构造，地层走向呈 25°～35°，倾向南东，倾角 8°～10°。矿区北西部煤系浅部地段受褶皱及断层影响局部倾角达 20°～40°；矿区中部发育有北东～南西向断裂组。

4.1.3 水文地质条件

根据研究区地层岩性、含水介质特征及地下水动力条件，将区域内的地下水类型划分为碳酸盐岩岩溶水、基岩裂隙水和松散岩孔隙水 3 种类型。对矿山安全开采带来威胁的煤层顶板含水层为三叠系下统夜郎组玉龙山段岩溶含水层和二叠系上统长兴组岩溶含水层，这两套地层的水文地质性质如下：

(1) 三叠系下统夜郎组玉龙山段(T_1y^2)：玉龙山段地层分为上、下两个亚段，总厚度为 81.60～185.00 m，平均厚度 121.40 m。上亚段岩性为块状灰岩，富水性中等。下亚段岩性主要为泥质灰岩、粉砂质泥岩及钙质泥岩薄层，为相对隔水层。

(2) 二叠系上统长兴组(P_3c)：研究区内未见长兴组地层出露，从钻孔揭露地层情况来看，长兴组地层厚度为 9.70～21.35 m，以厚层状灰岩为主，含少量燧石结核。

4.2　煤层顶板岩溶含水层富水性评价

4.2.1　富水性影响因素分析

煤层顶板含水层的富水性是评价煤层顶板突水危险性的主要条件。研究区内龙潭组煤层顶板含水层主要为长兴组和夜郎组玉龙山段岩溶含水层，现有的研究中对均质含水层富水性的研究较多，对西南地区煤层顶板岩溶含水层富水性研究较少。岩溶含水层富水性的控制机理复杂，受控因素较多，本书在考虑因素可以随空间域变化及其对含水层富水性影响程度的基础上，根据西南岩溶地区水文地质特点，从岩溶发育程度、含水层岩性组合、地质构造及裂隙发育、含水层水文地质参数和地形地貌 5 个方面出发，构建了较全面的西南地区煤层顶板岩溶含水层富水性评价指标体系，具体如下。

4.2.1.1　岩溶发育程度

4.2.1.1.1　岩溶率

岩溶率的含义是在一定地区内，可溶岩有岩溶现象的部分与其余部分的比值，可反映碳酸盐岩分布区在一定地段内的岩溶发育程度。根据统计方法的不同，分为线岩溶率、面岩溶率和体积岩溶率 3 种，本书以线岩溶率作为评判指标，见下式：

$$K=\sum D/H \tag{4-1}$$

式中，K 表示线岩溶率；$\sum D$ 表示见洞隙的钻探进尺之和；H 表示钻探总进尺。

4.2.1.1.2　地表岩溶形态分布密度

西南地区碳酸盐岩出露面积广大，落水洞、岩溶洼地、岩溶漏斗、地下河天窗等岩溶形态广泛分布，这些岩溶形态是区域大气降雨补给地下含水层的主要通道，因此，本书将每平方千米内个体岩溶形态发育的数量定义为地表岩溶形态分布密度，作为衡量岩溶发育程度的指标之一。

4.2.1.1.3　地下暗河和溶洞分布

西南地区岩溶充水矿床的一个显著特点是含水性强弱具有明显的空间分布不均一性，而地下暗河和溶洞是该区域地下水的重要储水空间，且地下水与大气降雨及地表水系水力联系密切，流量受大气降雨控制明显，暴雨后的暗河和溶洞给矿井的安全开采带来了极大威胁，因此，在富水性评价过程中需要对暗河和溶洞进行重点分析。

4.2.1.2　含水层岩性组合

4.2.1.2.1　碳酸盐岩比例系数

由于强烈的溶蚀作用，碳酸盐岩为含水层存储地下水提供了空间。在西南地区，碳酸盐岩富水性普遍强于非碳酸盐岩，为了有效地刻画含水层中碳酸盐岩对富水性的重要控制作用，本书提出将碳酸盐岩比例系数，即含水层中碳酸盐岩厚度与该地层总厚度的比值作为富水性评价指标，见下式：

$$L_c=\sum h/H \tag{4-2}$$

式中，L_c 表示碳酸盐岩比例系数；$\sum h$ 表示碳酸盐岩总厚度；H 表示含水层总厚度。

4.2.1.2.2　单位厚度碳酸盐岩岩层比

碳酸盐岩与非碳酸盐岩的互层在西南岩溶含水层中比较常见，非碳酸盐岩的存在阻碍了地下水向下的溶蚀，不利于岩溶的垂向发育，这一现象可以通过单位厚度含水层中碳酸盐岩岩层数与岩层总数的比值来反映，本书将其定义为单位厚度碳酸盐岩岩层比，其计算过程如下：

$$L_b = N/H \tag{4-3}$$

$$N = N_c/N_t \tag{4-4}$$

式中，L_b 表示单位厚度碳酸盐岩岩层比；H 表示含水层厚度；N 表示碳酸盐岩岩层比；N_c 表示碳酸盐岩岩层数；N_t 表示岩层总数。

4.2.1.3 地形地貌

地形地貌对岩溶地下水的控制作用主要体现在对地下水补给和储存条件的影响，不同的地貌成因类型，岩溶发育程度和地下水汇聚能力有明显差异，在岩溶发育条件好，易于汇聚地下水的区域，地下水资源通常更加丰富。本书将地形地貌作为富水性评价因素之一，并按照成因类型将地形地貌划分为构造-溶蚀、构造-侵蚀、侵蚀-剥蚀以及侵蚀-堆积 4 种类型。

除了以上指标外，地质构造和水文地质参数也是确定岩溶含水层富水性的重要指标，这类指标目前已有较多研究成果，本书综合了现有研究成果，建立了岩溶地区煤层顶板岩溶含水层富水性评价指标体系，其中构造分维值是通过对地质构造的空间展布特征进行统计来定量描述区域构造的发育程度，计算步骤为：首先将构造迹线投绘到制图软件中，再将研究区划分为若干个边长为 r 的正方形网格，统计构造迹线通过网格的数目 $N(r)$。然后缩小网格边长至 $r/2$，再次统计迹线所通过网格的数目 $N(r_2)$，以此类推，统计通过网格边长为 r/i 的迹线数目 $N(r_i)$，并将统计的数目投放到 $\lg N(r_i)$-$\lg r$ 的坐标系中，拟合数据得到该网格的构造分维值 D_s[式(4-5)]。最后以网格中心坐标和 D_s 值进行插值分析，得到研究区构造分维值专题图。

$$D_s = \dim F(r) = \lim_{r \to 0} \frac{\lg N(r_i)}{-\lg r} \tag{4-5}$$

4.2.2 数据处理

4.2.2.1 正向化处理

评价指标中单位厚度碳酸盐岩岩层比与煤层顶板岩溶含水富水性呈负相关关系，单位厚度碳酸盐岩岩层比越大，富水性越小，利用倒数法[式(4-6)]对指标数据进行正向化处理。

$$Z_i = \frac{1}{x_i} \tag{4-6}$$

式中，Z_i 表示正向化值；x_i 表示原始值。

4.2.2.2 归一化处理

为了避免评价指标的不同量纲对评价结果的影响，使各个指标具有统计意义和可比性，根据下式对数据进行归一化处理：

$$x' = \frac{x - x_{min}}{x_{max} - x_{min}} \tag{4-7}$$

式中，x'表示归一化值；x 表示实测值；x_{max}表示最大值；x_{min}表示最小值。

4.2.3 评价指标专题图建立

以富水性评价指标处理后的数据为基础，基于 ArcGIS 软件建立煤层顶板岩溶含水层富水性评价指标空间数据库，并利用软件的空间分析功能，制作各富水性因素专题图，如图 4-1～图 4-17 所示。

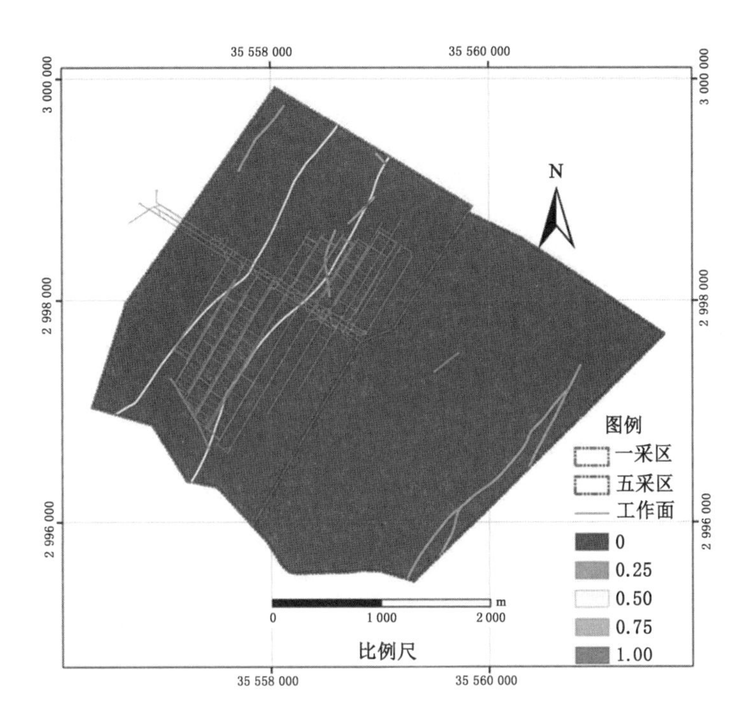

图 4-1 断层与褶皱分布专题图

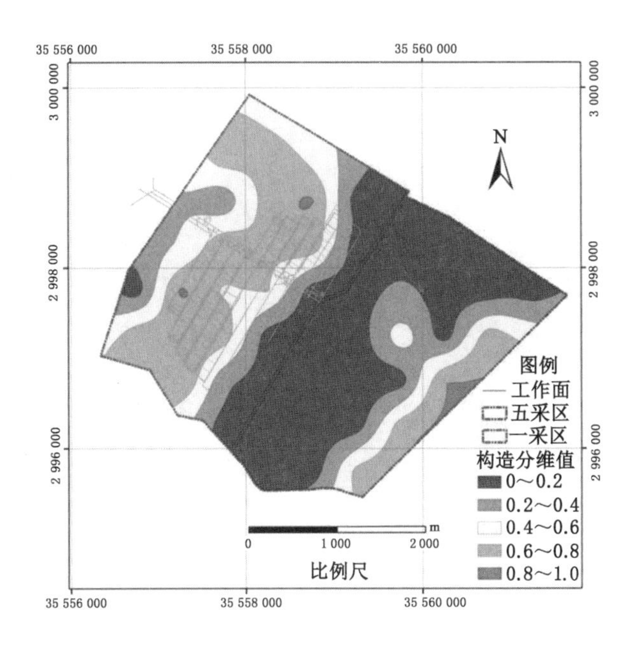

图 4-2 构造分维值专题图

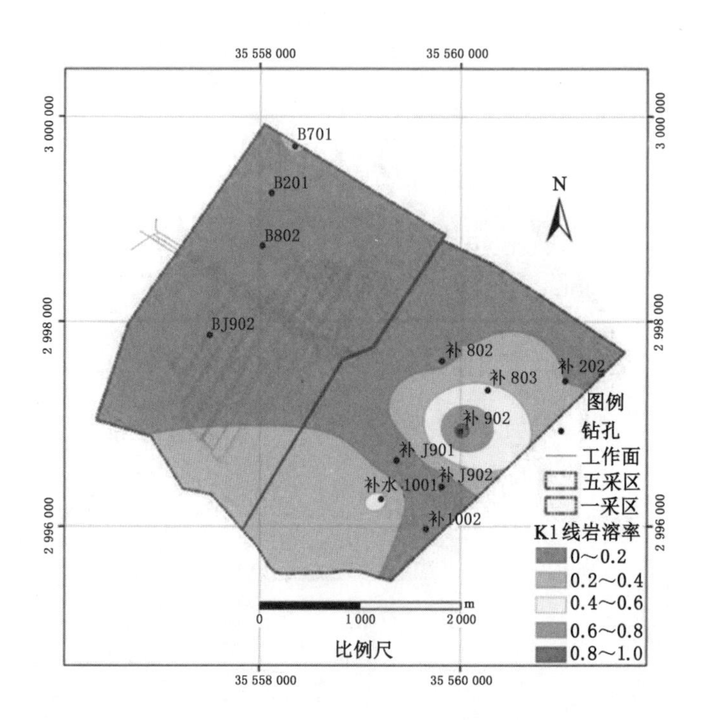

图 4-3 玉龙山段岩溶率专题图

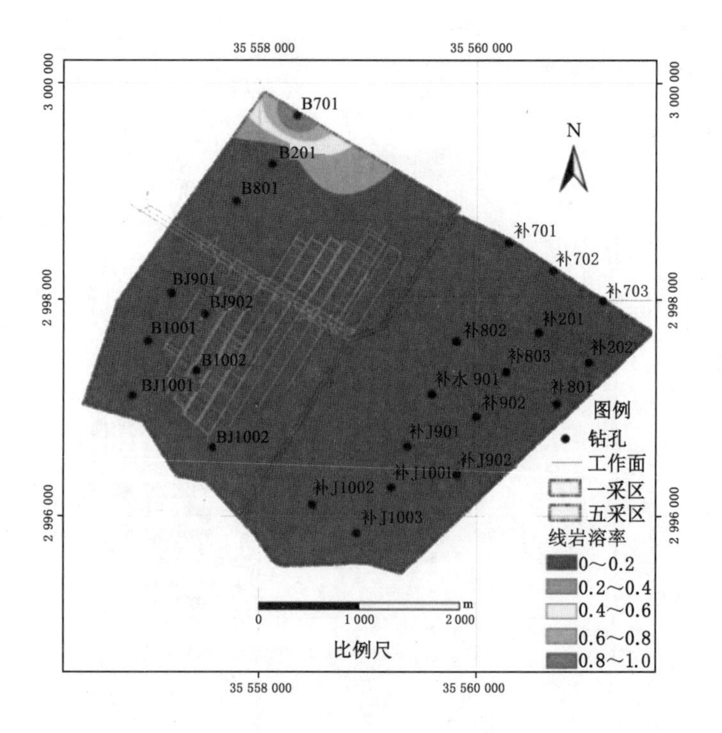

图 4-4 长兴组岩溶率专题图

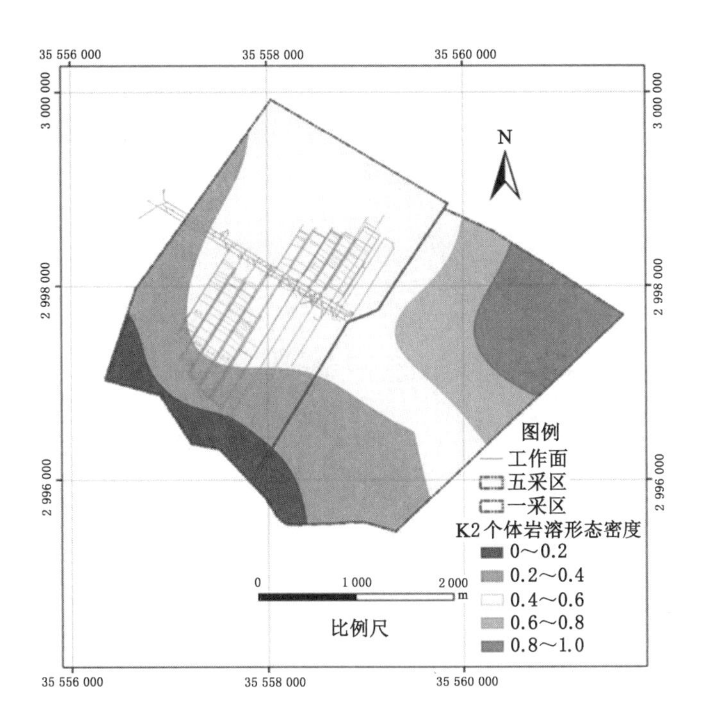

图 4-5 岩溶形态分布密度专题图

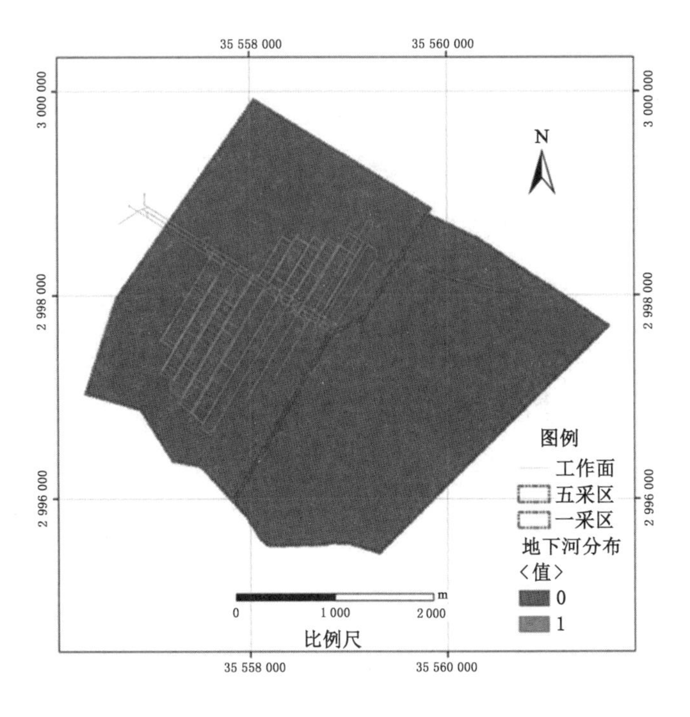

图 4-6 地下河专题图

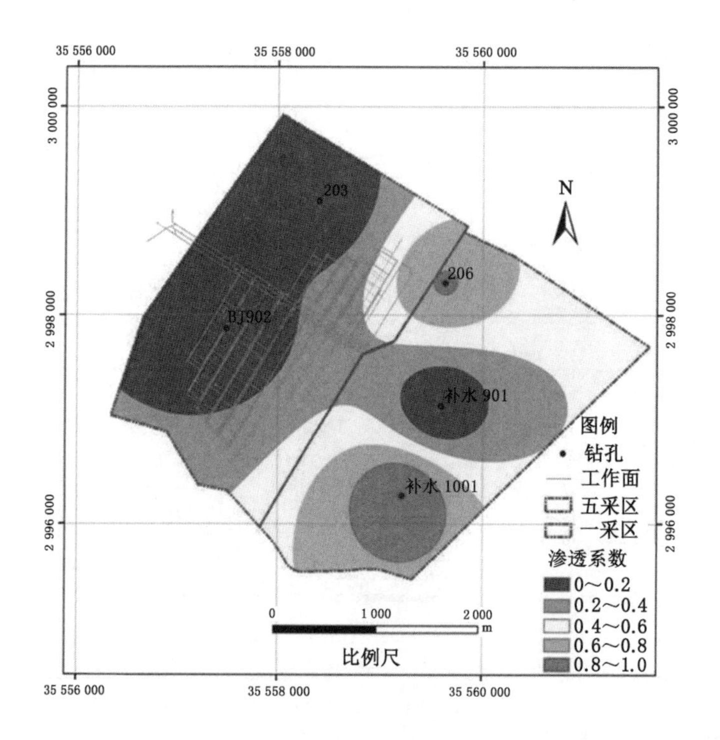

图 4-7 玉龙山段渗透系数专题图

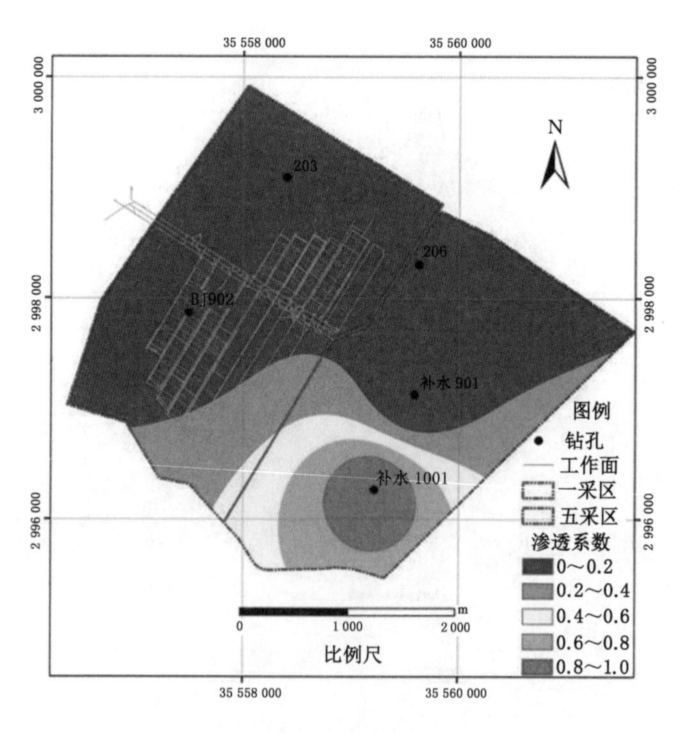

图 4-8 长兴组渗透系数专题图

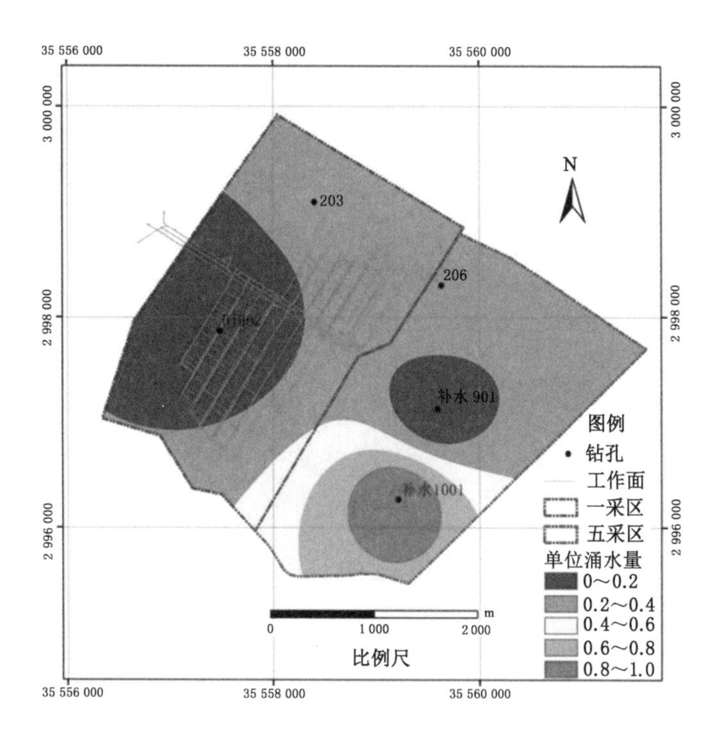

图 4-9 玉龙山段单位涌水量专题图

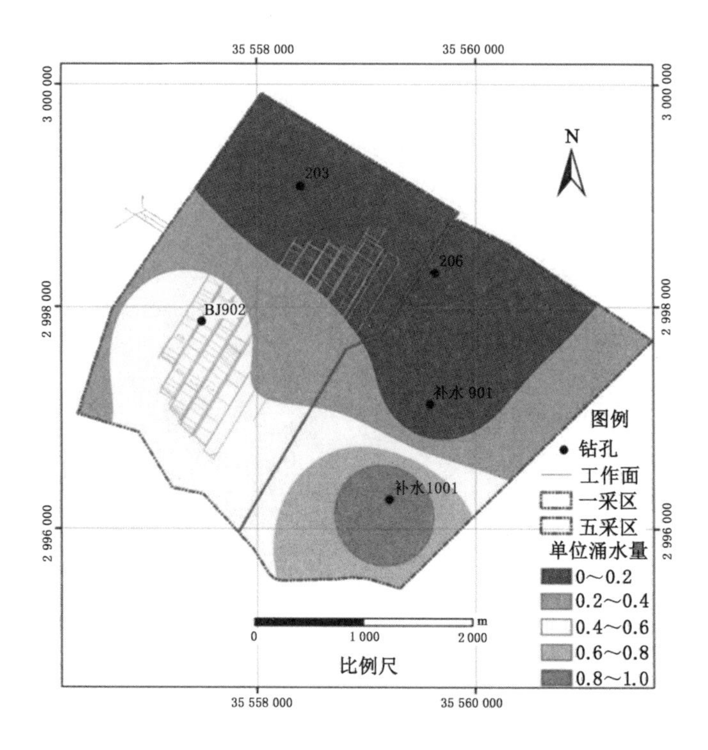

图 4-10 长兴组单位涌水量专题图

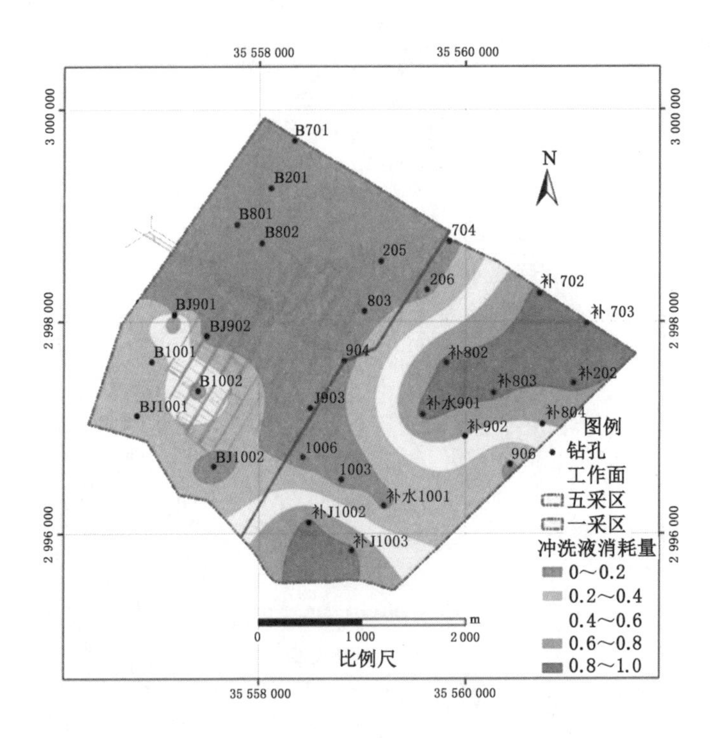

图 4-11　玉龙山段冲洗液消耗量专题图

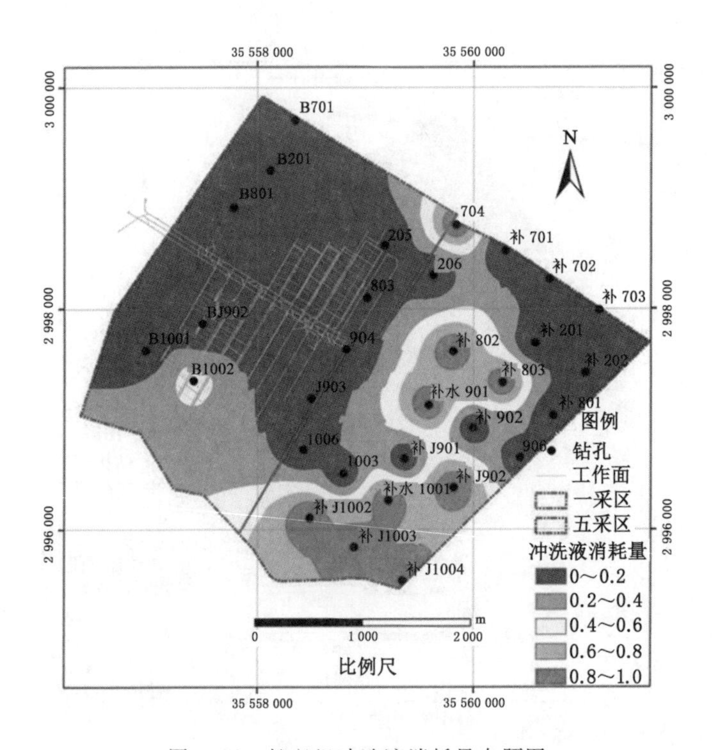

图 4-12　长兴组冲洗液消耗量专题图

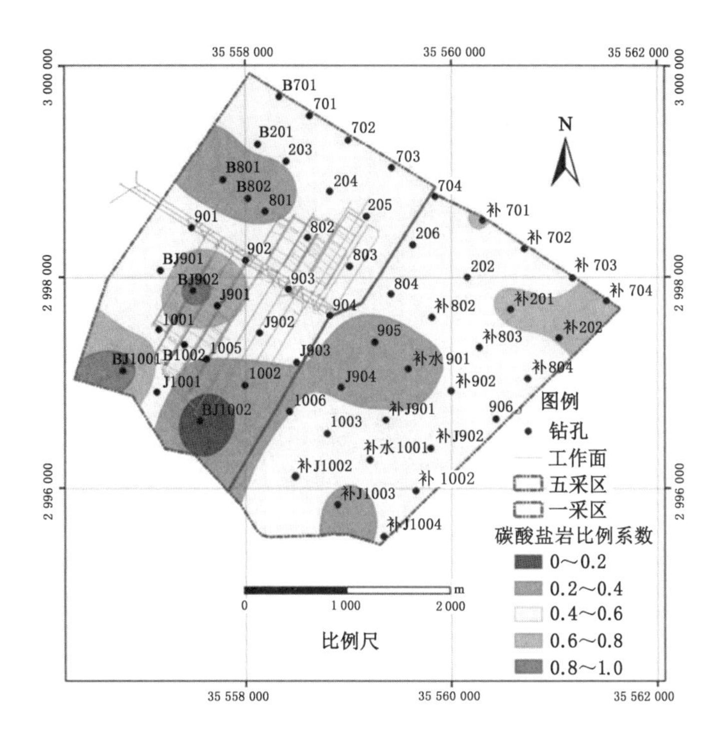

图 4-13　玉龙山段碳酸盐岩比例系数

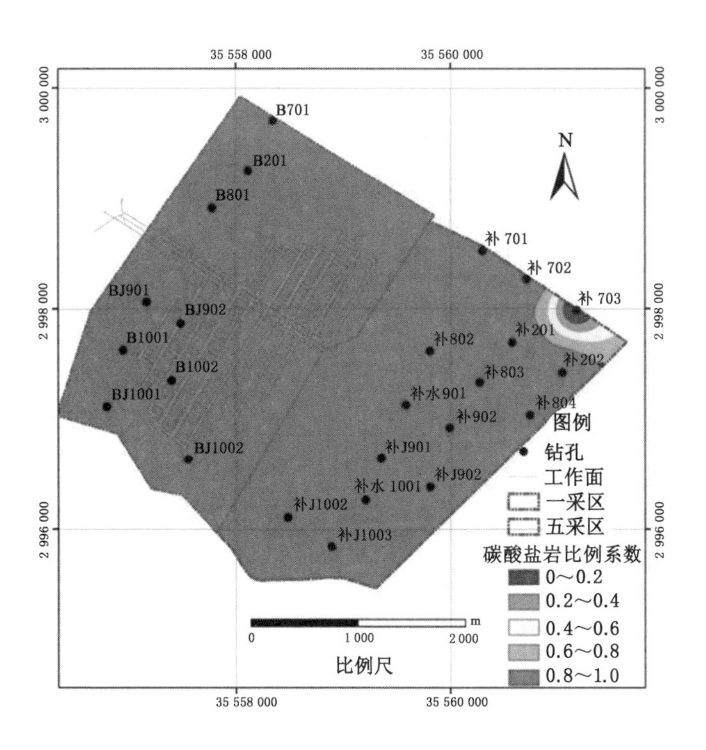

图 4-14　长兴组段碳酸盐岩比例系数

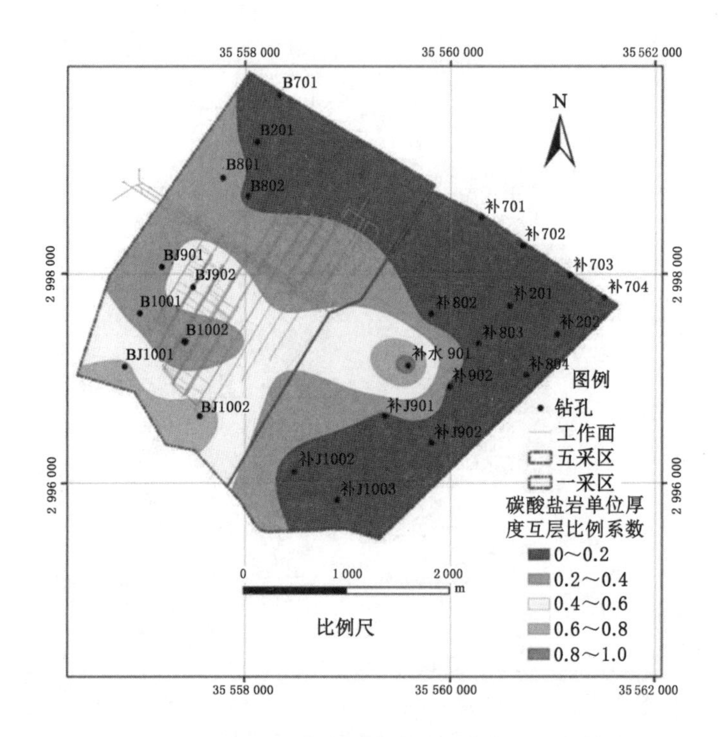

图 4-15　玉龙山段单位厚度碳酸盐岩岩层比专题图

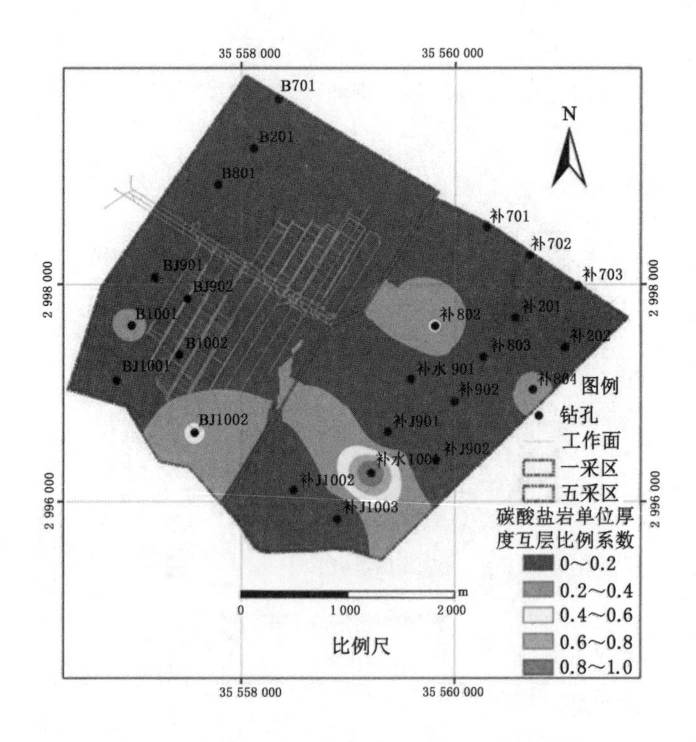

图 4-16　长兴组单位厚度碳酸盐岩岩层比专题图

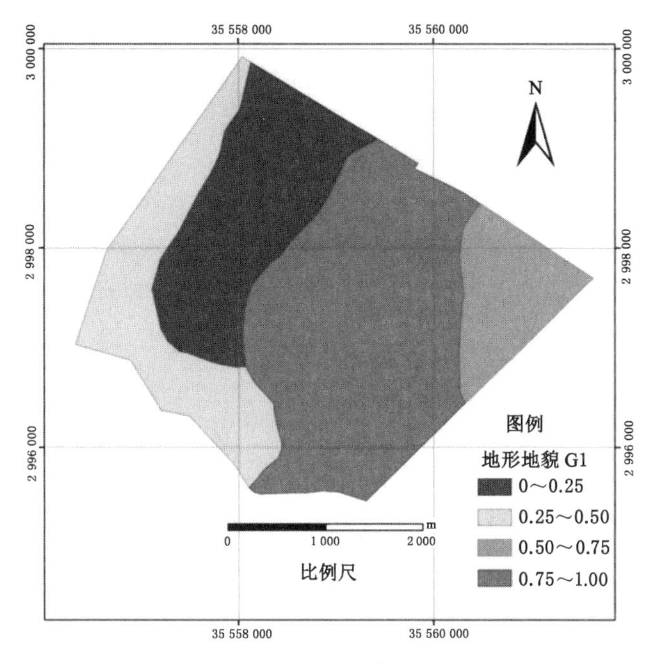

图 4-17　地形地貌专题图

4.2.4　网络层次分析法概述

4.2.4.1　网络层次分析法决策步骤

ANP[56-60]考虑了决策目标、决策准则和影响因素之间的层次性，以及各层次结构内部循环的依赖性和反馈性。ANP 网络共分为两个部分：上部的控制层和下部的网络层。控制层包括决策目标和决策准则，决策准则受到决策目标控制；网络层由元素组网络组成，元素组受准则层支配。网络层中分析各个指标间的依赖和反馈关系是 ANP 中的关键核心，用正向箭头和反向箭头分别表示依赖和反馈，连接各指标构建出网络结构。如图 4-18 所示为一个典型的 ANP 网络结构。

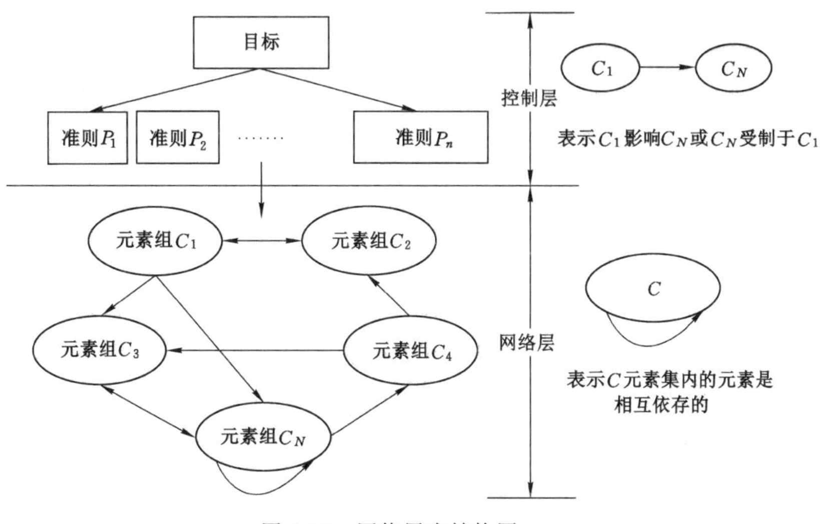

图 4-18　网络层次结构图

4.2.4.2 ANP 算法步骤

4.2.4.2.1 分析问题

首先对需要决策的问题进行综合分析，整理出对决策问题有影响的元素和元素组合，对选出的元素分析其相互间是否存在依赖和反馈关系。

4.2.4.2.2 构造 ANP 的典型结构

将要决策的问题作为目标层，将各影响决策的一级影响因素作为准则层，目标层和准则层共同组成 ANP 网络结构的上层部分。控制层中准则指标各对应一元素组，根据第一步分析问题的结果，构建元素组内部元素、元素组间的关系网络，即 ANP 网络中的下层网络结构。

4.2.4.2.3 构造 ANP 网络超矩阵

设准则层中共有 m 个元素，记作 $P_1, P_2, \cdots, P_m$；网络层中有元素组 N 个，记作 $U_1, U_2, \cdots, U_N$，U_i 中元素记作 $u_{i1}, u_{i2}, \cdots, u_{in_i}$ $(i=1,2,\cdots,N)$。以准则层中元素 $P_s(s=1,2,\cdots,m)$ 为准则，元素组 $U_j(j=1,2,\cdots,N)$ 中的元素 $u_{jk}(k=1,2,\cdots,n_j)$ 为次准则，将元素 U_i 中的元素按对于 u_{jk} 的重要度两两相互比较，得到判断矩阵，通过专家咨询法或会议讨论形式，结合 Satty 教授的九分法来标度。然后用特征根法求得排序向量 $[\boldsymbol{w}_{i1}^{(jk)}, \boldsymbol{w}_{i2}^{(jk)}, \cdots, \boldsymbol{w}_{in_i}^{(jk)}]^{\mathrm{T}}$，对矩阵进行一致性检验，通过检验说明矩阵排列合理，则继续将 P_s 作为准则，元素组 U_j 中其他元素作为次准则，求得其排序向量，得到局部的权重向量矩阵：

$$\boldsymbol{W}_{ij} = \begin{bmatrix} \boldsymbol{w}_{i1}^{(j1)} & \boldsymbol{w}_{i1}^{(j2)} & \cdots & \boldsymbol{w}_{i1}^{(jn_j)} \\ \boldsymbol{w}_{i2}^{(j1)} & \boldsymbol{w}_{i2}^{(j2)} & \cdots & \boldsymbol{w}_{i2}^{(jn_j)} \\ \vdots & \vdots & \vdots & \vdots \\ \boldsymbol{w}_{in_i}^{(j1)} & \boldsymbol{w}_{in_i}^{(j2)} & \cdots & \boldsymbol{w}_{in_i}^{(jn_j)} \end{bmatrix} \tag{4-8}$$

在上列的矩阵 $\boldsymbol{W}_{ij}$ 中，每一列代表 U_i 中的元素 $u_{i1}, u_{i2}, \cdots, u_{in_i}$，对 U_j 中元素 $u_{jk}(k=1, 2,\cdots,n_j)$ 的重要度排序向量。如果 U_j 中的元素不受 U_i 中元素的影响，则 $\boldsymbol{W}_{ij}=0$。以 $i=1,2,\cdots,N$ 和 $j=1,2,\cdots,N$ 重复以上步骤得到 N 行 N 列的超级矩阵 $\boldsymbol{W}$，该矩阵中每一个元素都为一个权重向量矩阵 $\boldsymbol{W}_{ij}$，即：

$$\boldsymbol{W} = \begin{bmatrix} \boldsymbol{W}_{11} & \boldsymbol{W}_{12} & \cdots & \boldsymbol{W}_{1N} \\ \boldsymbol{W}_{21} & \boldsymbol{W}_{22} & \cdots & \boldsymbol{W}_{2N} \\ \vdots & \vdots & \vdots & \vdots \\ \boldsymbol{W}_{N1} & \boldsymbol{W}_{N2} & \cdots & \boldsymbol{W}_{NN} \end{bmatrix} \tag{4-9}$$

由于上式超级矩阵 $\boldsymbol{W}$ 中的每一个元素为一个局部权重列向量矩阵 $\boldsymbol{W}_{ij}$，而每个局部权重列向量矩阵 $\boldsymbol{W}_{ij}$ 中的列向量和为 1，而当超级矩阵 $\boldsymbol{W}$ 中的每一个元素按照 $\boldsymbol{W}_{ij}$ 展开时，得到的列向量并不为 1，为了计算方便，要对超级矩阵 $\boldsymbol{W}$ 的列向量进行归一化处理，即将 $\boldsymbol{W}$ 的元素加权，得到加权超矩阵 $\overline{\boldsymbol{W}}$。

对加权超矩阵 $\overline{\boldsymbol{W}}$ 进行稳定处理得到极限超矩阵 $\boldsymbol{W}^{\infty}$：

$$\boldsymbol{W}^{\infty} = \lim_{k\to\infty}(1/N)\sum_{k=1}^{N}\overline{\boldsymbol{W}}^{k} \tag{4-10}$$

若该极限唯一收敛，则说明该极限矩阵稳定。当上述极限矩阵稳定时，矩阵每一列数值相同，代表在该维度上的长度，即该影响因素的权重，从而得到所有元素对决策目标的权重值。

4.2.5 基于 ANP 的富水性评价指标权重计算

4.2.5.1 网络模型

结合网络层次分析法，以富水性评价为评价目标，以地质构造及裂隙(Gs)、岩溶发育程度(K)、水文地质参数(H)、岩性组合(L)以及地形地貌(G)为评价准则，各评价指标作为网络层。网络层由各评价准则下层评价元素组成，元素组中的元素除了对相应的评价准则有影响外，还有受限制或影响其他元素组的可能，将每个元素分别按行列排列两两做比对，将对相互有联系的打勾，做出评价元素相关性分析表，见表 4-2。

表 4-2 评价元素关联性分析表

影响因素		地质构造及裂隙			岩溶发育程度			岩性组合		水文地质参数			地形地貌
		Gs1	Gs2	Gs3	K1	K2	K3	L1	L2	H1	H2	H3	G1
地质构造及裂隙	Gs1	√			√		√						√
	Gs2	√		√	√		√						√
	Gs3	√	√		√								
岩溶发育程度	K1	√	√				√	√	√			√	√
	K2	√	√		√		√	√				√	√
	K3	√	√	√	√	√		√	√		√		
岩性组合	L1	√							√				√
	L2	√											√
水文地质参数	H1	√		√	√		√						
	H2	√		√	√			√	√	√			
	H3	√		√	√			√					
地形地貌	G1	√				√	√	√	√				

根据表 4-2 建立的影响或者依存关系，利用 Super Decision 软件构建富水性评价网络模型，见图 4-19。

4.2.5.2 二级评价指标重要度

依据富水性评估指标关联情况表对二级影响因素所影响的三级被影响因素进行计数，即将作为影响因素的所有二级指标对应的三级影响因素中划了“√”的三级被影响因素进行计数，最终得到一个二维表，见表 4-3。

根据二级指标关联情况(表 4-3)，构建二级指标两两比较矩阵，即只要相应计数大于 0，就必须建立两两比较矩阵，根据富水性评价二级指标两两比较矩阵，设计用于获取二级指标重要度的调查表，以 H 为例，如表 4-4 所示。按照构造判断矩阵的方法，构建本例的二级指标判断矩阵，如表 4-5 所示。

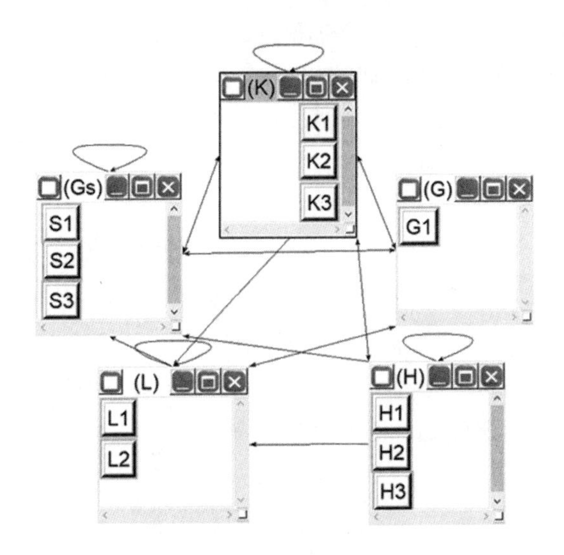

图 4-19　富水性评价 ANP 网络结构图

表 4-3　富水性评价二级指标关联情况

影响因素	地质构造及裂隙	岩溶发育程度	岩性组合	水文地质参数	地形地貌
地质构造及裂隙	5	5	0	0	2
岩溶发育程度	7	5	5	3	2
岩性组合	2	0	1	0	2
水文地质参数	6	4	3	1	0
地形地貌	1	2	2	0	0

表 4-4　富水性评价指标 H 重要度调查表

影响因子			同等	中间值	稍大	中间值	明显	中间值	强烈	中间值	极端
			1	2	3	4	5	6	7	8	9
H	Gs	H									
		K									
		L									
	H	K									
		L									
	K	L									

调查说明：顶部为权重赋值，左列为相比较指标。请在左列相比较指标的相应空格中打“+”或者“−”，其中：“+”表示正关系，“−”表示负关系

根据表 4-4 调查结果指示，利用 Super Decision 软件建立问卷重要度设置，并通过一致性检验优化评价指标重要程度，直到一致性检验系数 CR<0.1。

以地质构造及裂隙(Gs)为例，与其有关的二级指标有地形地貌(G)；地质构造及裂隙

(Gs)也在该指标的下层指标有相互影响元素；岩溶发育程度(K)。地质构造及裂隙(Gs)比地形地貌(G)明显重要，两者相比时地质构造及裂隙(Gs)得5分，根据判断矩阵可知，地形地貌(G)得1/5分，以此类推，结果如表4-5所示。

表4-5　Gs判断矩阵

Gs	Gs	K	G
Gs	1	1	5
K	1	1	4
G	1/5	1/4	1

通过软件计算得到CR=0<0.1，通过一致性检验，重要度排列合理，并得到Gs指标下重要度向量$\boldsymbol{r}_{Gs}$={0.105 26　0.473 68　0.421 05}，见图4-20。同理得到其他二级指标判断矩阵以及重要度向量。

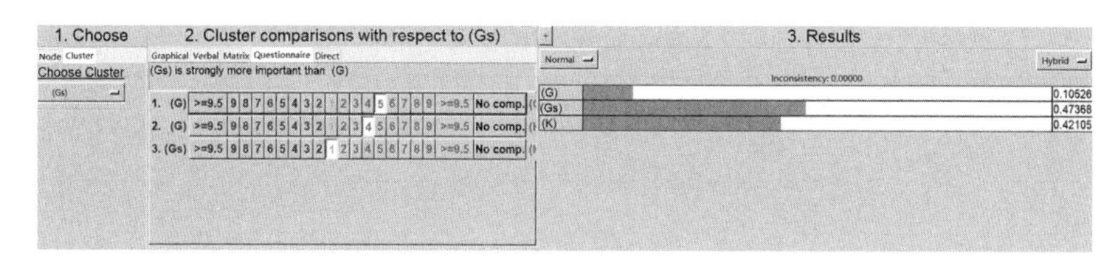

图4-20　基于Super Decision的Gs影响指标重要度计算

通过软件计算得到CR=0.046 8<0.1，通过一致性检验，重要度排列合理，并得到K指标下重要度向量$\boldsymbol{r}_{K}$={0.247 56　0.221 23　0.098 77　0.371 06　0.061 39}，见表4-6。

表4-6　K判断矩阵

K	Gs	K	L	H	G
Gs	1	1	2	1	4
K	1	1	3	1/3	4
L	1/2	1/3	1	4	2
H	1	3	1/4	1	4
G	1/4	1/4	1/2	1/4	1

通过软件计算得到CR=0<0.1，通过一致性检验，重要度排列合理，并得到L指标下重要度向量$\boldsymbol{r}_{L}$={0.500 00　0.250 00　0.250 00}，见表4-7。

表4-7　L判断矩阵

L	Gs	L	G
Gs	1	2	2
L	1/2	1	1
G	1/2	1	1

通过软件计算得到 CR=0.045 44<0.1，通过一致性检验，重要度排列合理，并得到 H 指标下重要度向量 r_H={0.390 52　0.195 26　0.138 07　0.276 14}，见表 4-8。

表 4-8　H 判断矩阵

H	Gs	K	L	H
Gs	1	2	2	2
K	1/2	1	2	1/2
L	1/2	1/2	1	1/2
H	1/2	2	2	1

通过软件计算得到 CR=0<0.1，通过一致性检验，重要度排列合理，并得到 G 指标下重要度向量 r_G={0.473 68　0.421 05　0.105 26}，见表 4-9。

表 4-9　G 判断矩阵

G	Gs	K	L
Gs	1	1	5
K	1	1	4
L	1/5	1/4	1

依据表 4-2(评价元素关联性分析表)对三级被影响因素进行计数运算，即将作为影响因素的三级指标中划了“√”的三级被影响因素进行计数，最终得到一个二维表，如表 4-10 所示。

表 4-10　富水性评价三级指标关联情况

影响因素		被影响因素				
		地质构造及裂隙(Gs)	岩溶发育程度(K)	岩性组合(L)	水文地质参数(H)	地形地貌(G)
地质构造及裂隙(Gs)	Gs1	1	2	0	0	1
	Gs2	2	2	0	0	1
	Gs3	2	1	0	0	0
岩溶发育程度(K)	K1	2	1	2	1	1
	K2	2	2	1	1	1
	K3	3	2	2	1	0
岩性组合(L)	L1	1	0	1	0	1
	L2	1	0	0	0	1
水文地质参数(H)	H1	2	2	0	0	0
	H2	2	1	2	1	0
	H3	2	1	1	0	0
地形地貌(G)	G1	1	2	2	0	0

根据三级指标关联情况，构建三级指标两两比较矩阵，即只要相应计数大于 1，就必须建立两两比较矩阵，按照构造判断矩阵的方法，构建判断矩阵。例如在 Gs 二级指标下的 Gs1 三级指标需要构建矩阵。这里的计算方法与二级指标一致，故不再赘述。

4.2.5.3 权重确定及富水性综合评价

依据上节中富水性指标关联性的计算，根据重要度矩阵做出未加权矩阵，见表 4-11。

表 4-11 未加权超矩阵

	G1	Gs1	Gs2	Gs3	H1	H2	H3	K1	K2	K3	L1	L2
G1	0.000 00	1.000 00	0.000 00	0.000 00	0.000 00	1.000 00	0.000 00	0.000 00	1.000 00	0.000 00	1.000 00	1.000 00
Gs1	1.000 00	0.630 10	0.750 00	0.833 33	1.000 00	0.800 00	1.000 00	1.000 00	1.000 00	1.000 00	0.000 00	0.000 00
Gs2	0.000 00	0.151 46	0.000 00	0.166 67	0.000 00	0.000 00	0.000 00	0.000 00	0.000 00	0.000 00	0.000 00	0.000 00
Gs3	0.000 00	0.218 44	0.250 00	0.000 00	0.000 00	0.200 00	0.000 00	0.000 00	0.000 00	0.000 00	0.000 00	0.000 00
H1	0.000 00	0.000 00	0.000 00	0.000 00	0.000 00	0.363 64	0.000 00	0.100 00	0.780 49	0.229 31	0.800 00	0.583 33
H2	1.000 00	0.000 00	0.000 00	0.000 00	1.000 00	0.454 54	0.615 38	0.900 00	0.000 00	0.550 35	0.000 00	0.000 00
H3	0.000 00	0.000 00	0.000 00	0.000 00	0.000 00	0.181 82	0.384 61	0.000 00	0.219 51	0.220 33	0.200 00	0.416 67
K1	0.000 00	0.000 00	0.000 00	0.000 00	0.000 00	0.310 81	0.583 33	1.000 00	0.000 00	0.262 21	0.500 00	0.917 43
K2	0.250 00	0.000 00	0.000 00	0.000 00	0.000 00	0.493 39	0.000 00	0.000 00	1.000 00	0.239 28	0.500 00	0.082 57
K3	0.750 00	1.000 00	0.000 00	0.000 00	0.000 00	0.195 80	0.416 67	0.000 00	0.000 00	0.498 50	0.000 00	0.000 00
L1	0.666 67	0.000 00	0.000 00	0.000 00	0.705 88	0.622 64	0.666 67	0.800 00	0.250 00	0.523 81	0.000 00	0.000 00
L2	0.333 33	0.000 00	0.000 00	0.000 00	0.294 12	0.377 36	0.333 33	0.200 00	0.750 00	0.476 19	1.000 00	0.000 00

然后计算加权矩阵，见表 4-12。

表 4-12 加权超矩阵

	G1	Gs1	Gs2	Gs3	H1	H2	H3	K1	K2	K3	L1	L2
G1	0.000 00	0.052 63	0.000 00	0.000 00	0.000 00	0.109 10	0.000 00	0.000 00	0.059 55	0.000 00	0.200 32	0.271 74
Gs1	0.151 52	0.298 47	0.750 00	0.833 33	0.434 94	0.232 09	0.325 64	0.234 12	0.220 18	0.234 12	0.000 00	0.000 00
Gs2	0.000 00	0.071 74	0.000 00	0.166 67	0.000 00	0.000 00	0.000 00	0.000 00	0.000 00	0.000 00	0.000 00	0.000 00
Gs3	0.000 00	0.103 47	0.250 00	0.000 00	0.000 00	0.058 02	0.000 00	0.000 00	0.000 00	0.000 00	0.000 00	0.000 00
H1	0.000 00	0.000 00	0.000 00	0.000 00	0.000 00	0.075 71	0.000 00	0.029 78	0.218 58	0.068 29	0.237 18	0.234 60
H2	0.292 93	0.000 00	0.000 00	0.000 00	0.312 15	0.094 64	0.143 82	0.268 01	0.000 00	0.163 89	0.000 00	0.000 00
H3	0.000 00	0.000 00	0.000 00	0.000 00	0.000 00	0.037 86	0.089 89	0.000 00	0.061 48	0.065 61	0.059 30	0.167 57
K1	0.000 00	0.000 00	0.000 00	0.000 00	0.000 00	0.069 58	0.146 59	0.260 04	0.000 00	0.068 18	0.120 19	0.299 16
K2	0.063 13	0.000 00	0.000 00	0.000 00	0.000 00	0.110 46	0.000 00	0.000 00	0.244 55	0.062 22	0.120 19	0.026 92
K3	0.189 39	0.473 68	0.000 00	0.000 00	0.000 00	0.043 84	0.104 71	0.000 00	0.000 00	0.129 63	0.000 00	0.000 00
L1	0.202 02	0.000 00	0.000 00	0.000 00	0.178 52	0.105 04	0.126 24	0.166 44	0.048 92	0.108 98	0.000 00	0.000 00
L2	0.101 01	0.000 00	0.000 00	0.000 00	0.074 39	0.063 66	0.063 12	0.041 61	0.146 75	0.099 07	0.262 82	0.000 00

接着计算极限矩阵，见表 4-13。

表 4-13　极限超矩阵

	G1	Gs1	Gs2	Gs3	H1	H2	H3	K1	K2	K3	L1	L2
G1	0.058 46	0.058 46	0.058 46	0.058 46	0.058 46	0.058 46	0.058 46	0.058 46	0.058 46	0.058 46	0.058 46	0.058 46
Gs1	0.217 42	0.217 42	0.217 42	0.217 42	0.217 42	0.217 42	0.217 42	0.217 42	0.217 42	0.217 42	0.217 42	0.217 42
Gs2	0.025 81	0.025 81	0.025 81	0.025 81	0.025 81	0.025 81	0.025 81	0.025 81	0.025 81	0.025 81	0.025 81	0.025 81
Gs3	0.039 72	0.039 72	0.039 72	0.039 72	0.039 72	0.039 72	0.039 72	0.039 72	0.039 72	0.039 72	0.039 72	0.039 72
H1	0.062 16	0.062 16	0.062 16	0.062 16	0.062 16	0.062 16	0.062 16	0.062 16	0.062 16	0.062 16	0.062 16	0.062 16
H2	0.096 51	0.096 51	0.096 51	0.096 51	0.096 51	0.096 51	0.096 51	0.096 51	0.096 51	0.096 51	0.096 51	0.096 51
H3	0.035 37	0.035 37	0.035 37	0.035 37	0.035 37	0.035 37	0.035 37	0.035 37	0.035 37	0.035 37	0.035 37	0.035 37
K1	0.068 38	0.068 38	0.068 38	0.068 38	0.068 38	0.068 38	0.068 38	0.068 38	0.068 38	0.068 38	0.068 38	0.068 38
K2	0.046 08	0.046 08	0.046 08	0.046 08	0.046 08	0.046 08	0.046 08	0.046 08	0.046 08	0.046 08	0.046 08	0.046 08
K3	0.217 38	0.217 38	0.217 38	0.217 38	0.217 38	0.217 38	0.217 38	0.217 38	0.217 38	0.217 38	0.217 38	0.217 38
L1	0.069 39	0.069 39	0.069 39	0.069 39	0.069 39	0.069 39	0.069 39	0.069 39	0.069 39	0.069 39	0.069 39	0.069 39
L2	0.063 33	0.063 33	0.063 33	0.063 33	0.063 33	0.063 33	0.063 33	0.063 33	0.063 33	0.063 33	0.063 33	0.063 33

表 4-13 各列数值相同，代表矩阵各维度特征值，即评价富水性的各评价指标所对应的值，也就是所要求的各指标权重。

4.2.6　富水性分区评价

在进行多因素拟合分析之前，应用 GIS 技术的信息叠加功能将各评价指标专题图进行复合叠加，把各个指标的信息存储层复合成一个信息存储层，形成包含所有指标信息的叠加单元格。然后根据富水性评价模型[式(4-11)]，计算各叠加单元的富水性综合评价指数。再运用 GIS 软件中的 Natural Breaks 分级法对其分级，将其富水性划分为 5 个分区，见图 4-21 和图 4-22。

$$WI=\sum_{i=1}^{n} w_i \cdot f_i(x,y) \tag{4-11}$$

式中，WI 为富水性指数；$f_i(x,y)$ 为各指标函数值；w_i 为各指标对应权重；n 为总的指标数；i 为指标序号；x，y 为空间坐标。

从图 4-21 和图 4-22 来看，夜郎组玉龙山段含水层富水性的总体趋势为一采区低五采区高，西北侧低东南侧高，中间穿插各富水性构造、断层交点和地下河，富水性高，富水性渐变趋势与岩层总体倾向一致，总体来说东南部大型断层发育，富水性高，西北一侧相对较弱。长兴组含水层富水性的总体趋势为南高北低，中间穿插各富水性构造、断层交点和地下河，总体来说东南部富水性最高，北一侧相对较弱。

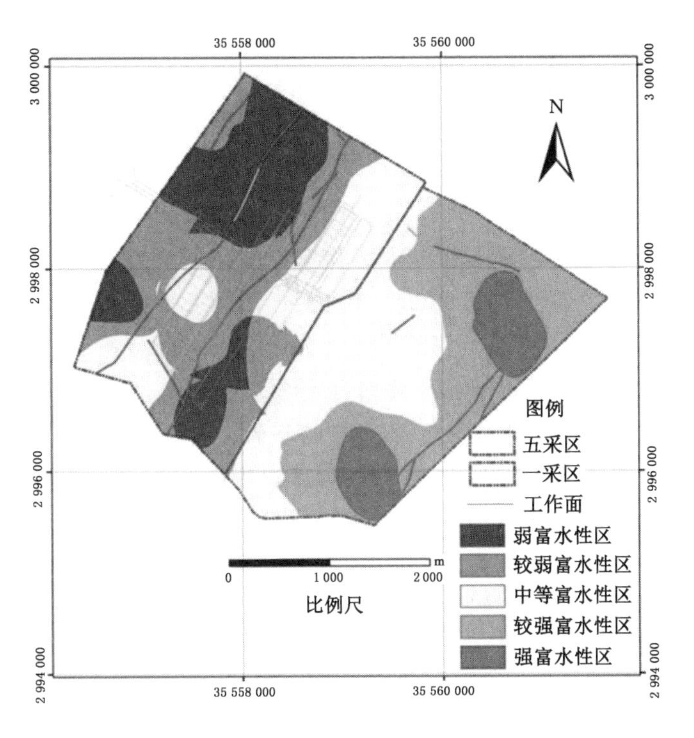

图 4-21 玉龙山段富水性分区图

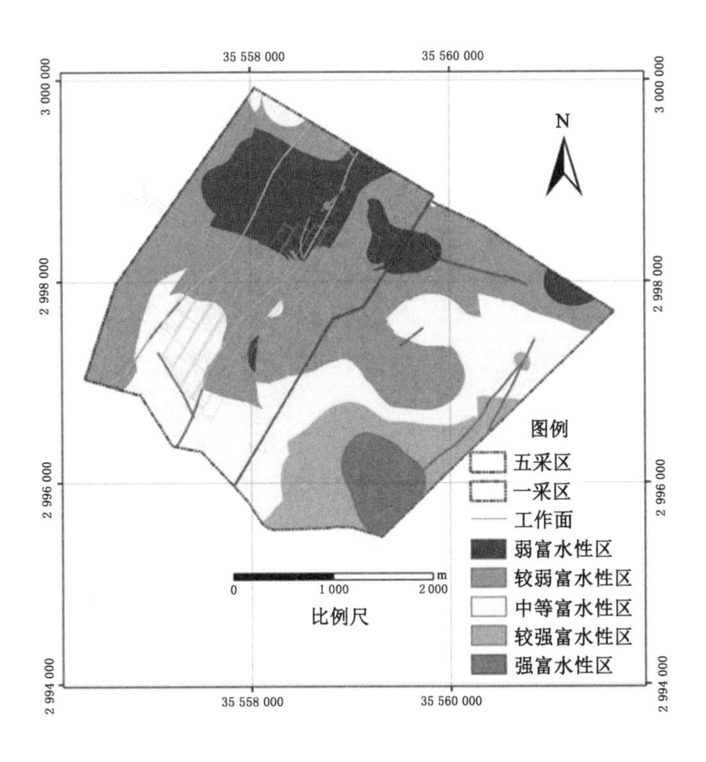

图 4-22 长兴组富水性分区图

4.3 覆岩冒裂煤层顶板突水危险性评价

4.3.1 覆岩冒裂导水裂隙带发育高度研究

4.3.1.1 导水裂隙带发育条件分区

大量研究表明，随着开采厚度、开采深度、顶板岩性组合、煤层倾角、开采方法、工作面跨度等因素的变化，导水裂隙带发育高度也会发生变化。小屯煤矿的开采方式和煤层倾角在评价区不存在明显差异，故本书在对该矿区地质钻孔进行统计的基础上，根据开采厚度、开采深度和顶板岩性组合的空间分布差异，制作了导水裂隙带高度分区计算图。研究区煤层厚度总体趋势为从北到南呈条带状分布，按此规律将研究区分为 4 个大区，平均煤层厚度为Ⅱ区＞Ⅳ区＞Ⅲ区＞Ⅰ区。Ⅱ区中Ⅱ$_{-1}$区煤层开采深度约为 200 m，远小于Ⅱ$_{-2}$区和Ⅱ$_{-3}$区的 300 m 左右的开采深度，同时Ⅱ$_{-2}$区煤层厚度又明显大于Ⅱ$_{-3}$区，故此将Ⅱ区划分为Ⅱ$_{-1}$、Ⅱ$_{-2}$、Ⅱ$_{-3}$ 3 个亚区。Ⅲ区中Ⅲ$_{-2}$区是全区顶板岩性组合最复杂的区域，软硬互层数最多，故此将Ⅲ区进一步划分为Ⅲ$_{-1}$和Ⅲ$_{-2}$ 2 个亚区。具体分区见图 4-23。

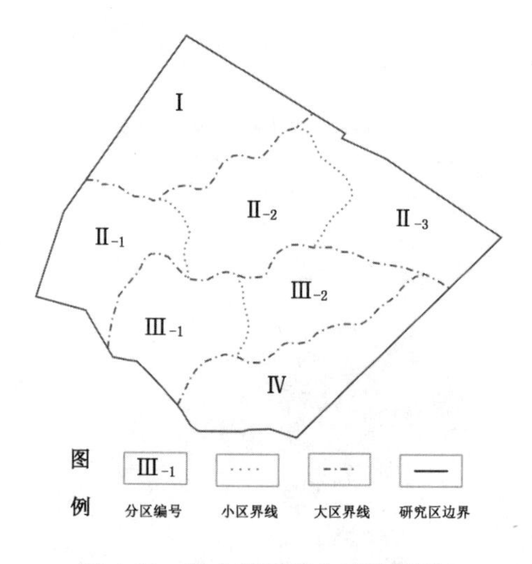

图 4-23 导水裂隙带分区计算图

4.3.1.2 顶板导水裂隙带数值模型建立

4.3.1.2.1 模拟方案

以钻孔资料作为模拟参数来源，工作面采空区范围为模拟开采范围，对 6 中煤及以上的地层按实测值产状和厚度建立地质模型，用 FLAC3D 软件[61]进行模拟，模拟在初始地质条件下(无开采影响)分步开挖对煤层覆岩的影响，研究 6 中煤开采覆岩的应力、位移及塑性区的空间演化规律，进而判断导水裂隙带发育高度。

4.3.1.2.2 数值模型建立

本书以小屯煤矿一采区 16$_{中}$ 05 工作面为模型，应用 FLAC3D 软件模拟该工作面的地层岩性，包括厚度、产状和岩层力学特征参数等。FLAC3D 软件模型求解一般流程如图 4-24 所示。

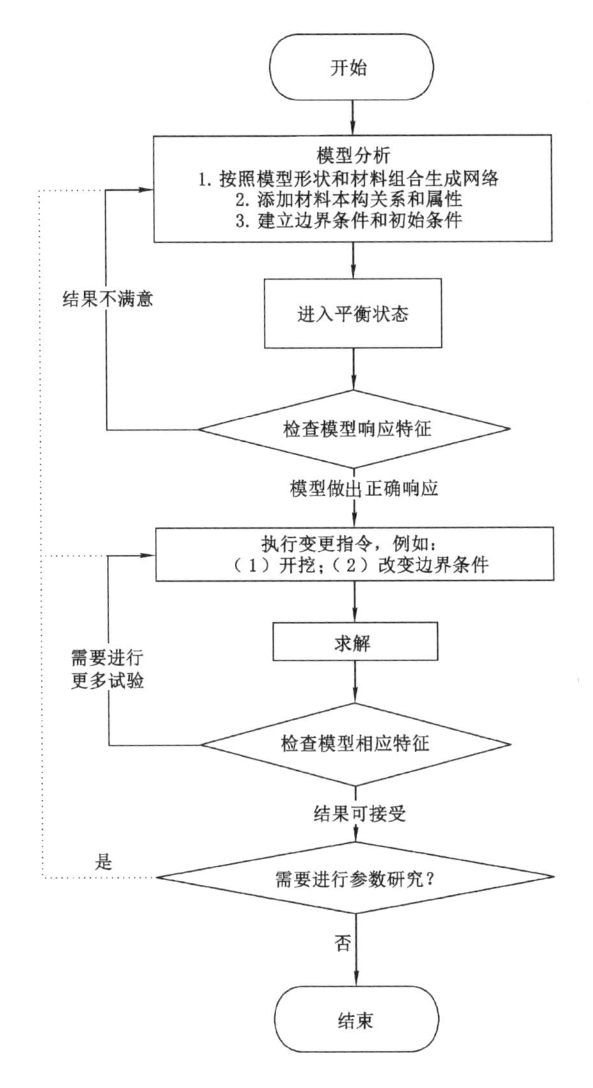

图 4-24　FLAC3D 的一般求解流程

该工作面沿地层走向方向掘进，平均倾角 6°，宽 150 m，长 300 m。为了消除边界条件的影响，在走向上距离左边界 100 m 开始开挖，距离右边界 100 m 停止开挖。类似的，倾向方向的开挖设置在距离边界 50 m 以内。工作面高度为 6 中煤向下 40 m 至地表标高。根据相近的 BJ902 钻孔和勘测剖面，建立相应地质模型并划分网格，共计 78 934 个网格、66 138 个节点，再对各岩层赋值后进行模拟开挖计算，得到模型如图 4-25 所示。

有限差分网格的划分是 FLAC3D 进行分析计算的前提，利用节点坐标生成地质体的模型网格，并对龙潭组地层进行加密处理。FLAC3D 中要对岩土体进行数值模拟，需要确定相应块体的参数以模拟对应材料。在本节主要对 $16_{中}$ 05 工作面进行模拟，在模型体中以不同地层为一个分组，主要模拟 6 中煤以上岩层，包括龙潭组泥质粉砂岩、粉砂质泥岩、细砂岩，煤系地层，长兴组灰岩，沙堡湾段泥质粉砂岩，玉龙山段灰岩以及第四系和底部岩层。在 FLAC3D 中共包含 11 种材料本构模型，按岩土体特征，选取摩尔-库仑模型进行分析，其表

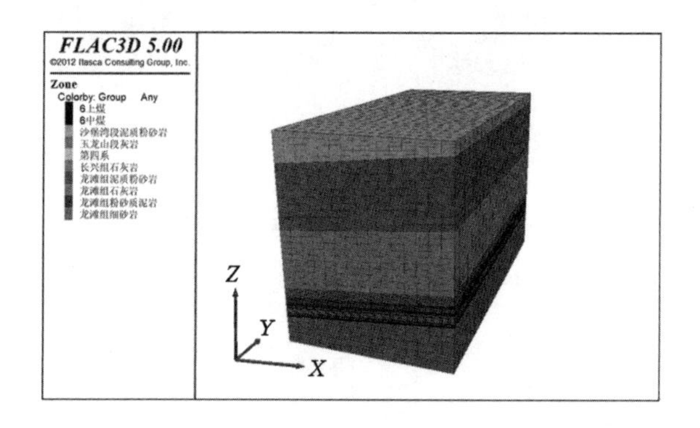

图 4-25　工作面地质模型

达式如下：

$$\begin{cases} f^{s}=\sigma_1-\sigma_3\dfrac{1+\sin\varphi}{1-\sin\varphi}+2C\sqrt{\dfrac{1+\sin\varphi}{1-\sin\varphi}} \\ f^{t}=\sigma_3-\sigma_t \end{cases} \tag{4-12}$$

式中，σ_1、σ_3 表示最大、最小主应力；φ 表示内摩擦角；C 表示内聚力；σ_t 表示抗拉强度；当 $f^s=0$ 时发生剪切破坏，当 $f^t=0$ 时发生拉伸破坏。

根据所选的摩尔-库仑模型需要对岩层赋值，所赋值参数包括体积模量 K、剪切模量 G、内聚力 C、内摩擦角 φ、抗拉强度 σ_t 以及泊松比 μ。对各岩层分组赋力学参数值，具体赋值参数见表 4-14。

表 4-14　地层岩体力学参数

序号	地层名称	厚度/m	累计厚度/m	体积模量 K/GPa	剪切模量 G/GPa	内聚力 C/MPa	内摩擦角 φ/(°)	抗拉强度 σ_t/MPa	泊松比 μ
1	第四系	17.50	17.50	8.33	4.30	2.60	26	6.45	0.27
2	玉龙山段石灰岩	92.58	110.08	16.70	11.50	3.80	37	9.64	0.19
3	沙堡湾段泥质粉砂岩	85.77	195.85	12.60	12.00	1.60	37	3.27	0.20
4	长兴组石灰岩	13.85	209.70	15.40	10.60	2.30	39	7.52	0.19
5	龙潭组泥质粉砂岩	3.31	213.01	10.20	9.69	1.10	40	3.74	0.20
6	龙潭组细砂岩	5.60	218.61	11.40	8.22	3.30	40	5.85	0.21
7	龙潭组粉砂质泥岩	3.59	222.20	11.40	5.86	2.60	30	3.55	0.24
8	龙潭组石灰岩	0.74	222.94	17.20	12.30	4.70	38	7.09	0.20
9	龙潭组粉砂质泥岩	1.85	224.79	11.40	5.86	2.60	30	3.55	0.24

表 4-14(续)

序号	地层名称	厚度/m	累计厚度/m	体积模量 K/GPa	剪切模量 G/GPa	内聚力 C/MPa	内摩擦角 φ/(°)	抗拉强度 σ_t/MPa	泊松比 μ
10	龙潭组石灰岩	1.37	226.16	17.20	12.30	4.70	38	7.09	0.20
11	龙潭组泥质粉砂岩	7.58	233.74	10.20	9.69	1.10	40	3.74	0.20
12	6 上煤	0.78	234.52	2.43	5.22	1.88	23	1.77	0.28
13	龙潭组泥质粉砂岩	2.14	236.66	10.20	9.69	1.10	40	3.74	0.20
14	6 中煤	2.36	239.02	2.43	5.22	1.88	23	1.77	0.28
15	底板	40.00	279.02	11.40	8.22	3.30	40	5.85	0.21

地层岩性参数确定以后还需要对地质体所处的初始应力环境进行模拟。分析模型受力状态,主要是垂向上的自重应力和水平方向的侧向应力,FLAC3D 对初始应力场的模拟是在模型体中赋值相应材料密度和重力加速度,通过固定模型边界限制该处的应力和位移等,求解不平衡力使其小于默认值即完成模型的初始重力场的模拟,如图 4-26 所示。

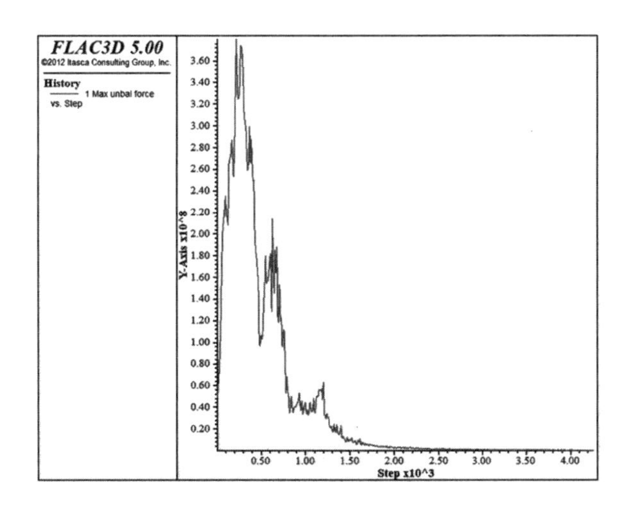

图 4-26　最大不平衡力图

在静态求解模式中用最大不平衡力来判断是否达到平衡状态(或者模型刚开始发生塑性变形的状态)。如果模型网格的每个节点力都为 0,那么模型应该达到了绝对的平衡状态。在 FLAC3D 中用 STEP 或 SOLVE 命令执行计算的过程中,系统会自动记录最大的节点力,并在屏幕上显示。最大的节点力也叫最大不平衡力,在数值分析中,最大不平衡力不可能为零,但是只要最大不平衡力与作用在体系上的外力相比小到可以忽略不计时,便认为体系达到了平衡状态[62]。初始应力状态图见图 4-27。

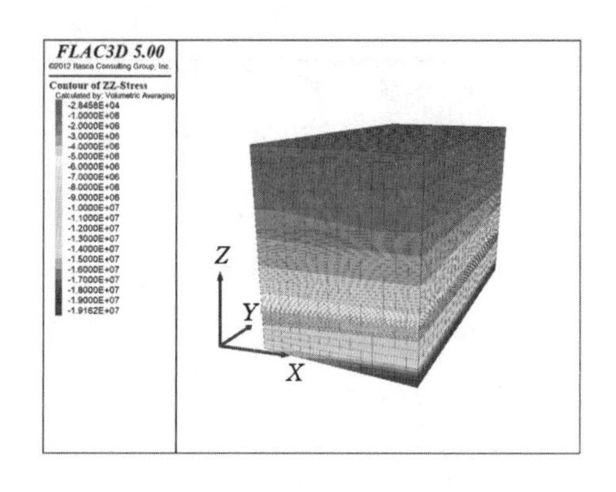

图 4-27　初始应力状态图

在 FLAC3D 应力云图中，以“－”号代表受压、“＋”号代表受拉。在自重应力的作用下，下部岩层受到上部地层荷载作用呈受压状态，且随着地层的深度增加，呈层状均匀向下递进分布。地层平均密度约为 2.3×10^3 kg/m^3，地层自重应力按下式进行计算：

$$\sigma=\gamma\cdot h \tag{4-13}$$

式中，σ 表示岩土体自重应力；γ 表示岩土体重度；h 表示岩土体埋深。

工作面延展方向为地层走向方向，模型以 Y 轴起点为界，考虑到边界效应，预留 100 m 宽度煤柱开始开挖，以 30 m 为步距，共开挖 10 次，合计 300 m。FLAC3D 中以 NONE 模型表示开挖，设置好开挖步距和步数，并设置 History Max Unbalance Force 监测最大不平衡力，模拟过程中观察不平衡力是否收敛，以判断模型设置是否合理。观察随着开采工作面的掘进，不同开采时期对岩体的应力场、位移场的影响，观察覆岩塑性区的发展。通过观察切片情况，分析导水裂隙带发育情况。工作面掘进示意图见图 4-28。从 30 m 开始开挖到 300 m，各不同开采时期岩体的应力场、位移场、塑性区、最大不平衡力分别见图 4-29～图 4-38。

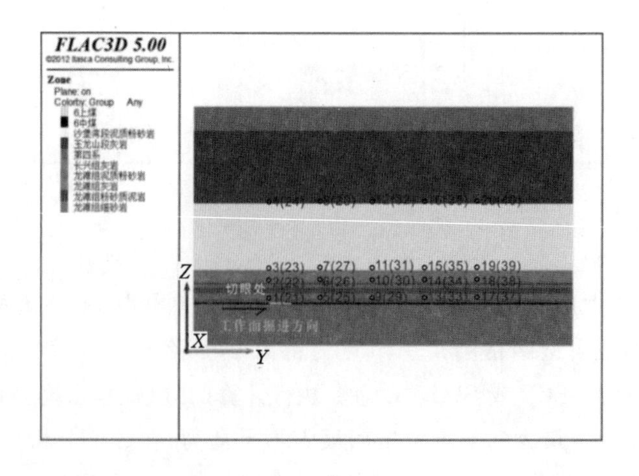

图 4-28　工作面掘进示意图

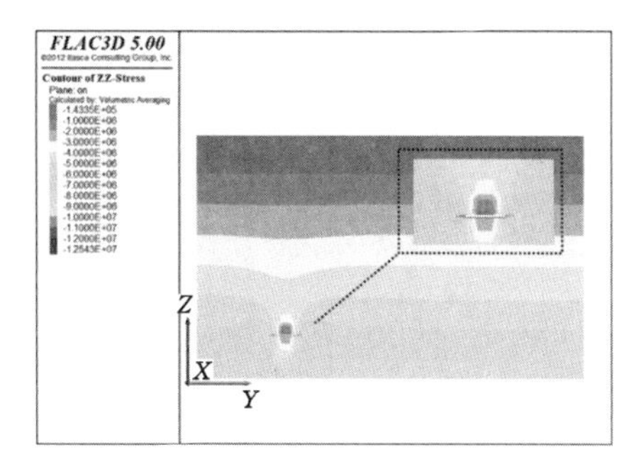

图 4-29 开挖 30 m 应力云图

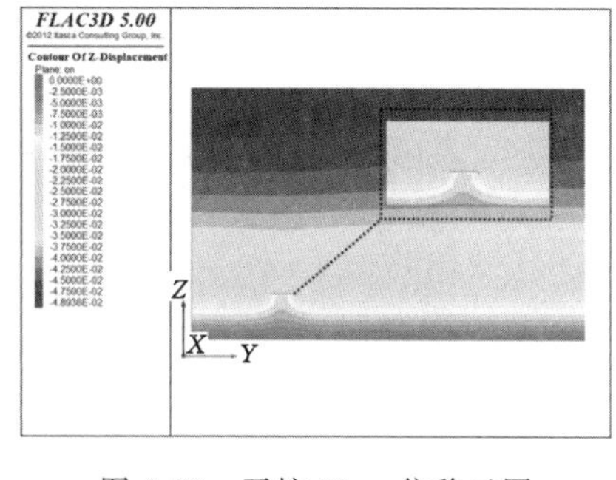

图 4-30 开挖 30 m 位移云图

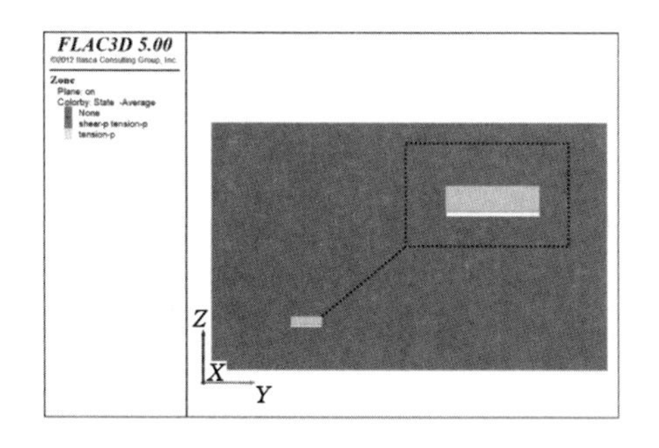

图 4-31 开挖 30 m 塑性区图

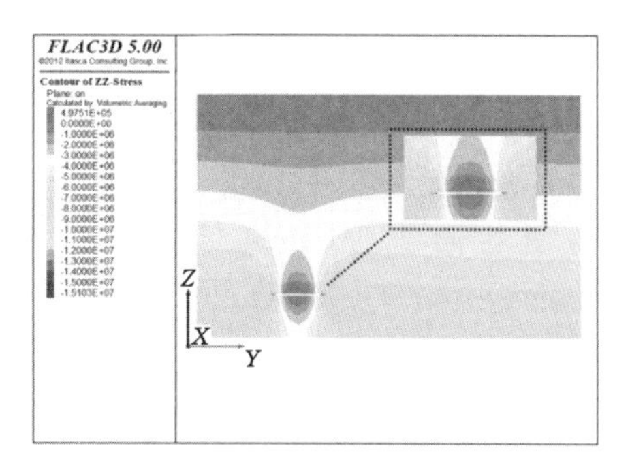

图 4-32 开挖 60 m 应力云图

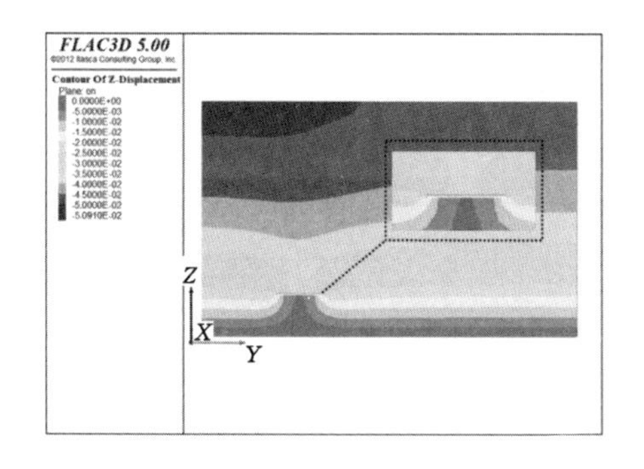

图 4-33 开挖 60 m 位移云图

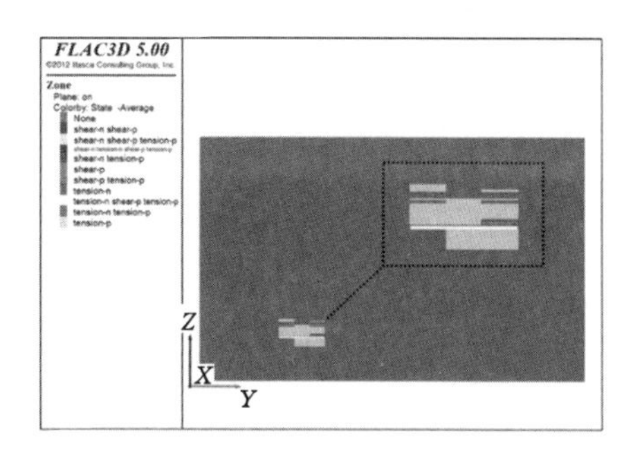

图 4-34 开挖 60 m 塑性区图

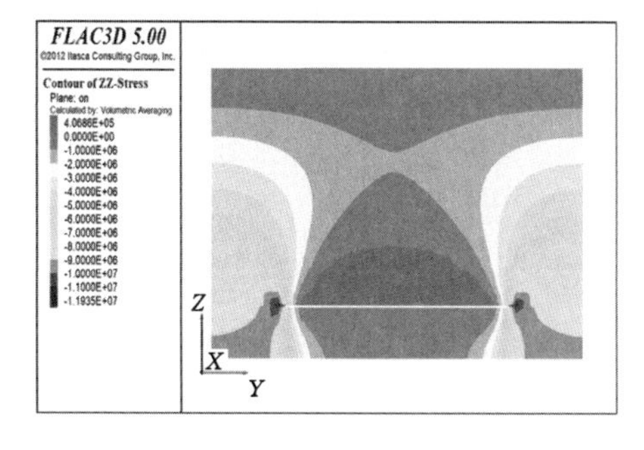

图 4-35 开挖 300 m 应力云图

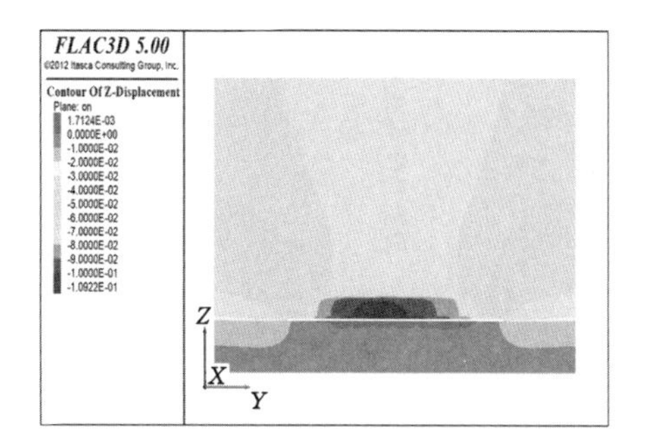

图 4-36 开挖 300 m 位移云图

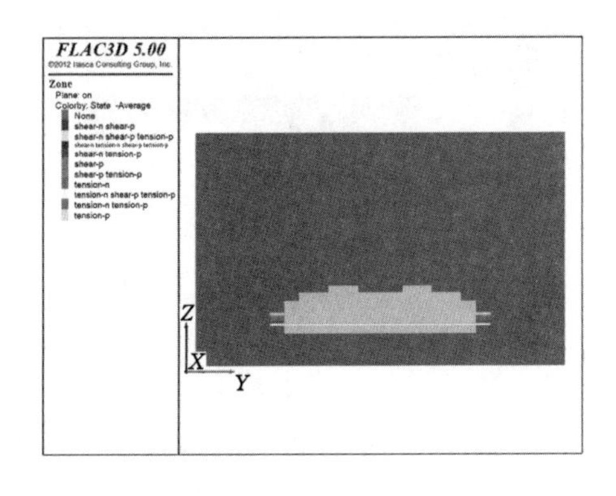

图 4-37　开挖 300 m 塑性区图

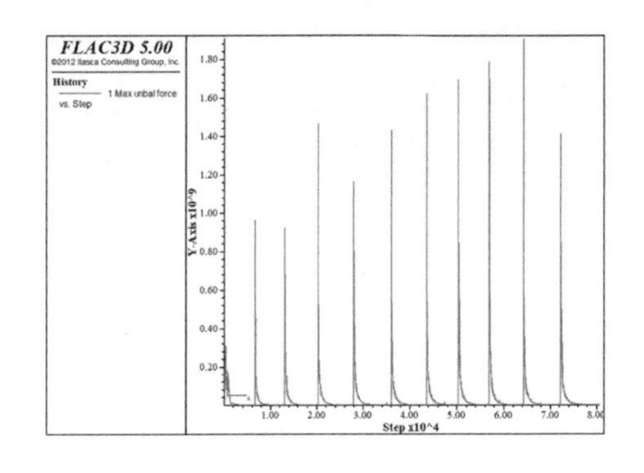

图 4-38　开挖 300 m 最大不平衡力图

如图 4-28 所示，模拟开挖前在工作面正上方布置 4 行 5 列的监测点，从下至上分别将监测点布置在龙潭组、长兴组、夜郎组沙堡湾段和夜郎组玉龙山段岩层中；从左到右分别从开切眼处按照 75 m 距离等距布置 5 组监测点。应用 FLAC3D 内 History 指令中 Unbalance Force、Displacement 功能进一步详细监测各岩层在不同位置随开挖的进行位移和不平衡力的变化情况。

由图 4-29～图 4-38 可知，随着 6 中煤的不断掘进，导水裂隙带发育的高度也在变化，各开采步距的导水裂隙带发育高度见表 4-15 和图 4-39。

表 4-15　导水裂隙带发育高度表

步距/m	裂隙带高度/m	备注	步距/m	裂隙带高度/m	备注
30	7.35		180	40.80	
60	14.32		210	41.13	
90	27.34		240	49.16	发育至沙堡湾段
120	33.03	发育至长兴组	270	49.16	
150	40.80		300	49.16	

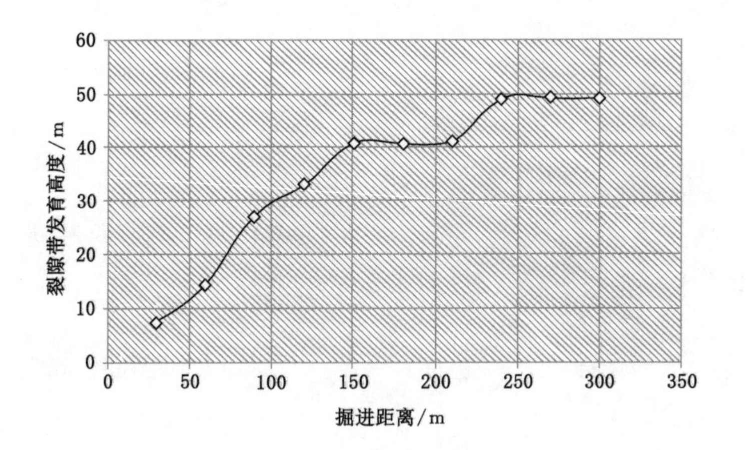

图 4-39　不同开采步距导水裂隙带发育高度图

从图 4-39 来看，导水裂隙带的高度一开始随着掘进距离的增加快速增加，当开挖到达 150 m 时逐渐平缓，开挖至 250 m 时逐渐稳定，最终高度为 49.16 m，发育层位为沙堡湾段。

厚煤层分层开采的导水裂隙带高度计算见本书第 3 章表 3-7。根据《建筑物、水体、铁路及主要井巷煤柱留设与压煤开采规范》中的导水裂隙带高度计算公式，顶板覆岩以中硬岩为主，故选用公式二进行计算，得出导水裂隙带高度为 37.59 m。

图 4-40 和图 4-41 分别表示监测点处位移和不平衡力随着开采进行在各阶段的变化。从位移图上来看各监测点都随着开挖的进行不断向下沉：施加初始应力阶段，上部的玉龙山段下沉量最大达到 5 cm，而下部的龙潭组仅仅下降了 2.8 cm，从下至上依次增加。但是模拟 10 次开挖后龙潭组下沉量最大，最大下沉量达到了 10 cm，而长兴组、沙堡湾段和玉龙山段最大仅仅下沉 7 cm，可见开挖对龙潭组地层位移影响最大。位移曲线对应 10 次开挖呈台阶式下降，从水平方向观察监测点位移情况来看，一般工作面开挖进行到监测点正下方时各监测点位移变化最大，开挖过后监测点位移折线整体斜率高于开挖之前，所以开挖过的区域下沉速度要比未开挖前下沉速度快，而开切眼处的监测点位移基本保持不变的下沉速度。水平位置上看，最中间的监测点位移最大，其次为中部两侧，两端位移最小，这个趋势在龙潭组最明显，越向上位移曲线斜率越缓，各位置间差异越小。

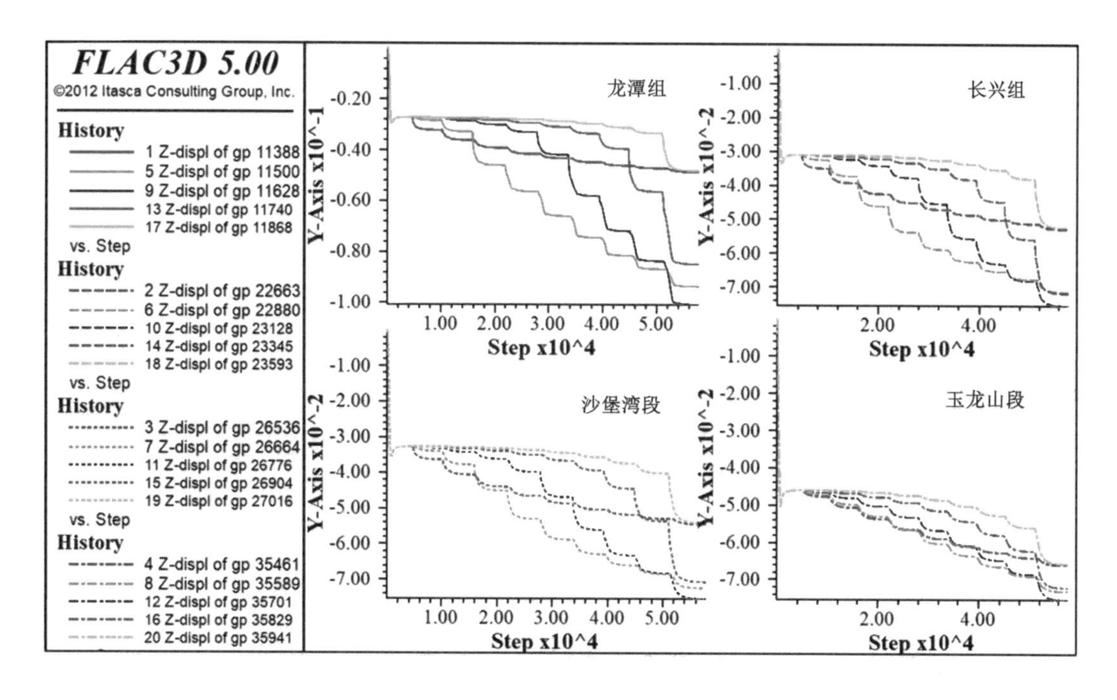

图 4-40　监测点位移变化

不平衡力曲线同样有类似的规律：在龙潭组不平衡力极值达到 5×10^{8} Pa，越往上越小。在玉龙山段的监测点最大不平衡力仅为 2.3×10^{7} Pa，同样从下到上逐渐减小。从水平位置看，随着开挖推进，不平衡力峰值逐渐增大，开挖推进到监测点正下方达到最大，开挖过后不平衡力峰值下降，下降速度比上升速度慢，说明在开挖工作面前部比开挖工作面后部扰动大。

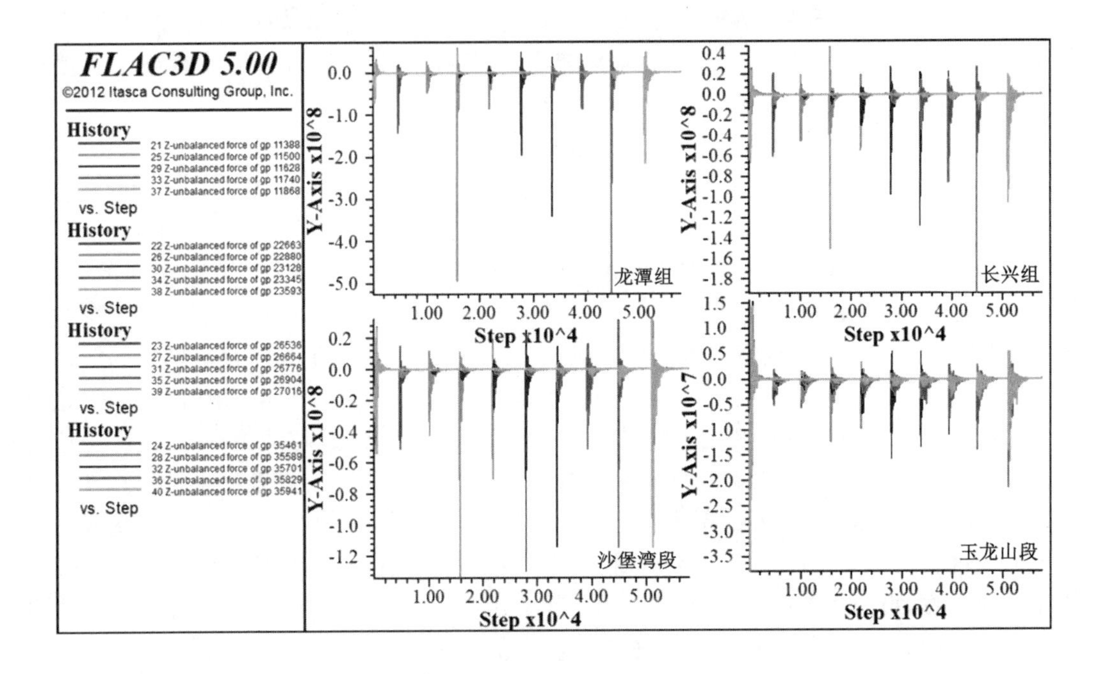

图 4-41 监测点不平衡力变化

4.3.1.3 研究区导水裂隙带发育高度规律

同样考虑地层岩性组合、厚度、角度等地质条件，对各分区进行导水裂隙的模拟研究，探讨在不同地质条件下研究区导水裂隙带高度空间分布规律。按照开挖 300 m 设置，模拟各区 6 中煤开采顶板破坏情况，通过分析覆岩塑性区发育情况得到各分区导水裂隙带的高度，见图 4-42、表 4-16。

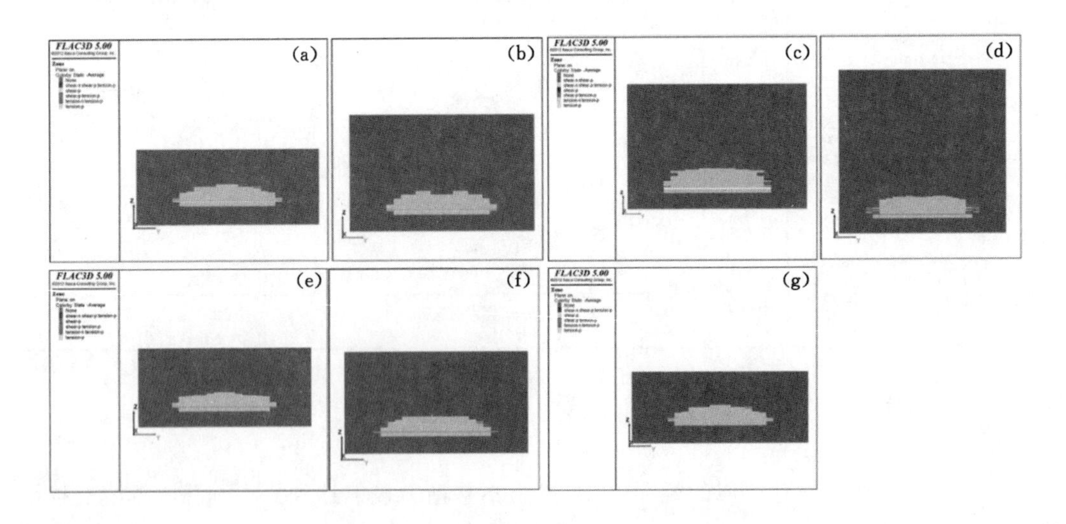

图 4-42 各分区掘进 300 m 裂隙发育情况

(a) Ⅰ区；(b) Ⅱ-1区；(c) Ⅱ-2区；(d) Ⅱ-3区；(e) Ⅲ-1区；(f) Ⅲ-2区；(g) Ⅳ区

表 4-16 导水裂隙带分区高度

区号	裂隙带高度/m	区号	裂隙带高度/m
Ⅰ	43.29	Ⅲ-1	41.79
Ⅱ-1	49.16	Ⅲ-2	39.90
Ⅱ-2	53.31	Ⅳ	43.48
Ⅱ-3	45.80		

4.3.2 突水危险性综合评价

导水裂隙带发育高度沟通上覆充水含水层是突水发生的先决条件[63]:若导水裂隙带未到达含水层,则不存在突水风险;若导水裂隙带到达了含水层,则根据含水层富水性的强弱判断其突水危险性的大小。

研究区顶板含水层为长兴组和夜郎组玉龙山段,其中长兴组距离 6 中煤较近,平均距离为 25.76 m,总体发育情况为西南厚东北薄,全区最薄的位置位于研究区西北角;玉龙山段灰岩距离 6 中煤约 96.65 m,厚度大,平均厚度 171 m,总体发育情况为西南厚东南薄。6 中煤到各含水层厚度见图 4-43 和图 4-44。

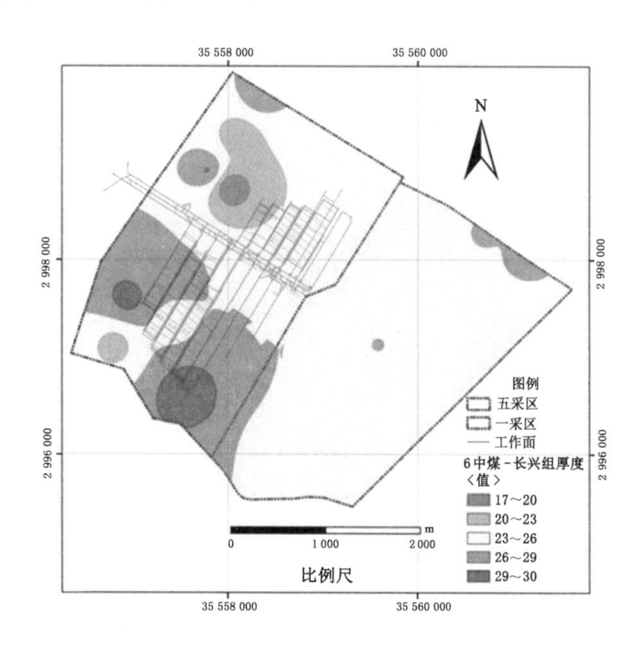

图 4-43 6 中煤-长兴组地层距离

将目标含水层富水性分区与导水裂隙带高度分区进行空间叠加,导水裂隙带发育高度大于含水层底部标高的区域划分为贯通区,剩余的部分划分为非贯通区,贯通区按富水性对其评价突水危险性,而非贯通区视为相对安全区。裂隙带发育高度已超过到长兴组的距离,即裂隙带全部贯通长兴组,而裂隙带发育高度到达玉龙山段地层的只有矿区东南角。两个含水层与导水裂隙带分区关系见图 4-45 和图 4-46。

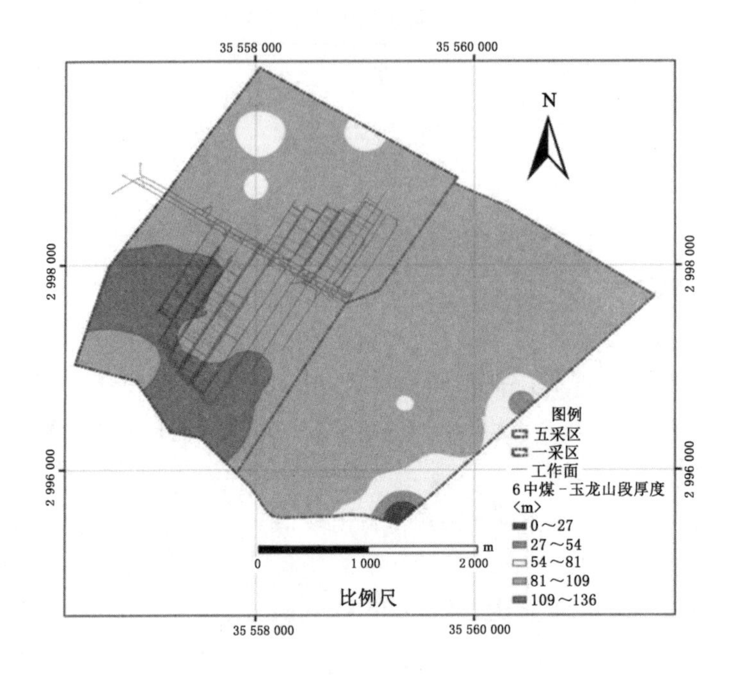

图 4-44　6中煤-玉龙山段地层距离

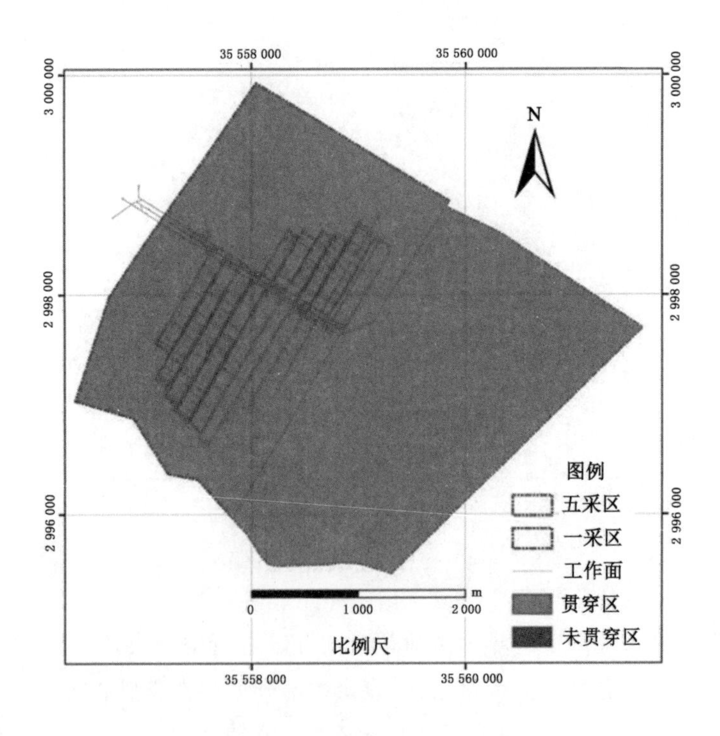

图 4-45　导水裂隙带与长兴组关系

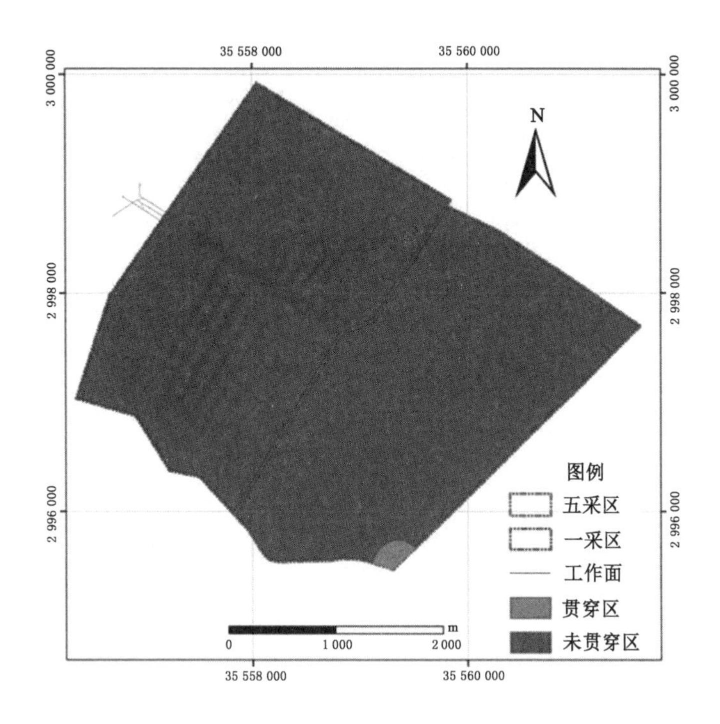

图 4-46　导水裂隙带与玉龙山段关系

煤矿开采过程中一旦导水裂隙发展进入上层含水中便会引发涌水，富水性大的地方由于水量大、水压高，突水危险性更高，危害性更大。根据含水层与导水裂隙带分区关系，贯穿区按照含水层富水性判断其突水危险性，判断准则见表 4-17。根据上述原则制作得到夜郎组玉龙山段和长兴组突水危险性分区图，见图 4-47 和图 4-48。

表 4-17　突水危险性判断准则

富水性	顶板含水层贯通区	顶板含水层未贯通区
弱富水区	相对安全	相对安全
较弱富水区	较安全	相对安全
中等富水区	过渡区	相对安全
较强富水区	较危险	相对安全
强富水区	危险	相对安全

总体来看，一采区北部安全，南部危险，而五采区的危险程度比一采区更高，主要在东南部断层发育和地下水汇流区域有很高的突水危险性。研究区东南角落裂隙带高度到达玉龙山段，该区域构造裂隙发育、富水性强、突水危险性高，除了该区域其他地区相对安全。但是玉龙山段灰岩厚度大，岩溶发育强，具有较强的富水性，一旦发生突水危害性大。在玉龙山段五采区北部的岩溶强径流区和东南部断层发育区具有很高的富水性，若导水裂隙带贯通玉龙山底部原生裂隙，则具有很高的突水危险性和危害性。

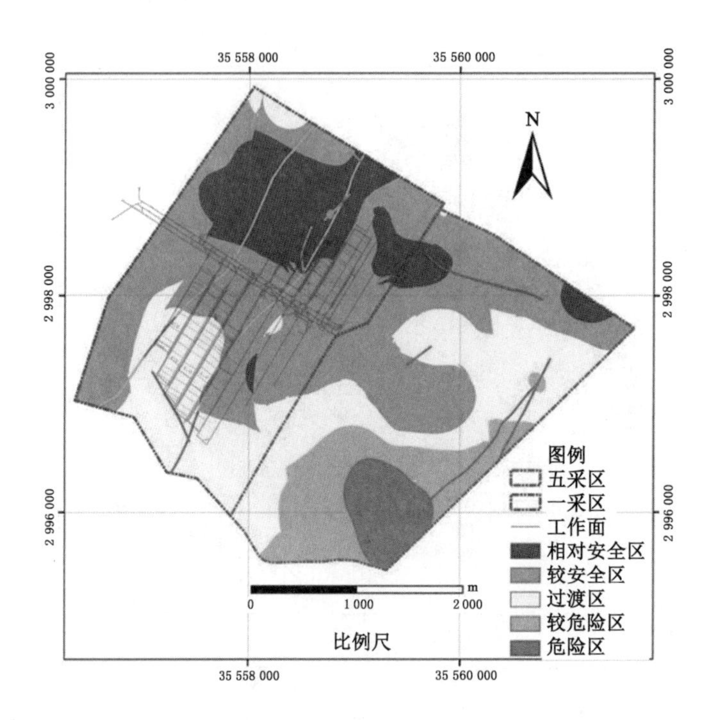

图 4-47　长兴组突水危险性分区图

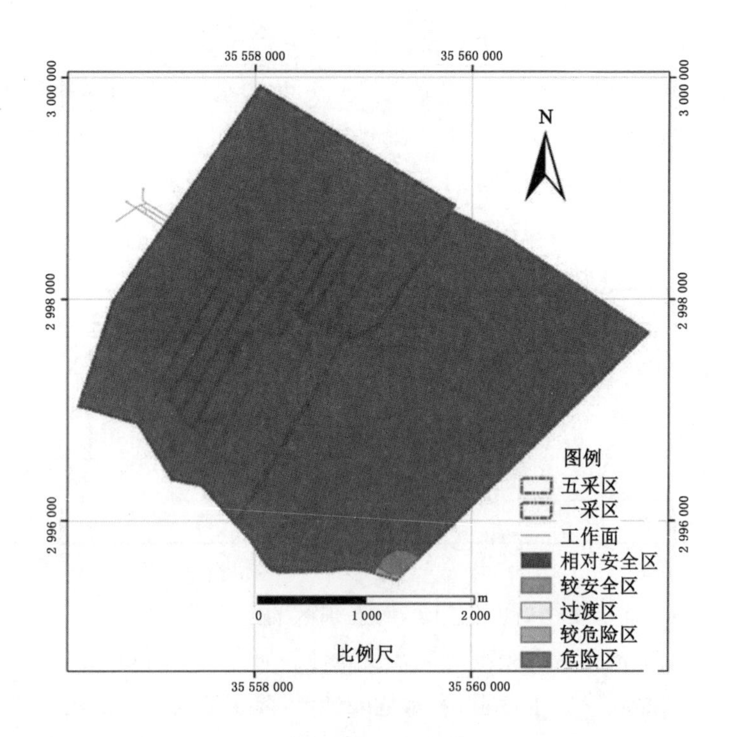

图 4-48　玉龙山段突水危险性分区图

4.4 小结

根据西南地区岩溶地下水赋存特征，在考虑各因素对含水层富水性影响程度的基础上，从岩溶发育程度、含水层岩性组合、地质构造及裂隙、含水层水文地质参数和地形地貌5个方面出发，确定了12项评价指标，构建了较全面的西南地区煤层顶板岩溶含水层富水性评价指标体系。在此基础上，基于GIS和网络层次分析法(ANP)建立了煤层顶板岩溶含水层富水性评价模型，实现了典型煤矿煤层顶板岩溶含水层富水性分区。同时，进一步根据开采厚度、开采深度和岩性组合的空间分布差异，制作了导水裂隙带高度分区计算图，对不同地质条件下的煤层开采过程进行了数值模拟计算，得到了典型煤矿导水裂隙带发育高度分区计算结果。利用导水裂隙带高度与目标含水层底板标高进行比较判断突水发生的可能性，当导水裂隙带到达含水层，则根据含水层富水性的强弱判断突水危险性的大小，以此为原则，对典型煤矿煤层顶板突水危险性进行了分区评价，并结合以往突水案例，对评价结果的准确性进行了验证。本研究提出的西南地区煤层顶板岩溶含水层富水性和突水危险性评价方法可以为相关领域的研究提供一定的参考。

5　煤层底板突水危险性评价集成系统的开发和应用研究

5.1　研究背景

煤层底板突水是一种受控于多因素影响且演变机理非常复杂的非线性动力现象[64]。煤层底板突水事故的发生，主要是底板承压含水层受到矿压破坏影响引起的煤层回采空间围岩体应力场重新分布，煤层底板隔水岩体遭到破坏，矿井局部充水水文地质条件突变的一种地下岩体失稳现象，是底板破坏形成的次生裂隙与下伏含水层共同作用引起的[65-66]。

近年来，应用多源信息集成理论对煤层底板突水进行预测预报一直是该方向研究的趋势[67]。对于煤层底板突水主控因素体系的建立是多源信息集成理论实现的关键步骤。随着智能化时代的来临，GIS的发展日新月异，基于多学科技术在矿井水文地质方面进行的系统分析研究相继展开，矿井水文地质信息系统也在朝着多元化、智能化、三维可视化和多媒体化方向发展[68-71]。

目前的煤层底板突水危险性评价主要是依托ArcGIS、CAD、Surfer等软件进行危险性综合指数计算及图层的可视化表达，评价模型构建和结果呈现步骤分离化较大，没有实现多模型一体化突水危险性评价分析。本书根据煤层底板突水危险性评价技术流程，从业务逻辑和功能结构出发设计了系统的总体架构，构建了底层数据库结构，调用三方控件（WindowsForm控件、DevExpress控件、ArcEngine控件）和功能图标完成了系统的搭建；基于SQL Server和.NET技术及机器学习算法，集成开发了融合多源信息数据处理、指标体系建立、权重算法模型运算和可视化出图等多功能一体化的底板突水危险性预测系统，实现了从源数据到预测结果图层的快速“一”系统的集成开发[72-78]。

本章以位于贵州省金沙县西南部的龙凤煤矿为系统应用实例区，结合矿区现有水文地质背景勘察资料和钻孔资料，对井田9#煤层底板做出突水危险性评价预测，将耦合权重模型的迭置指数评价结果和传统突水评价结果做比较，由结果可知系统不仅对煤层底板突水事故信息管理和突水模型运算、可视化等板块提供全流程支撑，也为更多矿井依据评价指标数据进行底板突水危险性快速评价预测做出了相关技术研究。

5.2　煤层底板突水危险性评价模型建立

5.2.1　煤层底板突水指标体系确定

煤层底板突水受到多种因素控制，突水现象形成机理复杂[79]。突水需要同时具备两个条件：① 煤层底板下含有富水高承压水体充水源；② 承压含水层与煤层底板之间导水通道的形成(天然通道和人为采掘活动形成的导水通道)。基于指标选取的主控性、可度量、可操作、覆盖面、灵活性原则从充水含水层、底板突水岩段防突性、地质构造3个方面确定了普适性较强的煤层底板突水的危险性指标体系,将其嵌入到综合评价系统中。评价指标体系具体说明如下。

(1) 底板承压水水压。隔水层底板受到含水层的水压越大,越容易发生突水;反之,底板受到的含水层水压越小,突水危险性越小。含水层水压作为突水的直接动力来源,水压值的大小和分布情况也在一定程度上影响了隔水层岩层内部变化,改变了底板防突性能。该指标分布图可根据抽水试验数据中水文钻孔的静止水位标高和隔水岩层底板标高计算插值得到。

(2) 含水层单位涌水量。单位涌水量越大,含水层的富水性程度越高,底板发生突水的物质基础越丰富,突水危险程度更大;反之,单位涌水量越小,含水层富水性程度越低,底板发生突水的可能性就越小。含水层单位涌水量分布图可利用井田抽水试验数据中的单位涌水量基于点地理位置索引插值得到。

(3) 含水层渗透系数。渗透系数是表示岩石透水能力的常数,其值越大,表示岩石透水的能力越强,含水层之间的连通性越好,含水层富水性越强;反之,其值越小,表示岩石透水的能力越弱,含水层之间的连通性越差,含水层的富水性越弱。

(4) 底板隔水层厚度。底板隔水层厚度主要指底板与充水含水层间岩层厚度在煤层开采作业中未受到矿压破坏和含水层水压破坏的岩层总厚度。底板隔水层总厚度越大,其阻抗矿压和水压破坏的性能越强,底板发生突水的可能性越低。依据井田内的钻孔数据,根据《建筑物、水体、铁路及主要井巷煤柱留设与压煤开采规范》,通过式(5-1)计算矿压破坏带,统计目标煤层到底板直接充水含水层顶板的距离大小,再减去矿压破坏带厚度即可得到目标煤层底板的隔水层总厚度,最后基于钻孔点地理位置索引插值得到底板隔水层厚度分布图。

$$h = 0.008\,5H + 0.166\,5\alpha + 0.107\,9L - 4.357\,9 \tag{5-1}$$

式中,H 为采深,取工作面平均采深;α 为地层倾角;L 为工作面斜长。

(5) 隔水层中脆性岩厚度。隔水层中脆性岩力学强度高,可以有效衰减矿压和水压造成的岩层破坏,脆性岩厚度越大,抗压能力越强,底板发生突水的危险性越小。脆性岩分布的位置不同,抵抗压力的性能也不同,只有分布在有效隔水层中的脆性岩才能抵抗矿压和水压破坏。煤层底板隔水层中一般主要分布的脆性岩有砂岩(粗砂岩、细砂岩、粉砂岩)和石灰岩。可根据钻孔资料的岩性和厚度数据统计相加得到目标煤层有效隔水层中的脆性岩厚度,利用点插值功能得到隔水层中脆性岩厚度分布图层。

(6) 隔水层中脆性岩和塑性岩互层数。基于水力压裂力学原理,岩石在压力破坏中,水压必须克服围岩最小的主应力才能使得裂隙向外延展,裂隙的扩展总是顺着阻力最小的方向,直到遇到新的界面,周围岩层弹性模量变化时,裂隙才会停止或者改变延伸行为。隔水层中不同的岩层组合力学性能不一,对裂隙延伸可起到的阻抗和催化效果不同,故坚硬岩和塑性岩互层数越多,裂隙越不易发育,阻水能力也越强。一般隔水层中分布着不同脆性岩和塑性岩的组合,主要由泥岩、砂岩和石灰岩组成。互层数可通过钻孔岩性柱状数据依照图5-1的方式统计得到。

(7) 隔水层中塑性泥岩比例。隔水层中塑性泥岩的厚度比例大小影响着充水含水层到达煤层底板的速度和冲击力,是判定底板突水可能性的重要因素。泥岩比例越大,隔水层阻水能力越强,底板发生突水的可能性越低;反之,泥岩占比越小,隔水层阻水能力越弱,底板

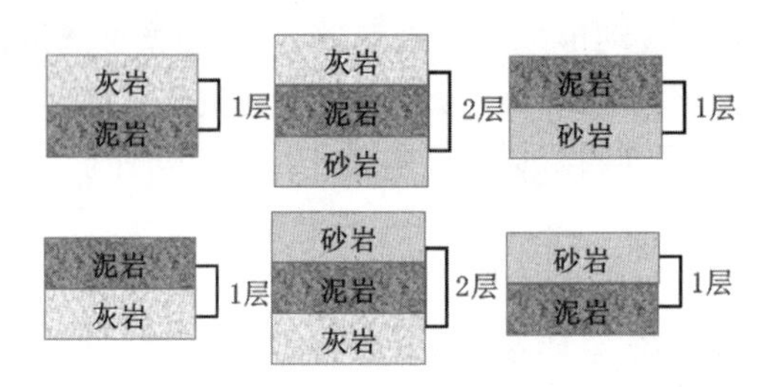

图 5-1　隔水层脆性岩和塑性岩互层数统计规则

发生突水的可能性越大。根据钻孔数据资料可统计得到隔水层中泥岩厚度大小，计算泥岩厚度在矿压破坏下的隔水层总厚度中的占比，基于钻孔点地理位置索引插值得到该指标时空分布差异图。

(8) 构造分维值。构造分维值可定量描述井田内断层构造的发育复杂程度。其具体计算步骤为：将龙凤煤矿断层和褶皱网络迹线图投绘到工具中，利用均分原则将研究区划分为若干个正方形。在每个块段内，以边长为 r 的基础正方形进行覆盖，统计断层构造迹线穿过的网格数目 $N(r)$。通过不断缩小网格为原网格边长的 1/2，即网格以边长 $r=r_1$，$r=r_1/2$，$r=r_1/4$，$r=r_1/8$ 进行构建，统计每一个级别的断层和褶皱网络迹线值经过的网格数 $N(r)$。将所记录的数目投放到以网格边长取对数为横坐标，不同方格边长网络迹线通过的网格数目取对数为纵坐标的 $\lg N(r)$-$\lg r$ 坐标系中，利用本书第 4 章的公式(4-5)所得拟合直线的斜率即为该块段的构造分维值 D_s。把该块段的分维值赋值给该网格的中心点，利用插值功能可绘制出研究区构造分维等值线图。

(9) 断层和褶皱分布。断层和褶皱破坏了煤层底板岩体的完整性，其导水性质可能致煤层底板和含水层连通，是充水水源突出的薄弱面。断层和褶皱造成区域岩体形成破坏带和影响带。可利用系统功能量化断层、褶皱的破坏带和影响带，制作地质构造分布图。

5.2.2　指标权重算法模型及伪代码程序设计

5.2.2.1　熵权算法模型

5.2.2.1.1　算法原理介绍

利用熵进行信息量大小权衡的方法是建立在信息论基础上的。信息量是用以衡量查明一个未知事物需要查询的信息的多少的指标。通俗地说，事物所含信息量与其发生的概率负相关。一件事物出现的概率决定了它的不确定性大小，也就决定了所含信息量的大小[80]。出现的概率越大，不确定性越小，所含信息量也就越小。信息熵也就是信息量的期望。可以把信息熵理解成不确定性的大小，不确定性越大，信息熵也就越大。近年来信息熵已经在工程技术等多领域得到广泛的应用。熵权法主要是根据各指标间的变异程度，仅从数据本身出发，求取指标间客观的权重。熵权法赋权的信息量直接来源于客观事实，避免了人为赋权对指标权重的主观影响，结果更具有客观性，能够更好地对结果进行解释。其算法过程如下：

(1) 计算第 j 项评价指标第 i 个样本值所占的比重 P_{ij}：

$$P_{ij}=\frac{x_{ij}}{\sum_{i=1}^{n}x_{ij}} \tag{5-2}$$

(2) 计算第 j 项评价指标因子的熵 $e_j(0\leqslant e_j\leqslant 1)$:

$$e_j = -k\sum_{i=1}^{n}(P_{ij}\ln P_{ij}) \tag{5-3}$$

(3) 计算第 j 项评价指标因子的效用值 d_j。效用值越大说明该指标价值越大,其权重也就越大。

$$d_j = 1 - e_j \tag{5-4}$$

(4) 计算第 j 项评价指标因子的熵权权重 W_j:

$$W_j = \frac{d_j}{\sum_{j=1}^{m} d_j} \tag{5-5}$$

$$\sum_{j=1}^{m} W_j = 1 \tag{5-6}$$

式中,x_{ij} 为第 i 个评价样本的第 j 项评价指标归一量化后的标准值;k 为熵调节系数,k 取 $1/\ln m$(m 为评价体系中评价单元的个数)。

5.2.2.1.2 伪代码程序设计

算法 1:熵权算法

输入:由 i 个样本的 j 个指标构成的矩阵 $X[i][j]$

输出:各指标因子的权重数组 Weight$=\{W_1, W_2, \cdots, W_j\}$

1. 计算矩阵 X 的标准化矩阵 $X'[i][j]$
2. 循环从矩阵 $X'[i][j]$中取出 n 指标对应的样本 m 数据 $X'[m,n]$:
3. 计算 n 指标对应的 m 样本比重 P_{mn},使用公式(5-2)计算
4. 将样本比重 P_{mn}添加到样本比重矩阵 $P[i][j]$
5. 循环从样本比重矩阵 $P[i][j]$中取出 n 指标对应的 i 个样本的比重 $P[:,n]$:
6. 计算 n 指标因子的熵 e_n,使用公式(5-3)计算
7. 计算 n 指标因子的效用值 d_n,使用公式(5-4)计算
8. 将 n 指标因子的效用值 d_n 添加到效用数组 $d[j]$
9. 循环从效用数组 $d[j]$中取出 n 指标对应的效用值 d_n:
10. 计算 n 指标对应的权重 W_n,使用公式(5-5)计算
11. 将 n 指标对应的权重 W_n 添加到权重数组 Weight$[j]$

5.2.2.2 CRITIC 算法模型

5.2.2.2.1 算法原理介绍

CRITIC 方法是 Diakoulaki 学者在 1995 年提出的一种客观权重赋权法,主要基于评价指标的对比强度和指标之间的冲突性来综合衡量指标的客观权重[81]。该方法在熵权法的基础上即在考虑指标对比强度的同时兼顾指标数据之间的相关性,完全利用数据自身的客观属性进行科学评价。对比强度是指同一个指标各个样本之间取值差距的大小,以标准差的形式来表现,标准差越大,说明波动越大,即各方案之间的取值差距越大,权重会越高;指标之间的冲突性,用相关系数进行表示,若两个指标之间具有较强的正相

关，说明其冲突性越小，权重会越低。对于 CRITIC 法而言，在标准差一定时，指标间冲突性越小，权重也越小；冲突性越大，权重也越大；另外，当两个指标间的正相关程度越大时（相关系数越接近 1），冲突性越小，表明这两个指标在评价优劣上反映的信息有较大的相似性，需对指标进行取舍赋权。

CRITIC 法计算底板突水评价指标权重前，需要对指标源数据进行归一化处理，从而避免因单位不同对各数据产生影响。数据归一化方法根据评价指标特点的不同选择正向公式或负向公式进行同趋化处理，指标值无法直接用定量的数据表达时可使用特征值进行赋分。核心算法思路如下：

（1）无量纲化处理：利用下文 5.4 节中数据归一化方式，得到归一量化标准值 x_{ij}，i 表示第 i 个样本，j 表示第 j 项指标。

（2）底板突水危险性评价指标的内部数据的变异性计算：

$$\bar{x}_j = \frac{1}{n}\sum_{i=1}^{n} x_{ij} \tag{5-7}$$

$$S_j = \sqrt{\frac{\sum_{i=1}^{n}(x_{ij} - \bar{x}_j)^2}{n-1}} \tag{5-8}$$

式中，n 表示待测样本总数；$\bar{x}_j$ 表示第 j 项指标数据的平均值；S_j 表示第 j 项指标的标准差，反映各指标的取值的差异波动情况，标准差越大表示该指标的数值差异越大，越能反映出更多的信息，该指标本身的评价强度也就越强，应该给该指标分配更多的权重。

（3）底板突水危险性评价指标内部数据的冲突性：

$$\rho_{XY} = \frac{\sum_{k=1}^{n}(X_k - \bar{X})(Y_k - \bar{Y})}{\sqrt{\sum_{k=1}^{n}(X_k - \bar{X})^2}\sqrt{\sum_{k=1}^{n}(Y_k - \bar{Y})^2}} \tag{5-9}$$

$$R_j = \sum_{i=1}^{p}(1 - \rho_{ij}) \tag{5-10}$$

式中，X_k 表示 X 行评价指标第 k 个指标数值；Y_k 表示 Y 列评价指标第 k 个指标数值；ρ_{ij} 表示两指标间的相关系数；R_j 表示评价数据相似度；p 表示指标数量。使用相关系数来表示指标间的相关性，与其他指标的相关性越强，则该指标与其他指标的冲突性就越小，数据相似度越大，反映出相同的信息越多，所能体现的评价内容就越有重复之处，一定程度上也就削弱了该指标的评价强度。所以对相似度较小即 R_j 较大的 j 项指标应该增大对该指标分配的权重。

（4）指标信息量计算：

$$C_j = S_j\sum_{i=1}^{p}(1 - \rho_{ij}) = S_j \times R_j \tag{5-11}$$

C_j 越大，第 j 项评价指标在整个评价指标体系中的作用越大，就应该给其分配更多的权重。

（5）指标客观权重计算：

$$W_j = \frac{C_j}{\sum_{j=1}^{p} C_j} \tag{5-12}$$

5.2.2.2.2 伪代码程序设计

算法 2:CRITIC 算法
输入:由 i 个样本的 j 个指标构成的矩阵 $X[i][j]$
输出:各指标因子的权重数组 Weight=$\{W_1, W_2, \cdots, W_j\}$
1. 计算矩阵 X 的标准化矩阵 $X'[i][j]$
2. 循环从矩阵 $X'[i][j]$中取出 n 指标对应的样本 i 个样本数据 $X'[:,n]$:
3. 计算 n 指标的 i 个样本平均值$\overline{x_n}$,根据公式(5-7)计算
4. 计算 n 指标的标准差作为变异性值 σ_n,根据公式(5-8)计算
5. 将 n 指标的变异性值 σ_n 添加到变异性数组 $\sigma[j]$
6. 循环从矩阵 $X'[i][j]$中取出 n 指标对应的样本 i 个样本数据 $X'[:,n]$:
7. 循环从矩阵 $X'[i][j]$中取出 k 指标对应的样本 i 个样本数据 $X'[:,k]$:
8. 计算 n 指标对应的 $X'[:,n]$与 k 指标对应的 $X'[:,k]$的相关系数 ρ_{kn},依据公式(5-9)计算
9. 将 ρ_{kn}添加到相关系数矩阵 $p[j][j]$中
10. 循环从矩阵 $p[j][j]$中取出 n 指标对应的系数 $p[:,n]$:
11. 计算 n 指标的数据相似度 R_n,依据公式(5-10)计算
12. 将 n 指标的数据相似度 R_n 添加到相似性数组 $R[j]$
13. 分别从 $\sigma[j]$与 $R[j]$中循环取 n 指标的变异性值 σ_n 和冲突性值 R_n:
14. 计算 n 指标的信息量 C_n,根据公式(5-11)计算
15. 将 C_n 添加到信息量数组 $C[j]$
16. 循环从 $C[j]$中取 n 指标的信息量 C_n:
17. 计算 n 指标对应的权重 W_n,使用公式(5-12)计算
18. 将 n 指标对应的权重 W_n 添加到权重数组 Weight$[j]$

5.2.2.3 随机森林算法模型

5.2.2.3.1 算法原理介绍

(1) 构建污染风险分类树和泛化误差计算

RF 是由基分类器决策树组合成多分类器森林的一种树形组合算法,分类结果由森林中每棵树投票决策得到。模型利用 Bootstrap 方法从原始总数据集中随机选取 i 个训练子集样本,构建 i 棵决策分类树;对于单棵树模型,在每个节点选取特征数据 m 个($m \leqslant$总指标数据量),根据信息增益或基尼系数进行分裂,遍历 i 棵分类树。本书使用 Bagging 方法有放回地选取煤层底板突水指标样本训练集，随机选取样本中所包含的风险指标节点数据，计算其基尼系数，根据树往下基尼系数减小速度来确定根节点和中间节点，依据下式进行分裂：

$$基尼系数 = \mathrm{Gini}(p) = \sum_{j=1}^{n} p_j(1-p_j) = 1-\sum_{j=1}^{n} p_j^2 \tag{5-13}$$

式中，p_j 表示样本属于第 j 个类别的概率。基尼系数越大，信息不纯度越大。其中从根节点到叶子节点对应一规则，叶子节点对应一类别。

使用总样本集中未被选中做训练集的样本，即袋外数据(OBB)，对决策树进行内部误差估计，取所有树的 OBB 误差的平均值作为整个森林模型的泛化误差。OBB 误差属于一种无偏估计，泛化误差界为：

$$p^{上} \ll \overline{X}(1-s^2)/s^2 \tag{5-14}$$

式中，$p^{上}$ 为模型泛化误差；$\overline{X}$ 为决策树之间的相关程度；s 为树的分类强度。从公式(5-14)可知，随机森林的泛化能力和决策树相关度呈正相关，与分类强度呈负相关，调节两参数可改变随机森林的泛化误差。

随机森林模型构建决策过程示意图如图 5-2 所示。

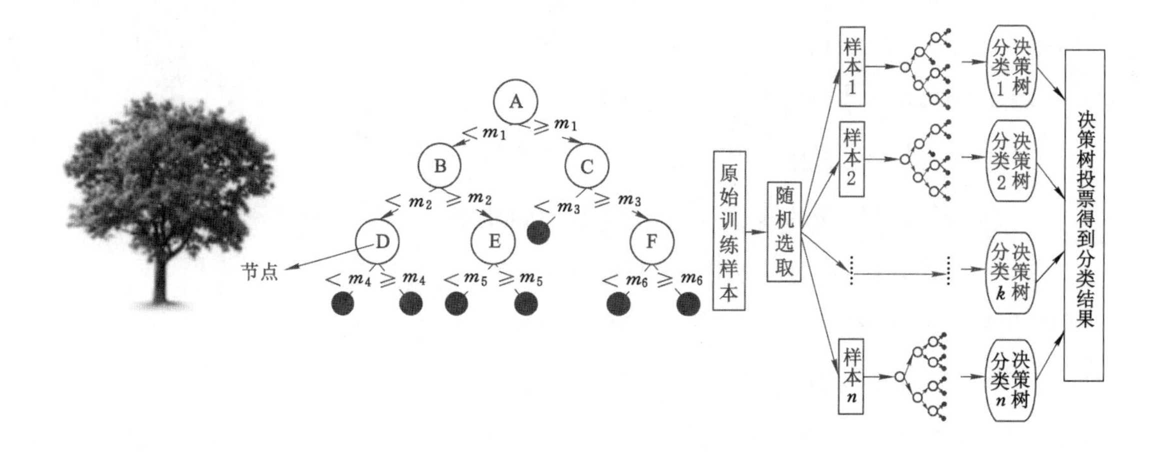

图 5-2　随机森林模型构建决策过程示意图

(2) 指标权重计算

本书中 RF 算法模型利用基尼系数评估风险指标权重。步骤为：计算指标在节点分裂时的基尼系数减少值，对其所有减少值求和算平均值，利用减少平均值和总指标平均基尼减少值总和的比值作为指标的贡献度：

$$P_k = \frac{\sum_{i=1}^{b}\sum_{j=1}^{c} D_{\mathrm{Gini}(k_{ij})}}{\sum_{k=1}^{a}\sum_{i=1}^{b}\sum_{j=1}^{c} D_{\mathrm{Gini}(k_{ij})}} \tag{5-15}$$

式中，P_k 为第 k 个指标的重要程度；a、b、c 分别为总指标个数、分类树总数和单棵树的节点数；$D_{\mathrm{Gini}(k_{ij})}$ 为第 k 个指标在第 i 棵树中的第 j 个节点的基尼系数减少值。

5.2.2.3.2 伪代码程序设计

算法 3:随机森林算法
输入:由 i 个样本的 j 个指标构成的矩阵 $X[i][j]$
输出:各指标因子的权重数组 Weight=$\{W_1, W_2, \cdots, W_j\}$
1. 采用 Bootstrap Sample 方法随机从 $X[i][j]$ 抽取数据 $X[m][n]$,其中 $m<i, n<j$
2. 指定常数 $q<j$,随机从 j 个特征中选取 q 个特征子集
3. 通过特征随机采样后的数据集,训练学习器
4. 通过 OBB 集合验证学习器,并判断特征重要性
5. 利用分类回归获得 j 个特征的重要性
6. 将 j 个特征重要性添加到权重数组 Weight$[j]$

5.2.2.4 模型对比分析

3 种模型算法都能满足突水危险性指标权重计算,但各模型的中间量计算以及适用精度存在差异,具体特点对比见表 5-1。

表 5-1 3 种模型特点对比

权重模型	特点对比
熵权算法模型	(1) 利用熵值确定信息量大小,计算数据间的变异性,利用指标效用值确定权重。 (2) 较大程度依赖样本,样本数据发生变化时,指标权重存在波动性
CRITIC 算法模型	(1) 在考虑指标变异性的同时兼顾指标数据之间的相关性,利用变异性和冲突性确定信息量。 (2) 更加适用于确定数据波动情况较大且具有相互关系的指标数据的权重
随机森林算法模型	(1) RF 基本思想是把多个弱分类器集合起来组成一个强分类器。弱分类器间形成互补作用,缩小单分类器分类错误的影响,从而提高分类准确率和稳定性。 (2) RF 是一种自然的非线性建模工具,对解决多变量的预测具有很好的效果,平衡多评价指标间的误差,形成无偏估计的权重,赋权精确度高

5.2.3 底板突水危险性评价预测模型

5.2.3.1 迭置指数模型

迭置指数法[82]可分为水文地质背景参数法和参数系统法。前者适用于水文地质条件复杂且资料难获取的地区,是通过和研究区相似条件的已知风险性类别区域得出研究区突水危险性大小的方法;后者选取核心指标参数,利用模型求取每个指标参数的权重,建立参数系统迭加计算得到突水危险性综合指数。本书从底板充水含水层、隔水层阻水性能、井田地质构造 3 个方面构建参数系统,采用加权迭加求和建立底板突水危险性综合指数评价模型,计算式如下:

$$\mathrm{RI}=\sum_{\alpha=1}^{a}X_{\alpha}f_{\alpha}(x,y)+\sum_{\beta=1}^{b}Y_{\beta}f_{\beta}(x,y)+\sum_{\gamma=1}^{c}Z_{\gamma}f_{\gamma}(x,y) \tag{5-16}$$

式中，RI 为底板突水危险性综合指数；x、y 为地理坐标；a、b、c 为评价指标的个数；X_{α}、Y_{β}、Z_{γ} 分别为底板突水 3 个层面构建的危险性指标权重；$f(x,y)$为底板突水评价指标归一化图层。

5.2.3.2　突水系数法模型

突水系数法是常用的突水危险性评价方法，其含义为单位隔水层厚度所能承受的水压值大小。而临界突水系数则为单位隔水厚度所能承受的最大水压值，当超过临界突水系数时就易发生突水[83]。突水系数法的公式易于理解，计算简单，其表达式中有水压、隔水层厚度两项因素，基本能反映底板突水因素的综合作用。其数学表达式为：

$$T=\frac{P}{M} \tag{5-17}$$

式中，T 表示突水系数，单位为 MPa/m；M 表示底板隔水层厚度，单位为 m；P 表示隔水层底板承受水压，单位为 MPa。

5.3　底板突水危险性多源信息综合评价系统开发

5.3.1　评价系统的开发流程

开发模型选用瀑布模型(图 5-3)进行系统构建布局。过程主要包含 3 个时期(计划定义时期、开发时期、运行维护时期)和 5 个阶段(问题定义和规划阶段、需求分析阶段、系统设计阶段、程序编码阶段和系统测试维护阶段)。

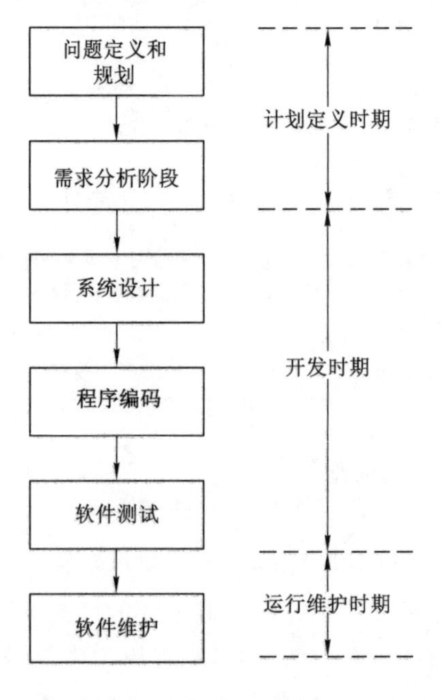

图 5-3　瀑布开发模型

（1）问题定义和规划阶段。从煤矿企业用户、煤矿安全评估从业人员等不同用户角度挖掘底板突水危险性评估系统需求，确立开发需要完成的功能，并从信息技术现有软件和硬件技术是否满足系统要求的角度分析系统开发实现的可行性。开发可行性判定后，还需要知道系统开发主要难度模块和解决方案。

（2）需求分析阶段。需求分析一般可分为功能需求、非功能需求和领域需求。本研发系统开发前主要面向功能需求分析。功能需求分析主要说明系统实际上能处理分析什么数据和结果显示等相关模块。根据需求分析确立，在开发阶段前需编写系统需求 PRD 文档，清楚列出系统的概述说明、流程图、系统功能模块、全局说明和非功能需求等，满足系统最直观最主要的需求，达到使用预期，便于后期系统的推广使用。

（3）系统设计阶段。软件系统设计采用自顶而下、逐渐功能展开的设计方法。设计必须保证系统的安全性、稳定性，保证满足用户的应用需求。设计主要包含总体结构设计和详细结构设计，系统的软硬件结构组织设计，基本处理流程，系统数据库的设计，系统功能和实现模式、接口设计，运行设计，数据结构设计和出错处理设计等。需要进一步描述实现具体模块所涉及的数据结构、主要算法、类的层次结构及调用关系，需要说明每个层次中每一个程序的设计考虑，以便进行编码和测试。

（4）程序编码阶段。根据系统设计的数据结构及软件流程进行程序编码，选择合适可行的开发平台建立起相应的开发环境。根据数据结构、算法分析和模块实现等方面的设计要求开始程序编写工作，满足系统对功能、性能、界面等方面的要求。在分项完成系统功能模块的设计和开发后，要对各项功能和软硬件系统进行集成，完成系统服务器的配置和应用服务的启动，保证系统的正常运行。

（5）系统测试维护阶段。系统开发完毕后，测试人员需要根据系统需求规格说明书编写具体的测试说明对系统进行功能、性能等方面的测试，检验系统的完整性和可行性。测试主要包括用户界面测试、功能测试、性能测试、安全性和兼容性测试、系统安装测试等。在后期系统使用中，还需要进行维护系统功能扩展和升级。

5.3.2　需求分析和总体设计

5.3.2.1　需求分析

系统需求分析从煤层底板突水危险性评估技术出发考虑，评估流程共分为前、中、后期 3 部分。前期需从研究区的地质、水文地质资料及现场勘察情况出发，确立普适性较强的煤层突水危险性的评价指标。中期进入评估数据计算和分析部分，基本流程主要为：基于确立的评价指标完成矿井现场勘察资料中相关数据的提取；基于样本点坐标位置整理为系统指定数据标准格式（Excel 表格格式），再将数据标准格式转化为图层样本点数据格式，并且建立指标属性数据库；基于样本点数据坐标及属性数据完成指标面数据的量化，基于评价指标数据规律选取合适的权重量化模型计算出指标权重。后期进入结果预测分析部分，基于权重和评价模型完成研究区目标煤层底板突水危险性综合指数的计算，选取合适的分割方法对结果图层进行分区，并最后输出结果图层专题图。

5.3.2.2　系统设计原则

系统设计在考虑系统功能实现完全的前提下，还需要确保系统的使用友好度和生命周期。系统设计需满足系统工程设计思想，使开发系统更合理、更科学、便利性更高。系统设计需遵循以下原则：

(1) 实用性原则。系统设计需要满足使用者的功能需求,在界面交互上简洁且操作简单,使用者上手操作门槛低,能较快适应系统的功能使用。

(2) 成熟性原则。系统需要选择行业较主流和成熟的体系架构来实现,科学化搭建让软件系统具备较长的软件生命周期。

(3) 安全性原则。系统在开发前需要进行软件安全性分析,提前规避潜伏的安全隐患,保证系统在使用和运行过程中数据的安全性,保证必要的软件安全功能和软件的完成性。

(4) 稳定性原则。软件系统稳定性包含软件系统的稳定性和数据的稳定性。软件系统设计需要考虑各模块的衔接性以及模块结果数据的可传递性,并在软件运行过程中具备良好的兼容性,可以较好地应对用户操作不当引起的错误,不会导致系统出现运行异常的现象,系统容错性高。

(5) 可靠性原则。系统可靠性包括两个方面:一是系统运行的安全性,系统必须保证能够长期安全可靠稳定地运行;二是系统采集数据精度的可靠性和符号内容的完整性。

(6) 可扩展性原则。系统开发模块耦合性低、模块复用性强的特点,利于后期软件的升级和更新以及技术壁垒突破成本的降低,更利于系统的可持续性开发和扩展提升,使系统具备更大的数据处理能力。

5.3.2.3 系统架构设计

系统架构主要包括数据访问层、业务逻辑层、用户界面层 3 个层级(图 5-4)。用户通过系统界面对矿井指标初始数据进行操作,利用系统功能实现需求分析中所有过程数据的运算、分析以及最后的可视化成图。平台通过多源信息的融合分析以达到科学管理底板突水危险性评估预测系统支持的数据和访问。该系统用户主要由数据处理人员、水文专家、管理部门人员组成。

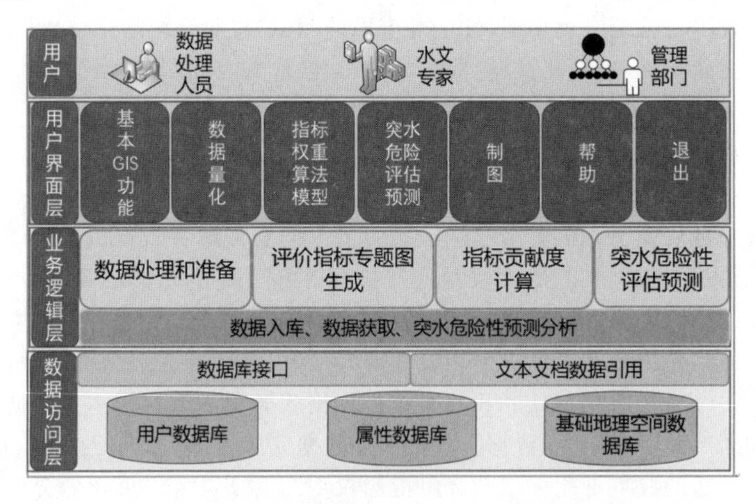

图 5-4 煤层底板突水多源信息综合评价系统架构设计

系统最底层为数据访问层,由用户数据库、属性数据库(控制因素数据库)、基础地理空间数据库(存储系统模型运算的中间数据集)组成,主要负责系统数据库的访问,通过数据库接口链接和文本文档数据引用以及传递数据参与系统运算。本书采用 Microsoft SQL Server 数据库来管理数据,并通过 ADO.NET 方式与数据库连接,从而实现对数据库的访问。

业务逻辑层的建立，是整个系统的核心。它是与业务系统所有煤层突水基础源数据和特有的业务逻辑运算的设计密切相关的。业务逻辑层的设计，均和矿井突水危险性评价特有的逻辑思想相关，例如突水危险性指标量化、突水指标的权重量化、突水危险性的判定等。尤其是评估底板突水危险性过程中指标专题图生成、贡献度计算、突水危险性评估预测等都是业务逻辑层设计的重点。逻辑层所有功能的实现，数据的成功交互是必不可少的(图 5-5)。

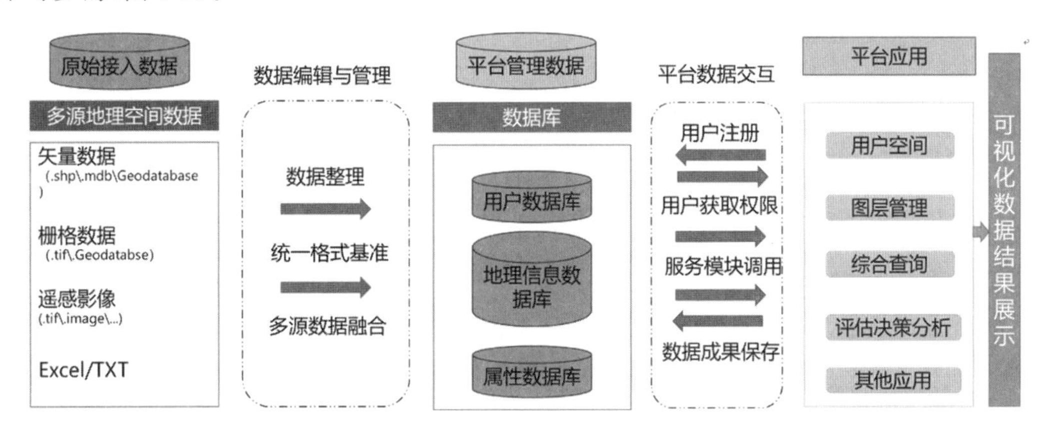

图 5-5 系统业务逻辑层数据交互示意图

用户界面层，是用户交互操作的直接对象。该层向用户展示系统操作界面，是用户了解软件操作最直观的一层。在底板突水综合评价系统中该层包含 GIS 基本操作功能、指标数据预处理和量化、突水危险性指标权重量化模型、突水危险性评估预测分析等功能界面。

5.3.2.4 系统数据库设计

数据库是按照一定数据结构存储数据的仓库。数据库设计往往需要考虑友好性和效率性。数据录入到数据库中要便于利用程序实例进行库中数据的获取调用和组织运算，为整个系统运行提供底层数据支撑。

系统底层数据库需采集和收录煤层底板突水危险性评价初始时期和模型中间运算过程的所有数据集，主要包含空间数据和属性数据。其中空间数据包括研究区评价边界图、区域断层和褶皱空间分布图；属性数据主要包含底板承压水水压、含水层渗透系数、含水层单位涌水量、隔水层厚度等评价指标源数据。用户层面，数据库需要存储用户基本信息，便于用户对系统再次使用登录权限的验证获取。

本书中系统数据库层包含用户数据库、属性数据库、利用空间数据建立的基础地理信息数据库。前两者主要采用关系性数据库管理系统，使用关系模型管理数据，利用二维表格的形式来简化数据关系实现对数据的管理。数据库选用微软公司开发的 Microsoft SQL Server Management Studio 2018 进行底层数据的存储。SQL Server 数据库稳定性强、数据存储量大和存储性能好，能满足项目数据的存储需求。基础地理信息数据库则作为系统默认数据库，可存储模型运行的中间指标量化空间图层和结果空间图层。煤层底板突水危险性多源信息综合评价系统的数据库如图 5-6 所示。

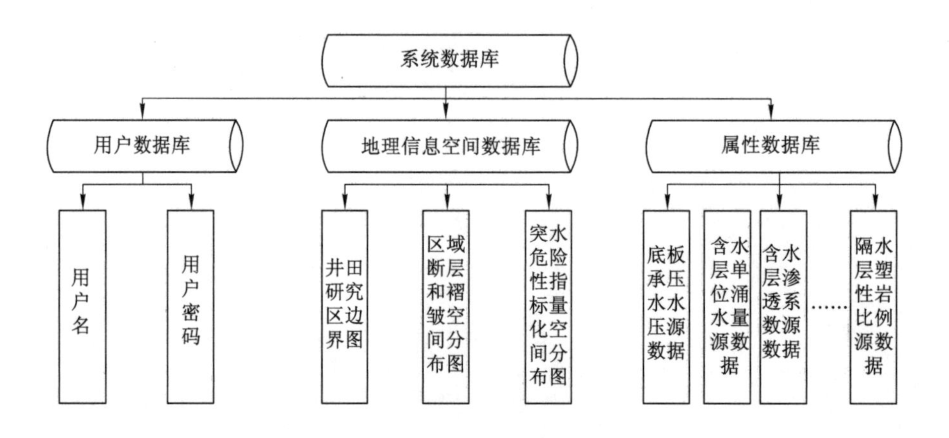

图 5-6　系统底层数据库

5.3.2.5　系统功能结构设计

根据煤层底板突水危险性评估流程确立系统功能开发层次关系。根据需求分析，系统功能结构设计主要由数据准备、数据导入、评价模型参数计算、底板突水危险性评估、结果图可视化、辅助功能等多模块组成，真正实现从指标源数据到底板突水危险性评估及可视化结果呈现的"一"系统的设计开发。系统具体功能结构设计如图 5-7 所示。

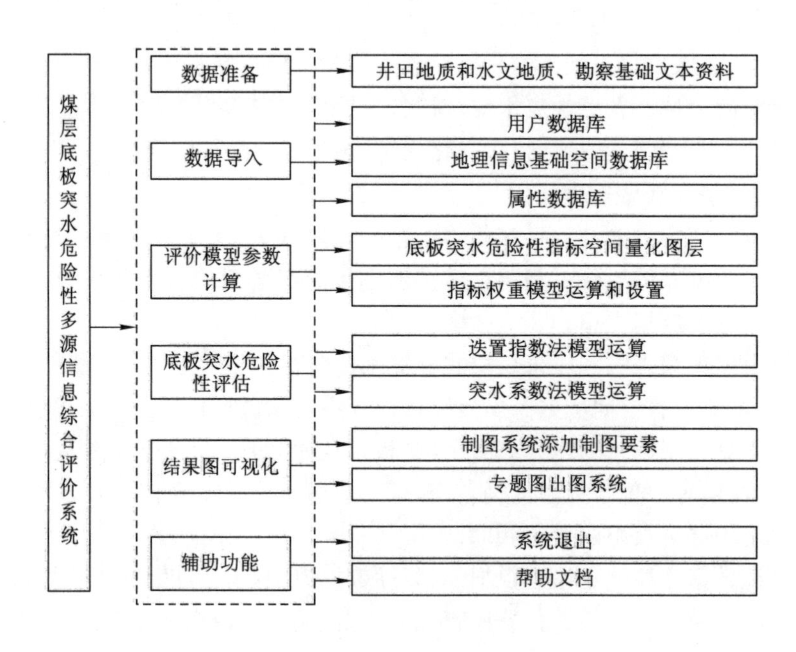

图 5-7　系统功能结构设计

5.3.3　开发方式和环境选择

5.3.3.1　系统开发方式选择

系统开发方式主要选择利用 GIS 软件技术及其提供的组件库进行接口调用实现基本

GIS 功能及再开发，再利用逻辑框架进行封装组建完成系统研发。

组件式开发是目前 GIS 领域中最常用的开发方式。相比 GIS 独立开发难度高、易耗时的特点以及 GIS 基础二次开发无法实现调用 GIS 成熟库导致的开发效率低的缺点，组件式以其开发高效、安全、兼容性强的开发优势成为本研究煤层底板突水危险性多源信息综合评价系统的选择。

组件式开发可以通过基础组件库和工具库进行 GIS 系统的定制开发，满足各种需求，辐射到各行各业。本书主要借助目前世界上最大的 GIS 供应商 ESRI 提供的 ArcEngine10.2(AE)进行系统的开发。其包含了 ArcObjects SDK 软件工具开发包提供功能调用接口以及系统运行环境的运行时(ArcGIS Engine Runtime)，通过各种接口和组件库的调用实现 GIS 基础操作，满足各种应用软件开发对于 GIS 基础功能的需求。其包括 MapControl、PageLayoutControl 等多地图控件和工具条控件，可以嵌入到各种开发的系统应用中进行集成开发。底层数据库可利用 ADO.NET 进行数据通信。底层数据库如前面所述采用 Microsoft SQL Server 构建。系统确立的底板突水指标权重运算数学模型与 VS、AE 平台之间的数据进行传递运算和数据展示，通过模块封装实现并构成统一的无缝界面。

5.3.3.2 系统开发环境选择

整个系统功能需要数据存储、转换、计算及可视化显示 4 大核心板块。系统开发环境需要保障系统开发进程的稳定性和安全性，因此开发环境的合理选择至关重要。

5.3.3.2.1 系统开发平台选择

在系统架构上，基于本软件专业性强、使用对象主要为行业人员以及系统响应速度、处理事物复杂程度、数据安全性保障需要等特点，选择 C/S(Client Server)架构进行系统开发。

对于软件系统需具备数据存储计算功能和可视化的特点，选用 SQL Server 数据库搭载目前 WindowsForm 程序开发的主流平台 Visual Studio 2010。该开发工具支持 64 位 Windows，支持面向 Windows10 系统的软件开发。

5.3.3.2.2 系统开发语言选择

C# 语言是由 C 和 C++ 发展而来的一门语言，综合了多种语言的优势，具备简单的可视化操作和高运行效率，可支持面向组件的开发。该语言属于.NET 平台的主流语言，具有面向对象编程语言所应有的一切特性，灵活度高，摒弃了复杂性，使用方便。Python 语言语法简单易懂，贴近自然语言，可移植性强，在数据处理方面得天独厚的优势使其发展迅速。

煤层底板突水危险性多源信息综合评价系统基于 ESRI 提供的 ArcGIS Engine 进行组件式开发，开发时间和系统性能处于中等要求，恰好避开了 C# 的劣势特点。C# 语言面向组件式的开发优势刚好切合开发需求。在系统权重模型构建板块借助 Python 强大的数据处理能力优势将其作为模块开发语言。因此本研究选用 C# 和 Python 语言混合编程完成煤层底板突水危险性多源信息综合评价系统的开发实现。

5.3.3.2.3 系统软硬件要求

系统软件和硬件的合理配置是系统开发的基础条件，可保障软件系统开发运行期间的稳定性和流畅度，本书开发系统具体的配置如表 5-2 所示。

表 5-2　系统开发软硬件配置

硬件环境	开发的硬件环境	内存：DDR4 24 GB；CPU：六核 2.6 GHz；硬盘：500 GB；显卡：NVIDIA GeForce GTX 1660 Ti
	运行的硬件环境	CPU：2.6 GHz 及以上；内存：4 GB 及以上；存储空间：10 GB
	开发选用的操作系统	Windows10 操作系统
软件环境	软件开发工具	Microsoft Visual Studio、ArcGIS Engine
	软件运行平台	Windows7 操作系统及以上
	软件运行支撑环境	Microsoft.NET 4.0
屏幕显示分辨率		800×600 及以上，推荐 1 024×768

5.3.4　功能模块设计和实现

5.3.4.1　系统开发界面体系

系统界面是面向用户最直观的表现形式。界面设计的友好性决定了系统的易用性和效率性。本系统遵循《软件工程规范》，依照前文系统设计和功能结构设计思路描述设计出一套功能完善、布局合理、层次结构强且美观实用的煤层底板突水危险性多源信息综合评价系统界面体系，如图 5-8 所示。

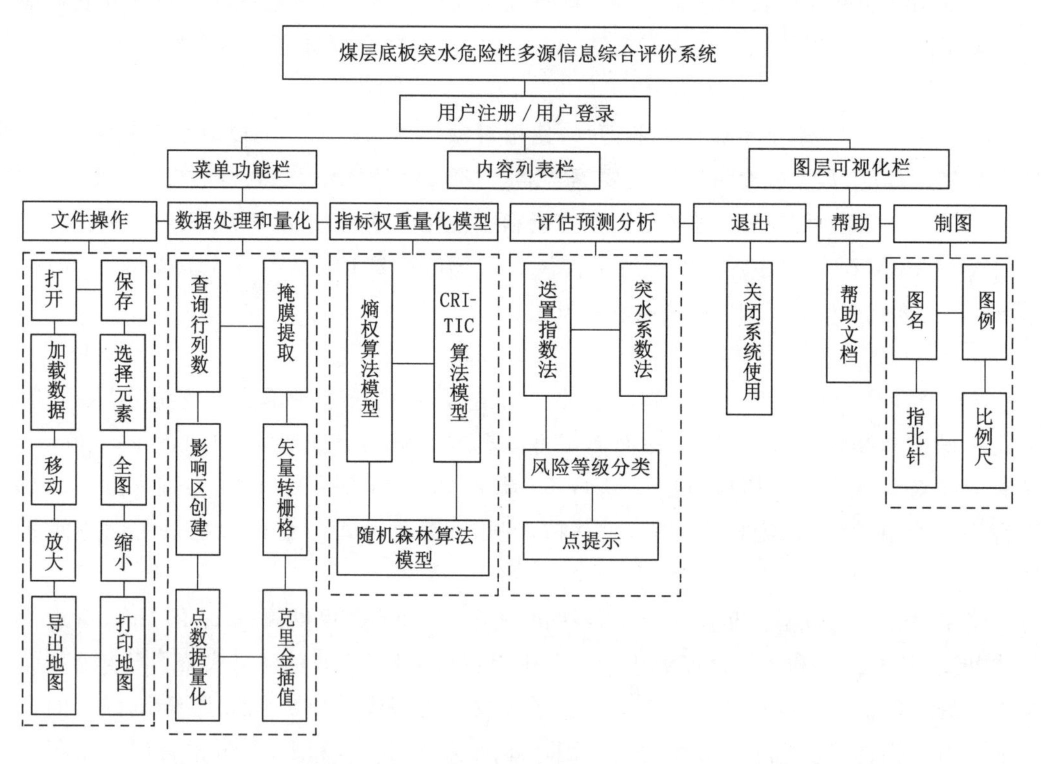

图 5-8　煤层底板突水危险性多源信息综合评价系统界面体系

系统开发进程依照界面体系推进，以 GIS 技术为基础支撑，在 Microsoft Visual Studio 2010 开发平台建立系统模块化的主界面和子界面，合理调用 Windows 窗体控件、公共控件、容器、第三方控件库 WindowsForm DevExpress 以及 ArcGIS Windows Forms 控件进行界面布局，进行相应接口的调用和类库函数的创建完成界面交互调用。

5.3.4.2 系统用户权限

煤层底板突水危险性多源信息综合评价系统初次使用时，新用户必须在登录前先进行注册。注册登录流程如图 5-9 所示。

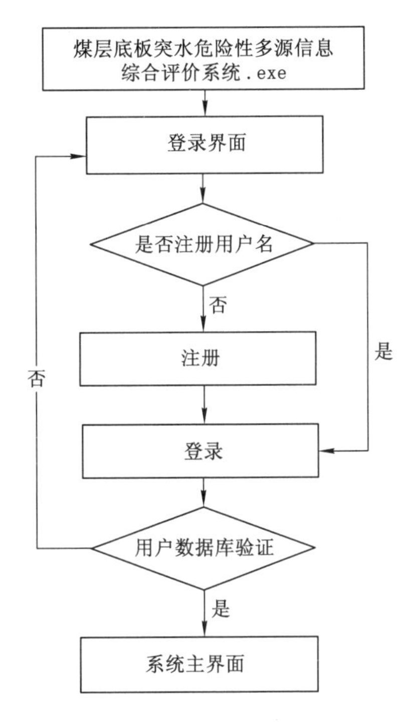

图 5-9 系统注册登录流程图

用户通过点击系统封装程序 Water Inrush Assessment.exe，跳转到登录界面(图 5-10)。在用户名框、密码框和确认密码框输入设置的用户名和密码(图 5-11)，向数据库录入用户信息(图 5-12)。随后返回登录页面登录自己注册的用户名，待服务端连接数据库响应认证后(图 5-13)，获取系统的授权方可进入系统功能主界面，开启系统全部功能使用权限。

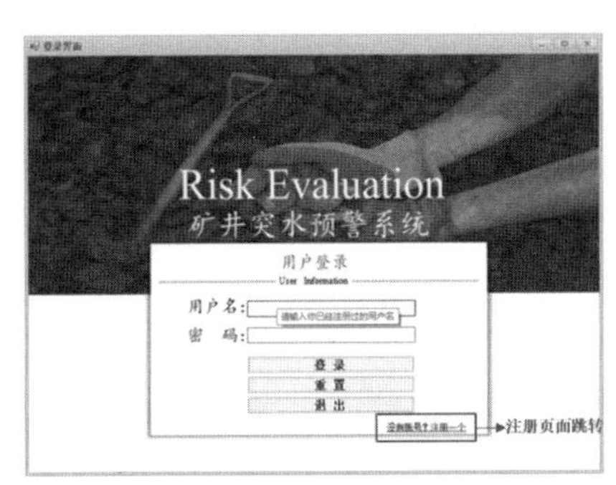

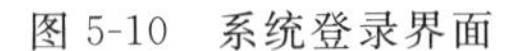
图 5-10 系统登录界面

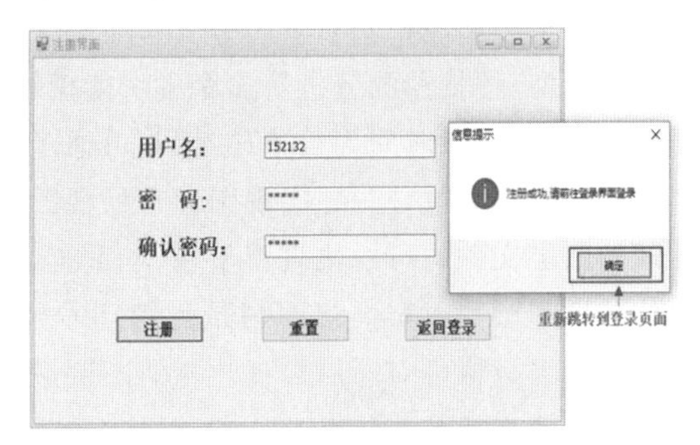

图 5-11 系统注册界面

5.3.4.3 系统主界面

系统主界面是整个系统功能运算的核心界面，它是系统实现底板突水危险性多源信息

图 5-12　用户数据库录入和验证用户信息

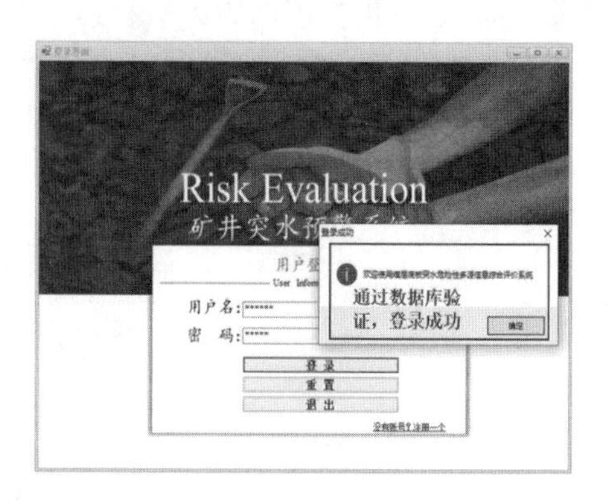

图 5-13　系统登录成功

综合预测分析所有界面交互的主体。主界面主要由菜单功能栏、内容列表栏、图层可视化栏组成，辅助栏目有标题栏、状态栏、基础工具栏组成，如图 5-14 所示。

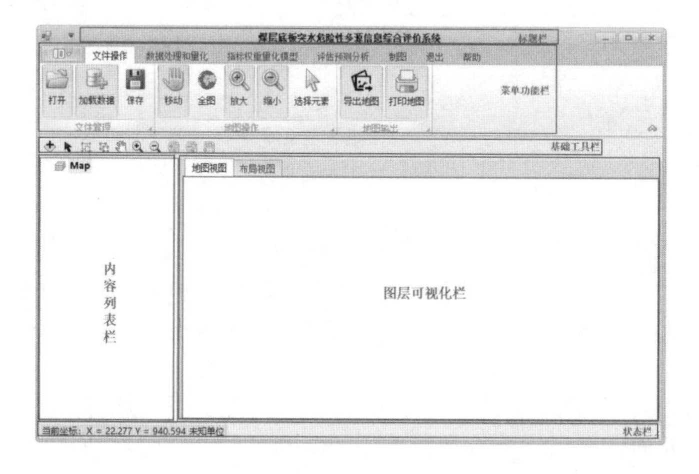

图 5-14　系统主界面

其中菜单功能栏是系统所有子功能的父标题，包括文件操作、数据处理和量化、指标权重量化模型、评估预测分析等多个主功能模块。内容列表栏负责管理所有载入系统的数据图层文件，以加载时间先后顺序排列，可通过列表栏对图层数据实现删除、属性表查看等操作。图层可视化栏分为地图视图和布局视图两个子视图。地图视图主要实现内容列表栏所管理的图层文件的可视化直观呈现，本系统主要有评价指标源数据、危险性评价指标图层和评估结果图层等。布局视图则是为管理专题图出图而设计构建。标题栏用于显示系统名称。基础工具栏可对图层可视化栏的图层进行基础地图操作。状态栏则用于显示图层可视化栏图层的坐标系统信息。

5.3.4.4　基本 GIS 功能模块

基本 GIS 功能模块实现了地图工程操作、图层管理、地图浏览、地图打印输出以及地图查询、地图编辑等操作，主要实现在系统平台载入底板突水危险评估流程所需要的文件图层数据。这些操作功能满足了对.mxd 文档、地理信息空间数据库(GeoDatabase)、矢量栅格图层等数据的输入、对简单图层进行处理和地图输出，实现 GIS 基本功能。

文件操作模块主要包含文件管理、地图基本操作和地图输出板块。各项具体功能和实现思路如下。

(1) 文件管理操作——可以打开地图工程(＊.mxd)、保存地图工程、退出地图工程等；可以加载数据图层(.shp/.tif/.image 等)和地理信息空间数据库、保存数据图层，通过点击主窗口“打开”“加载数据”“保存”菜单功能按钮来实现相关功能操作。

实现该功能主要思路：通过接口 ImapDocument 方法加载 mxd 文档文件、实例化类 MapDocumentClass，通过对话框控件 OpenFileDialog 中文件存储路径、文件名称的索引，利用 CheckMxFile 方法判定地图文档的有效性来实现地图文档的加载。加载数据则是通过 ControlsAddDataCommandClass 类添加地图视图对象。保存文档则通过文本框设置文件存储位置、名称、文件后缀名来实现。该子模块实现界面部分如图 5-15～图 5-18 所示。

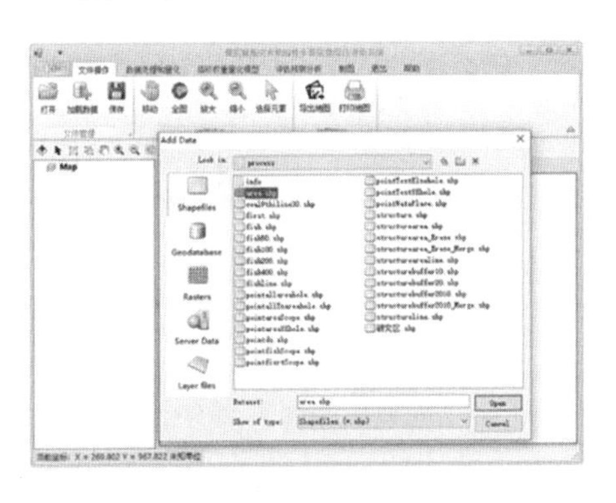

图 5-15 添加数据

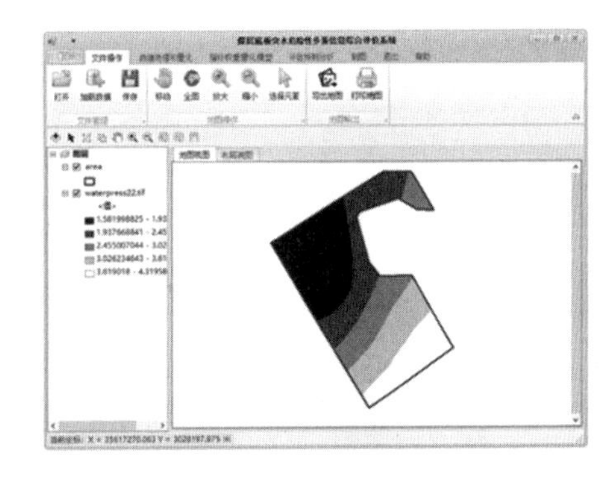

图 5-16 结果展示

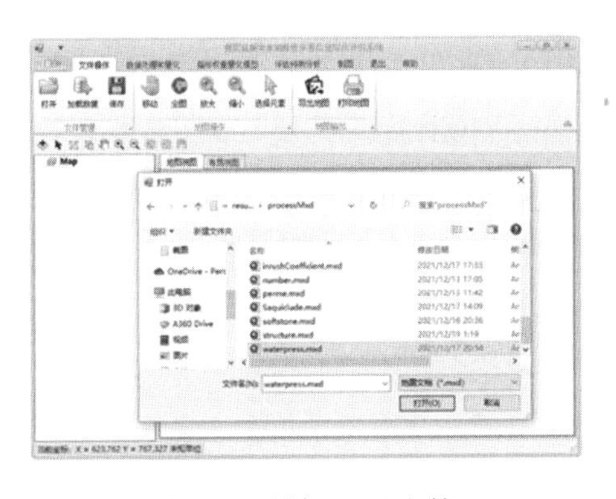

图 5-17 添加 mxd 文档

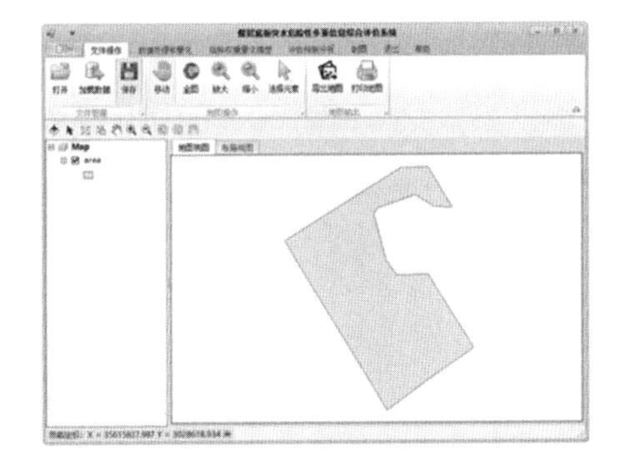

图 5-18 结果展示

(2) 地图操作功能——包括地图的移动、全图、放大、缩小、选择功能，如图 5-19 所示。

该功能可通过自定义开发和工具实现。自定义开发主要通过 ICommand 接口创建对象，将对象添加到钩子函数 OnCreate 实现类中。本次系统开发将移动(漫游)、全图、放大、缩小、选择操作构建成一个方法类 MapOperation.cs，类中创建实现每个操作的方法如全部视图 FullExtent 方法，核心实现代码如下：

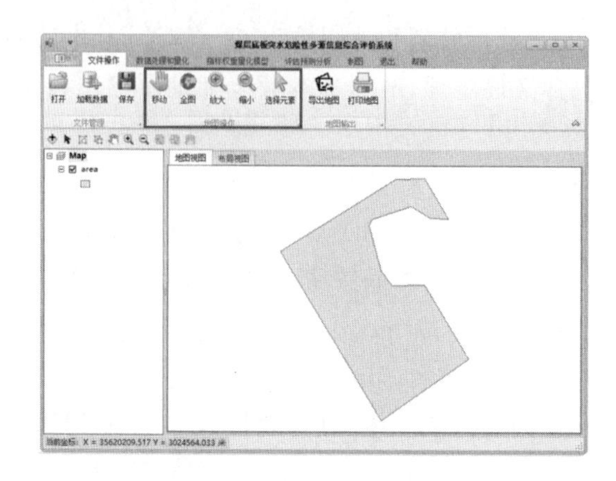

图 5-19 地图操作功能

```
//引用命名空间程序集
using System;
......
using ESRI.ArcGIS.SystemUI;
using ESRI.ArcGIS.Controls;
namespace Mine_Water_inrushing_Assessment
{
    class MapOperation //构建地图操作的类
    {
        private ESRI.ArcGIS.SystemUI.ICommand command;
        public void Pan(AxMapControl axMapControl) //实现地图漫游的方法
        {
            axMapControl.CurrentTool = null;
            axMapControl.MousePointer =
esriControlsMousePointer.esriPointerPan;
           //实例化类
            command = new ControlsMapPanTool();
            command.OnCreate(axMapControl.Object);
            axMapControl.CurrentTool = command as ITool;
        }
    ......//地图放大、缩小、选择操作方法
      public void FullEXtent(AxMapControl axMapControl) //实现全局视图的方法
        {
            ......
            command = new ControlsMapFullExtentCommand();
            ......
        }

    }
```

(3) 地图输出功能——包括页面大小的设置、打印输出和导出地图的功能。

导出地图功能通过子界面 ExportMapForm 实现,可将专题图电子版导出到系统外保存实现进一步应用。导出地图界面预览窗口 PageLayout 控件拷贝主界面 MainForm 的布局视图图层,导出设置中可选择图层导出需求格式(.bpm/.tiff/.jpg 等)和图层输出分辨率大小参数,满足不同的出图需求。具体实现界面如图 5-20 所示。

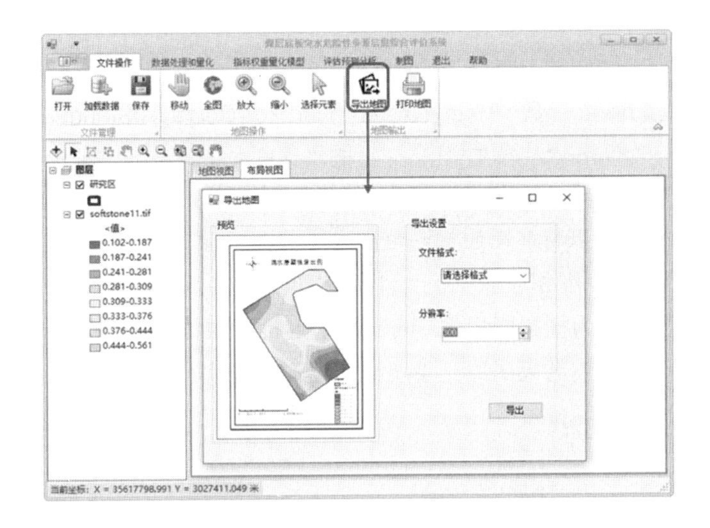

图 5-20　导出地图

打印功能可以将进行制图编辑后的专题图打印出来。为了使打印更加全面，主要分3步打印输出纸质版地图：通过调用系统的 IEnumerator 接口、ObjectCopyClass 类拷贝布局视图的图件数据、Ipaper 类和 Iprint 类完成打印预览窗口、页面设置、打印导出3部分功能实现纸制版地图输出。实现界面如图 5-21 和图 5-22 所示。

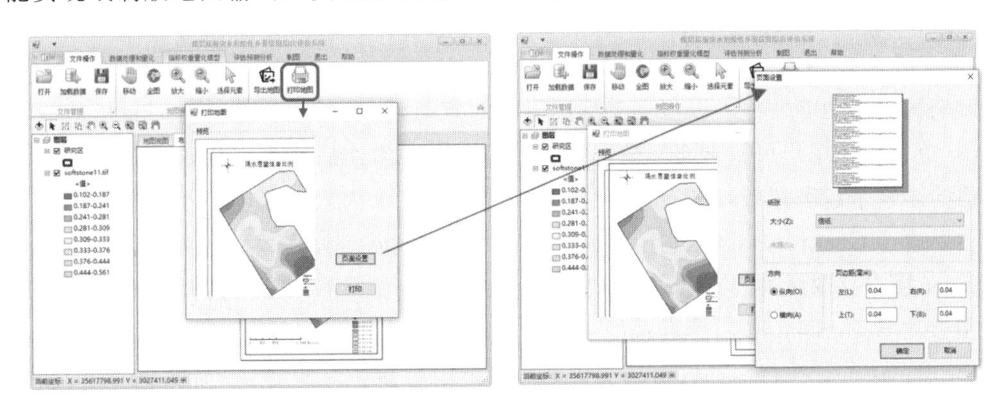

图 5-21　打印地图　　　　图 5-22　页面设置

5.3.4.5　数据处理和量化模块

该模块主要涉及图层行列数查询、多图层掩膜提取、影响区创建、数据格式转换、点数据生成、插值等操作。这些操作功能满足了底板突水危险性评估基础源数据的准备。

5.3.4.5.1　数据基本处理模块

查询图层行列数功能——可以查询栅格图层行列数。在突水危险性综合评估过程中进行相应图层叠加操作时，可查询多图层行列数是否一致，保证图层范围的一致性。实现思路为通过实例化 IRasterLayer 接口，调用接口方法 RowCount 和 ColumnCount 实现栅格图层行列号的查询。部分核心代码如下：

```
IRasterLayer myRasterLayer = axMapControl1.get_Layer(0) as IRasterLayer;
  MessageBox.Show("行数：" + myRasterLayer.RowCount.ToString() + "\r\n 列数：" +
myRasterLayer.ColumnCount.ToString(), "栅格信息");
```

掩膜提取功能——可以将多图层相同范围大小的栅格值提取出来得到同一位置范围的多张新图层，相当于将目标范围相应像元值大小提取出来并生成新的图层。算法思路为首先将掩膜数据即要素图层转化为栅格图层 Raster2，再与定标图层栅格图层 Raster1 进行栅格匹配，输出栅格重复区域得到掩膜结果图层。系统掩膜提取功能实现界面如图 5-23 和图 5-24 所示。

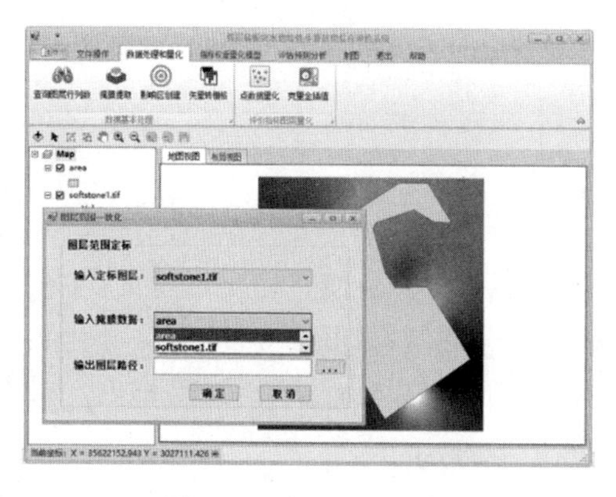

图 5-23　参数输入界面

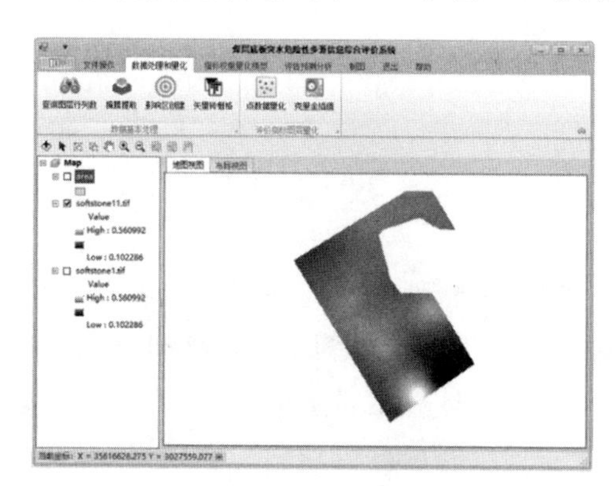

图 5-24　结果显示

影响区创建功能——可以根据矢量图层中的点元素、线元素等建立空间目标的一种影响范围，范围大小用户可根据实际情况需求自行定义。本次研究可以用于确定矿区井田地质构造的影响带和破坏带，进一步量化其对煤层底板突水因素的影响大小。本系统实现该功能主要通过 Geoprocessing 调用 ArcToolBox 空间分析工具，实现思路为：首先通过 IFeatureLayer 接口获取缓冲目标图层，定义 AnalysisTools.Buffer 工具，其次设置目标图层影响范围参数 BufferDistance，然后选择输出路径和图层输出名称 LayerOutputPath.Text，利用 GeoProcess 工具执行缓冲区分析完成影响区范围的建立。各实现界面如图 5-25、图 5-26 所示。部分核心代码如下：

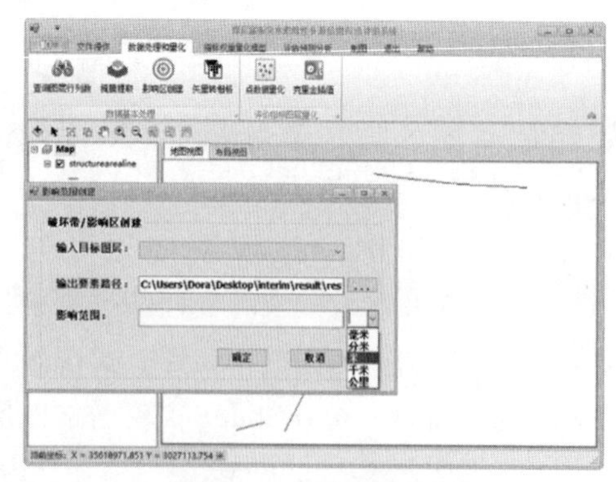

图 5-25　参数输入界面

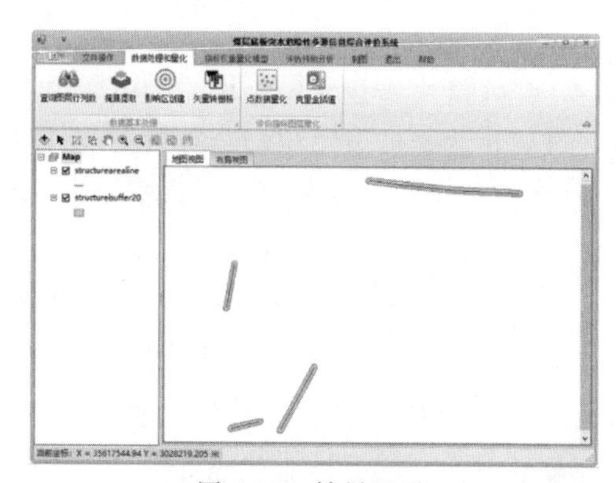

图 5-26　结果显示

```
using System;
using System.Drawing;
using System.Text;
......
using ESRI.ArcGIS.Carto;
using ESRI.ArcGIS.Geoprocessor;
using ESRI.ArcGIS.Geoprocessing;
using ESRI.ArcGIS.AnalysisTools; //添加引用
......
double mBufferDistance;
double.TryParse(BufferDistance.Text, out mBufferDistance); //转换影响区范围 BufferDistance 数据类型
LayerOutputPath.Text = saveDiolog.FileName;//设置图层输出路径和名称
IFeatureLayer aimLayer = GetFeatureLayer((string)combLayerSelectedItem);//获取缓冲目标图层对象
Geoprocessor gp = new Geoprocessor(); //初始化地理处理工具接口
gp.OverwriteOutput = true;
//定义 AnalysisTools.Buffer 工具
ESRI.ArcGIS.AnalysisTools.Buffer mBuffer = new ESRI.ArcGIS.AnalysisTools.Buffer(aimLayer,
LayerOutputPath.Text, Convert.ToString(mBufferDistance) + " " + (string)cboUnits.SelectedItem);
mBuffer.dissolve_option = "ALL";   //设为 ALL,融合缓冲区重叠相交部分
IGeoProcessorResult results=null;
results = (IGeoProcessorResult)gp.Execute(mbuffer, null)//执行缓冲区分析
```

矢量数据结构向栅格数据结构转换功能——可以将空间数据矢量格式转换为栅格格式。本系统开发主要为保证底板突水危险性评价指标数据格式的一致性，便于后续评估分析运算。实现思路是通过 IGeoDataset 接口读取地质构造因素面文件，利用转换操作模块 IConversionOP 根据定义好的栅格大小 CellSize 完成格式的转换。核心代码如下：

```
double  RasterCellSize; //创建栅格大小变量
IGeoDataset geofactordata = geologyfactor as IGeoDataset;//读取地质构造因素数据
IConversionOp ConversionOp = new RasterConversionOpClass();//创建转换对象
 //设置栅格大小
IRasterAnalysisEnvironment geoRaster = ConversionOp as IRasterAnalysisEnvironment;
object CellSize =  RasterCellSize as object;
geoRaster.SetCellSize(esriRasterEnvSettingEnum.esriRasterEnvValue, ref CellSize);
 //栅格数据转换
IRasterDataset  geologyRaster = ConversionOp.ToRasterDataset(geofactordata, "TIFF",
workspace, rastername);
```

5.3.4.5.2 评价指标图层量化模块

点数据量化功能——可以将表格数据基于其坐标位置实现点图层的可视化量化，图层

后台库生成相应的属性数据库，具体实现界面见图 5-27、图 5-28。实现思路是通过数据存储路径打开底板突水评价指标属性 Excel 表格，构成连接相应 Excel 字符串，获取 Excel 中的 Sheet 表，通过遍历读取表格列名，获取成图 X、Y 字段，构建数据库操作变量，利用内存缓存类 DataSet 通过构建 QuerySQL 方法返回内存数据表 DataTable，创建 DataTable 到要素类数据表 Itable 的转换方法 DTableToITable，最后将带有 x、y 字段的 ITable 对象转化为 IfeatureClass 要素图层。

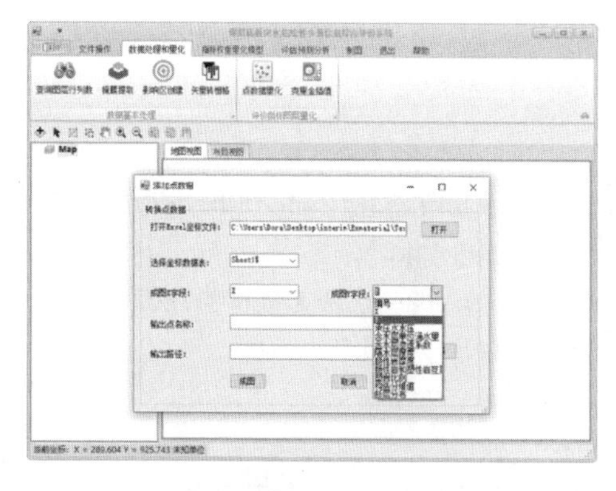

图 5-27　参数输入界面

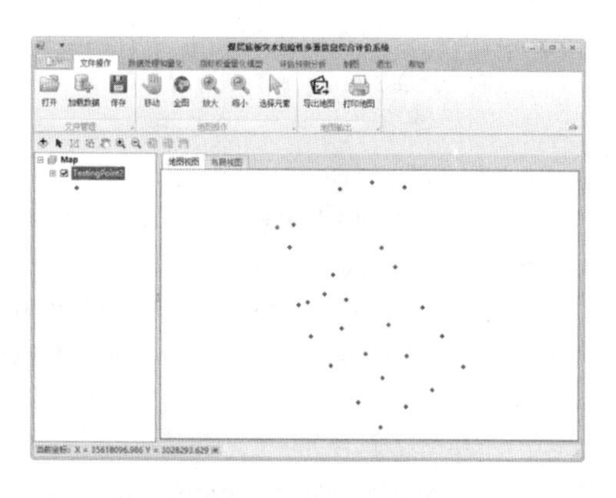

图 5-28　结果显示

克里金插值功能——克里金插值通过某一方向距离上的点与插值元点之间信息的关系，基于其各向异性特征通过已知值来估计未知点值，完成面数据的量化绘制。具体实现界面如图 5-29、图 5-30 得到。克里金法不仅只考虑未知点与已知点之间的距离，还需要考虑未知点整体空间排列，量化空间自相关性，内部算法首先需要通过半方差函数获取点数据量化动能的训练样本结果，以距离和半方差值为横、纵坐标构建离散图，然后拟合经验半方差图，本系统主要采用球面拟合函数，根据拟合图得到块金（y 坐标起始点）、偏基台和变程，通过变程来确定未知点和已知点之间的相关性强弱。系统开发思路：获取主窗体传入的点数据目标图层，然后遍历属性字段并定义插值字段 Z、栅格大小和搜索半径，调用 IInterpolationOp2 接口并实例化，调用克里金方法，并传入对象 esriGeoAnalysisSemiVariogramEnum 计算得到的变异性值参数值以及文本框选择的图层、定义的半径参数值通过插值实现。

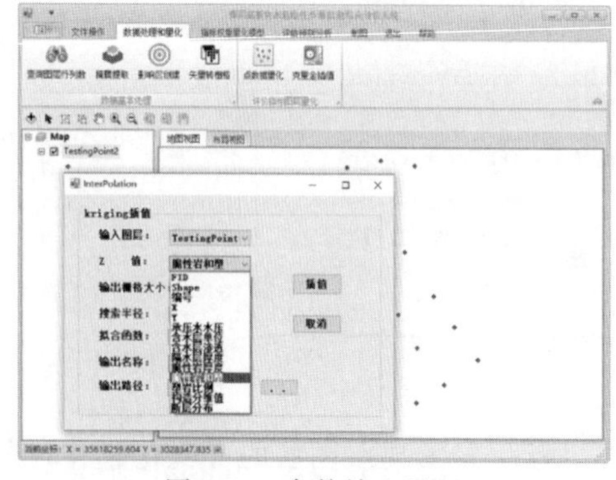

图 5-29　参数输入界面

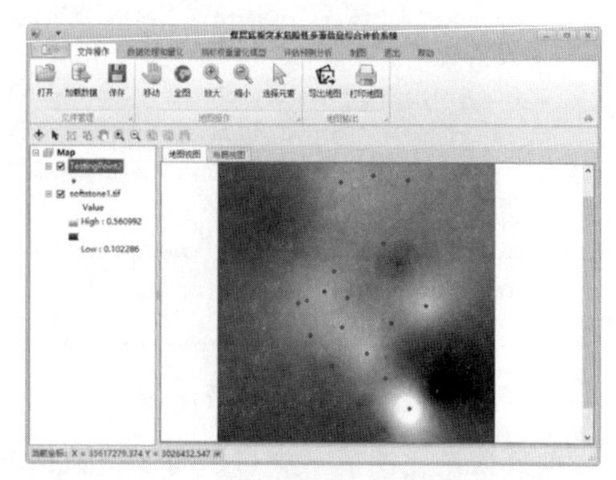

图 5-30　结果显示

核心代码如下：

```
//获取Z字段
ComboBox c = sender as ComboBox;
c.Items.Clear();
if (cmbLayer.SelectedIndex != -1)
   {  cuLayer = getLayerFromName(cmbLayer.SelectedItem.ToString()) as IFeatureLayer;
       cuShp = cuLayer.FeatureClass;
       int num = cuShp.Fields.FieldCount;
          for (int i = 0; i < num; i++)
              { string FieldName = cuShp.Fields.get_Field(i).Name;
                cmbzValue.Items.Add(FieldName);}
}......
//获取自定义插值栅格单元大小
cellSize = Convert.ToDouble(txtSize.Text);
cellSizeObj = cellSize;
rasterEnv.SetCellSize(esriRasterEnvSettingEnum.esriRasterEnvValue, ref cellSizeObj);
//获取搜索半径
radius = new RasterRadiusClass();
int index = cmbRadius.SelectedIndex;
   switch (index)
       {
          case 0://搜索半径设为固定，距离为 2500
            radius.SetFixed(2500, Missing);
            break;
           case 1://搜索半径设为变量，点数为 12
             radius.SetVariable(12, Missing);
             break;
         }
//通过变异函数求取变异值

semiEnum = esriGeoAnalysisSemiVariogramEnum.esriGeoAnalysisSphericalSemiVariogram;

//传入参数，实现插值功能

interOp = rasterEnv as IInterpolationOp2;

outGeodataset = interOp.Krige(inGeodataset,semiEnum, radius,true,ref Missing)
```

5.3.4.6 指标权重量化模块

该模块主要涉及3种客观权重模型——熵权算法模型、CRITIC算法模型和随机森林算法模型。3种模型运算数据输入界面大致相同,核心代码按照5.2.2节设计的各模型伪代码逻辑进行编写开发。以CRITIC方法界面为例,将指标源数据导入模型中,点击相应功能按钮可完成模型运算,依照伪代码逻辑实现功能运算,即可得到指标权重大小。实现界面如图5-31、图5-32和图5-33所示。

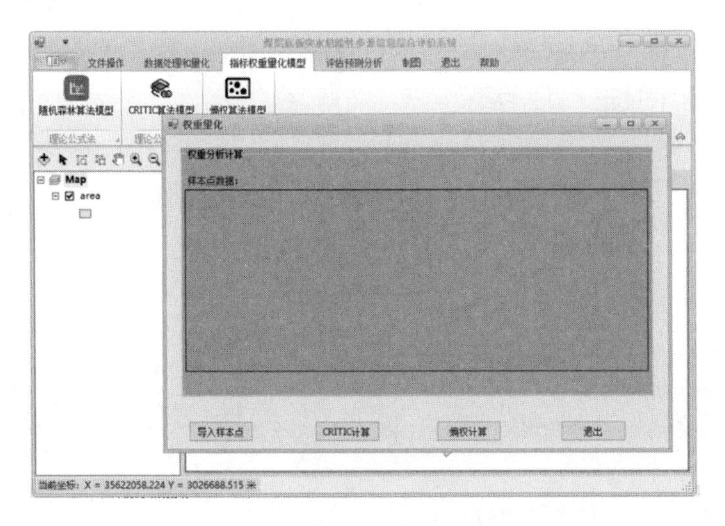

图5-31 权重模型运算界面

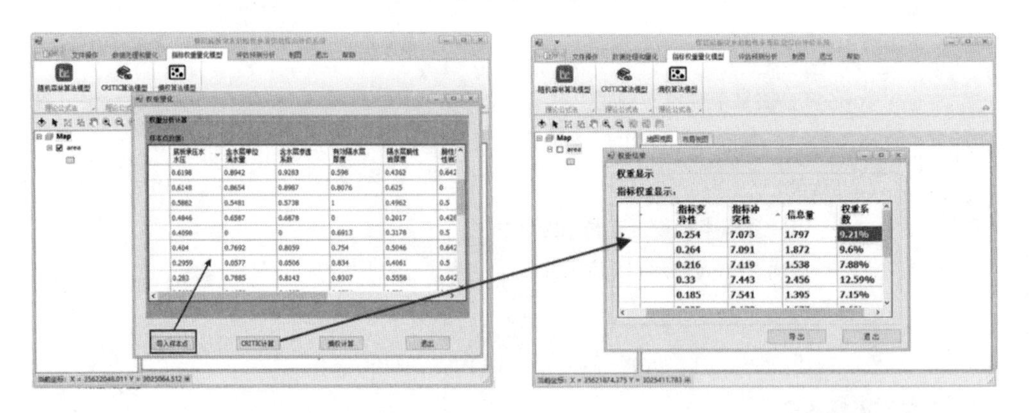

图5-32 获取指标归一化数据　　　图5-33 权重结果

5.3.4.7 评估预测分析模块

底板突水评估预测分析模块是本系统的核心模块。基于前期系统评价指标图层量化、指标权重模型确定权重参数等多步骤运算,系统评估模块集成了新型和传统两种煤层底板突水危险性评估模型、风险等级分类和点提示功能,可实现研究区煤层底板突水危险性综合指数计算、结果图层分区以及点提示样本点属性值查询。

(1) 煤层底板突水危险性评估模型提供两种评估方法,一是耦合权重模型的迭置指数评价法,二是底板突水传统评价方法突水系数法。主要实现界面见图5-34和图5-35。

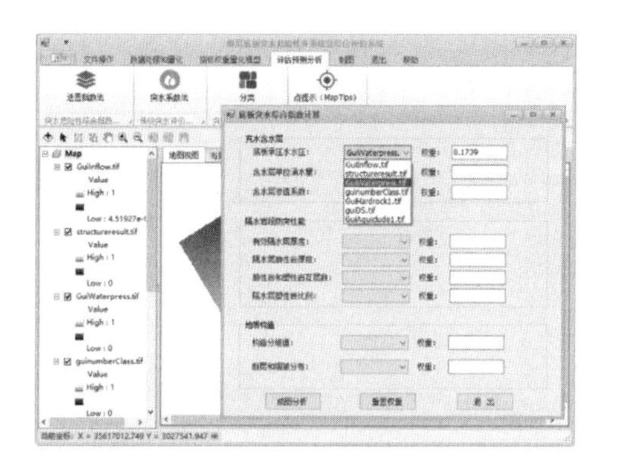

图 5-34 迭置指数法计算界面

图 5-35 突水系数法计算界面

迭置指数法实现思路为通过获取充水含水层、隔水岩段防突性能、地质构造栏数据、从主窗体 MainForm 列表栏调入的底板突水指标图层数据以及对应指标的权重，封装迭置指数底板突水评价模型。核心代码如下：

```
//获取获取图层列表名 并赋值 Combox
ILayer WaterPre = getLayerFromName(cmbLayerWaterPre.SelectedItem.ToString());
ILayer Inflow = getLayerFromName(cmbLayerInflow.SelectedItem.ToString());
......
ILayer Ds = getLayerFromName(cmbLayerDs.SelectedItem.ToString());
ILayer Structure= getLayerFromName(cmbLayerStructure.SelectedItem.ToString());
//获取权重值
Double WaterPre _w = Double.Parse(tbWaterPre.Text);
Double Inflow_w = Double.Parse(tbInflow.Text);
......
Double Ds_w = Double.Parse(tbDs.Text);
Double Structure_w = Double.Parse(tbStructure.Text);
//设置迭置指数法模型表达式
string expression = "[ WaterPre]"+" * "+ WaterPre _w.ToString()+" + "+ "[Inflow]"+" * "+Inflow_w. ToString()+" + " +
"[Perme]"+ " * " + Perme_w.ToString() +" + "+ "[EWBT]"+" * "+ EWBT_w.ToString() +" + "+ "[HRT]"+" * "+
HRT_w.ToString()+" + " + "[Pile]"+" * "+ Pile_w.ToString()+" + " + "[DS]"+" * "+DS_w.ToString()+" +" +
"[SRR]"+" * "+ SRR_w.ToString()+" + " + "[Structure]"+" * "+Structure_w.ToString()
//定义存储文件名称及文件路径
string saveFileName="Result_Risk.tif";
string FilePath = @"D:\result1";
//执行栅格表达式
result = (IGeoDataset)pMapAlgebraOp.Execute(expression);
ShowRasterResult(result,"Result_Risk");
......
```

突水系数法实现思路为首先需获取主窗体量化的底板承压水水压和有效隔水层厚度量化图层，程序调用 IMathOp 接口的 Divide 方法实现图层运算，最后通过构造 ShowResult 方法将结果图层传回主窗体。核心代码如下：

```
    //设置全局变量
    private IGeoDataset inGeodataset1;
    private IGeoDataset inGeodataset2;
    private IGeoDataset result;
    private IMathOp mathcaculate;
    private AxMapControl pAxMap = null;
    //联动主窗口
    public coefficien(AxMapControl pMainMap)
        {
                InitializeComponent();
                pAxMap = pMainMap;
                mathcaculate = new RasterMathOpsClass();
        }
    //AddLayer 函数实现列表函数，用于获取主窗体所有图层信息
    private void AddLayerList(System.Windows.Forms.ComboBox cb)
            {   ......
                if (map != null)
                {
                    for (int i = 0; i < map.LayerCount; i++)
                    {
                        cb.Items.Add(map.get_Layer(i).Name);
                    }
                }......
            }
    //突水系数法结果图层演算和存储
    if (CmbLayer1.SelectedItem == null || CmbLayer2.SelectedItem == null)
        return;
    result = mathcaculate.Divide(inGeodataset1, inGeodataset2);
    ShowResult(result, OutRasterName.Text);
    string FileName = OutRasterName.Text;
    string Filepath = OutPath.Text;
    IRaster pRaster = (IRaster)result;
    IWorkspaceFactory pWKS = new RasterWorkspaceFactoryClass();
    IWorkspace pWorkspace = pWKS.OpenFromFile(Filepath,0);
    ISaveAs pSaveAs = pRaster as ISaveAs;
    string format = "TIFF";
    pSaveAs.SaveAs(System.IO.Path.GetFileName(FileName) + "." + format, pWorkspace, format);
MessageBox.Show("计算完成，已完成图层存储","成功",MessageBoxButtons.OK,MessageBoxIcon.Information);
this.Close();
    ......
    //构建结果图层传入主窗体方法
private void ShowResult(IGeoDataset geoDataset, string intertype)
            {
                IRasterLayer rasterLayer = new RasterLayerClass();
                IRaster raster = new Raster();
                raster = (IRaster)geoDataset;
                rasterLayer.CreateFromRaster(raster);
                rasterLayer.Name=intertype;
                pAxMap.AddLayer((ILayer)rasterLayer,1);
                pAxMap.ActiveView.Refresh();
            }
```

(2) 底板突水危险性综合指数图层计算后，需要对其结果图层进行进一步风险区划分并做分析。风险等级分类功能通过调用 RasterReclassOpClass 类，可选择 EQUAL_INTERVAL、EQUAL_AREA、NATURAL_BREAKS 3 种方法将突水危险性综合指数图层划分成输出区域定义个数。核心代码如下：

```
//设置分割区域
zoneCount = Convert.ToInt16(txtCount.Text);
//设置分割类型
int index = cmbSliceType.SelectedIndex;
switch (index)
  {
    case 0://EQUAL_INTERVAL
      sliceEnum = esriGeoAnalysisSliceEnum.esriGeoAnalysisSliceEqualInterval;
      break;
    case 1://EQUAL_AREA
      sliceEnum = esriGeoAnalysisSliceEnum.esriGeoAnalysisSliceEqualArea;
      break;
    case 2://NATURAL_BREAKS
      sliceEnum = esriGeoAnalysisSliceEnum.esriGeoAnalysisSliceNatualBreaks;
      break;
  }
//实现底板突水危险性综合指数图层分级
object Missing = Type.Missing;
reclassOp = new RasterReclassOpClass();
IGeoDataset result = reclassOp.Slice(inGeodataset, sliceEnum, zoneCount, Missing);
ShowRasterResult(result, "分割");
string FileName = outClassName.Text;
string FilePath = outClassPath.Text;
IRaster pRaster = (IRaster)outGeodataset;
IWorkspaceFactory pWKSF = new RasterWorkspaceFactoryClass();
IWorkspace pWorkspace = pWKSF.OpenFromFile(FilePath, 0);
ISaveAs pSaveAs = pRaster as ISaveAs;
string format = "TIFF";
pSaveAs.SaveAs(System.IO.Path.GetFileName(FileName)    +    "."    +    format,
pWorkspace, format);
MessageBox.Show("完成");
```

等级分类功能界面见图 5-36、图 5-37。

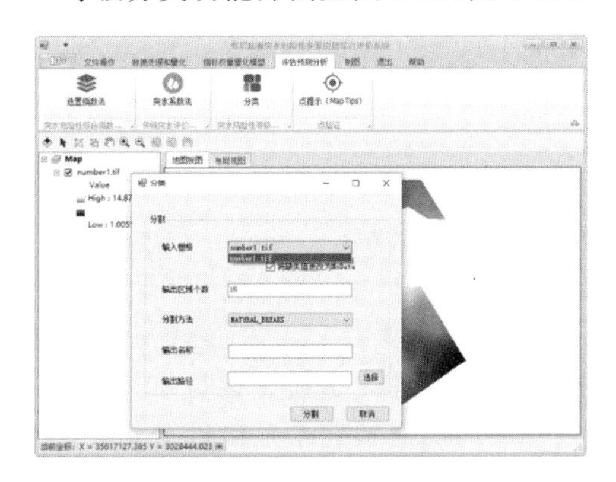

图 5-36 参数输入界面

图 5-37 结果显示

(3) 点提示工具可以自定义显示验证点的属性值。探究评价指标属性值和底板突水危险性结果等级分区之间的规律性,可进一步佐证评价模型运算的评价结果的合理性。

点验证提示功能显示界面见图 5-38 和图 5-39。

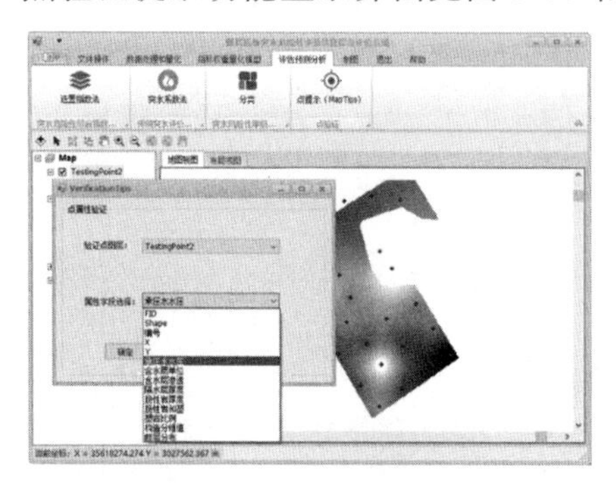

图 5-38　参数输入界面

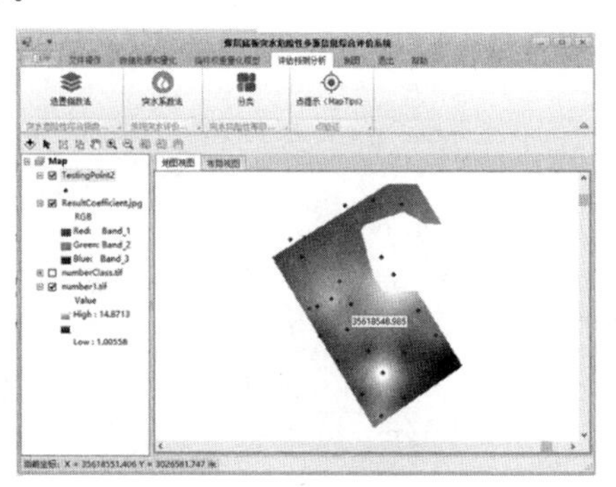

图 5-39　结果显示

实现思路是通过选取主窗体 MainForm 中目标图层即样本测试点图层,自定义显示的评价指标属性字段,判定鼠标所在图层位置和测试点图层位置即可在图层中显示目标验证点的属性值。核心代码如下:

```
string filedName =VerificationTips.cmbzValue.SelectedItem.ToString(); //获取点提示窗口定义的字段
if (filedName == "Waterpre") //判断是否显示底板承压水水压指标
  {
    pFeatureLayer.DisplayField = filedName;
    showTips = pFeatureLayer.get_TipText(e.mapX, e.mapY, mainMapControl.ActiveView.FullExtent.Width / 10000);
  }
    ......//利用判断语句判定所有属性字段
if (filedName == "Inflow")//判断是否显示底板单位涌水量字段
  {
    pFeatureLayer.DisplayField = filedName;
    showTips=pFeatureLayer.get_TipText(e.mapX,e.mapY, mainMapControl.ActiveView.FullExtent.Width / 10000);
  }
}
  ......
 toolTip1.SetToolTip(mainMapControl, showTip);//鼠标在测试点位置可显示自定义字段值
```

5.3.4.8　可视化制图模块

为使煤层底板突水危险性指标和评估结果能够更清晰地表达模型运行结果,图件更加直观形象,输出的图件更加友好,便于后期深入开展煤层底板突水危险性分析,系统根据研究需求,使用可视化制图模块提供了结果图层专题图输出的地图元素——指北针、比例尺、图例,以及自定义图层标题功能,以实现特征分明、美观简洁的专题图制作,利用

ArcEngine 提供的 ItextElement、ItextSymbol、Ielement、InorthArrow、ImapSurroundFrame、ImapSurround、IscaleBar 等接口完成模块开发。具体实现界面见图 5-40 和图 5-41。

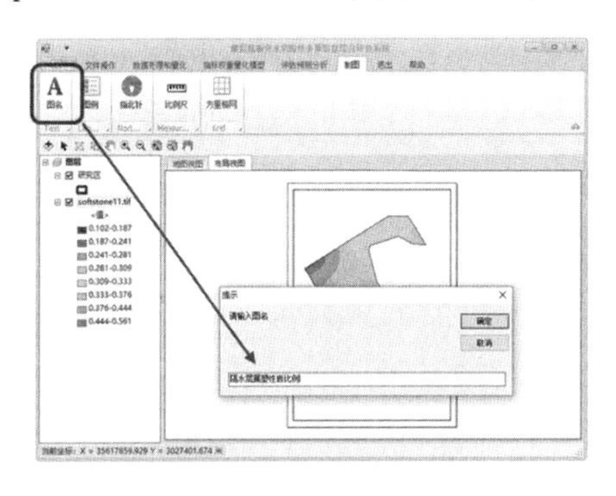

图 5-40 图名自定义

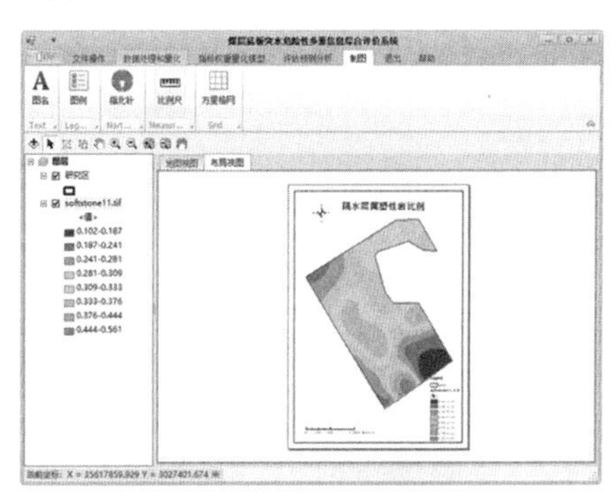

图 5-41 制图要素展示

5.3.4.9 辅助功能

辅助功能包含系统直接退出功能和帮助文档功能。帮助文档用于详细介绍煤层底板突水危险性多源信息综合评价系统所有功能模块的操作流程、使用方法和注意事项，帮助新用户快速熟悉功能和操作步骤，对于系统使用过程中遇到的问题起到辅助解决的一个作用。系统利用 Html/EasyCharm 实现帮助文档的制作开发，点击系统右上方的帮助菜单，即可查询系统详细操作的文档说明。

5.4 应用实例

5.4.1 龙凤煤矿水文地质概况

龙凤煤矿位于贵州省金沙县西南部，距县城直线距离约 14.5 km，隶属金沙县安洛乡、新化乡、城关镇及黔西县重新镇所辖。龙凤煤矿强富水性含水层自上至下依次为茅草铺组灰岩岩溶裂隙含水层、夜郎组玉龙山段灰岩岩溶裂隙含水层、茅口组灰岩岩溶裂隙含水层，其中茅口组灰岩岩溶裂隙含水层富水性较强，受煤层采动底板破坏影响，为开采 9# 煤层时的直接充水含水层，是本次评价的目标含水层。隔水层主要为夜郎组九级滩段泥质岩类隔水层、夜郎组沙堡湾段泥质岩类隔水层、龙潭组泥质岩类隔水层。龙潭组泥质岩类隔水层位于煤层和茅口组含水层之间，泥岩、黏土岩及泥质粉砂岩占该组地层总厚的一半以上，隔水性能较好。

井田年平均降水量为 1 048 mm。茅草铺组灰岩和玉龙山段灰岩在该井田内出露面积广泛，茅口组灰岩在井田西部出露。大气降水是井田内地下水补给的重要来源。浅层风化裂隙潜水随地势不同，从高处向低处运动，受冲沟侵蚀切割呈下降泉水出露地表补给地表水；深层地下水多以承压水状态存在，地下水运动方向受地层和构造控制，亦受乌箐河及安洛河最低侵蚀基准面控制，地下水总流向主要为南东方向，仅在井田的西南角受安洛河侵蚀基准面控制地下水流向为南或偏南西。

5.4.2 专题图的生成

基于龙凤煤矿水文地质勘察资料和钻孔资料，提取 9# 煤层底板突水风险的评价指标源数据，利用多源信息综合评价系统对指标源数据进行处理，利用量化模块插值得到指标专题图，见图 5-42～图 5-50。

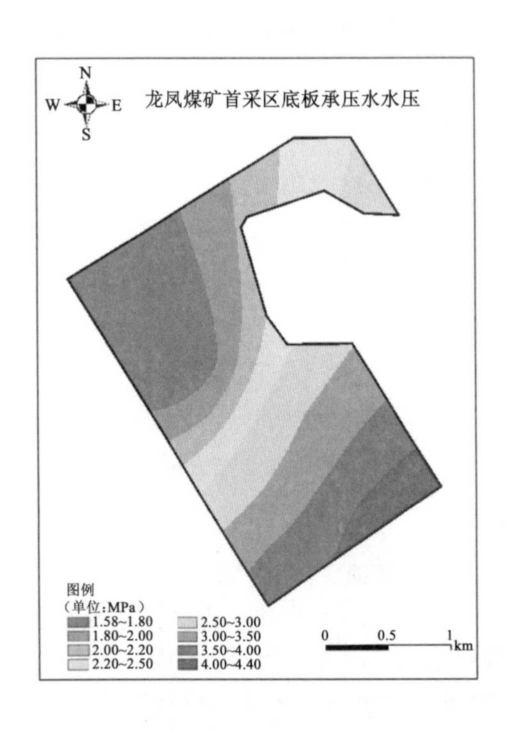

图 5-42　龙凤煤矿首采区底板承压水水压分布图

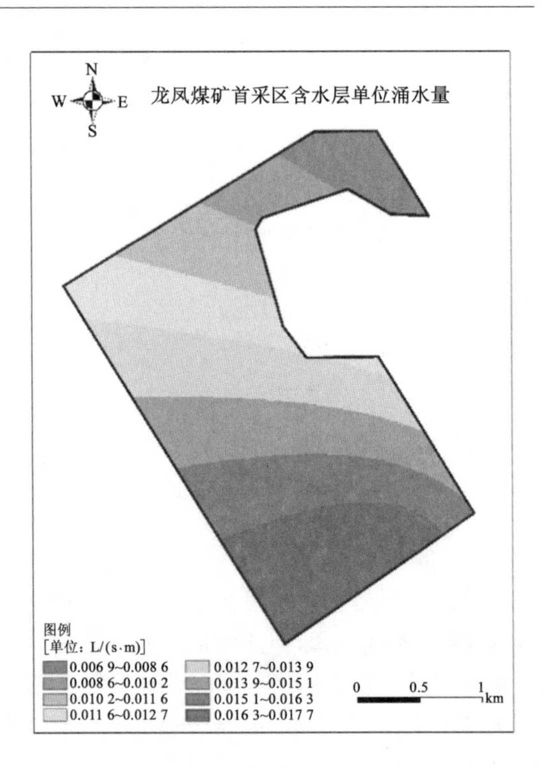

图 5-43　龙凤煤矿首采区含水层单位涌水量分布图

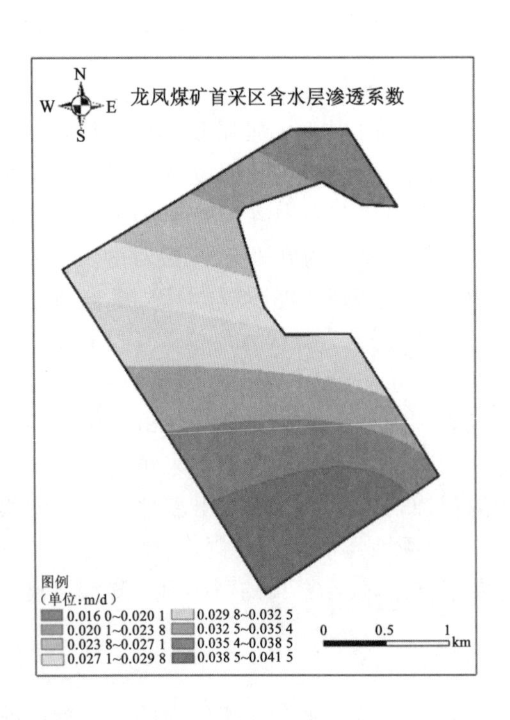

图 5-44　龙凤煤矿首采区含水层渗透系数分布图

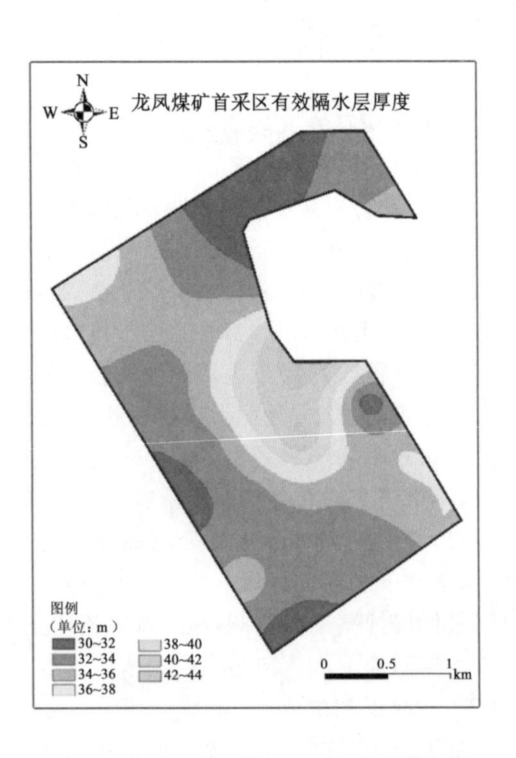

图 5-45　龙凤煤矿首采区有效隔水层厚度分布图

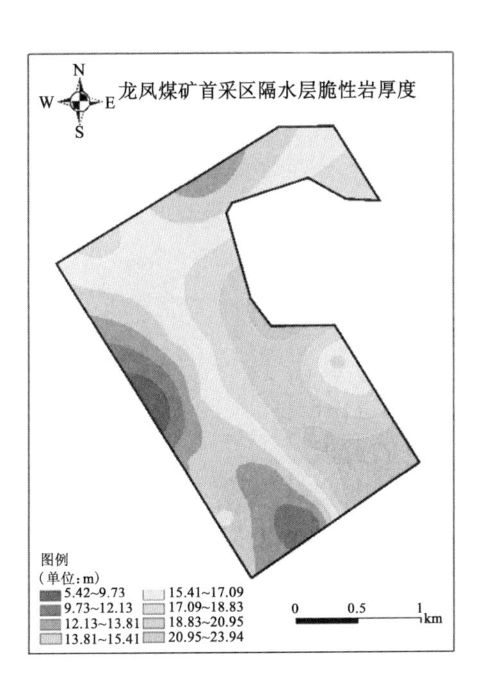

图 5-46 龙凤煤矿首采区隔水层脆性岩厚度分布图

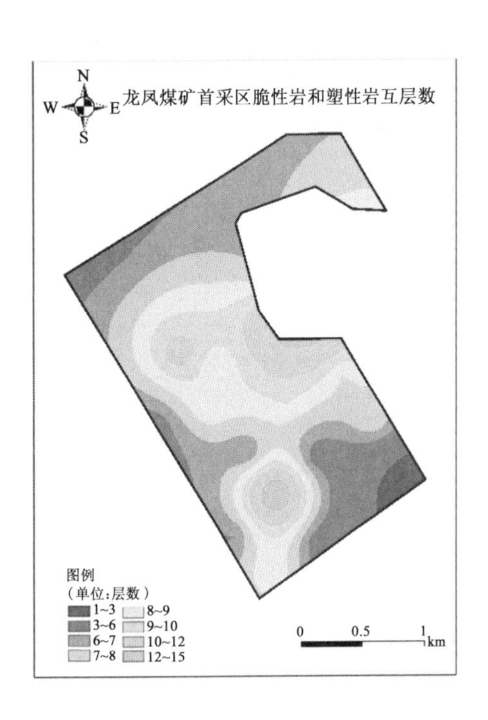

图 5-47 龙凤煤矿首采区脆性岩和塑性岩互层数分布图

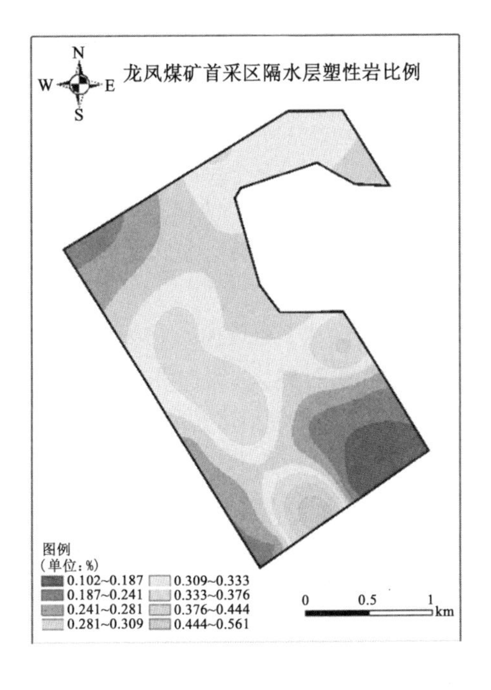

图 5-48 龙凤煤矿首采区隔水层塑性岩分布图

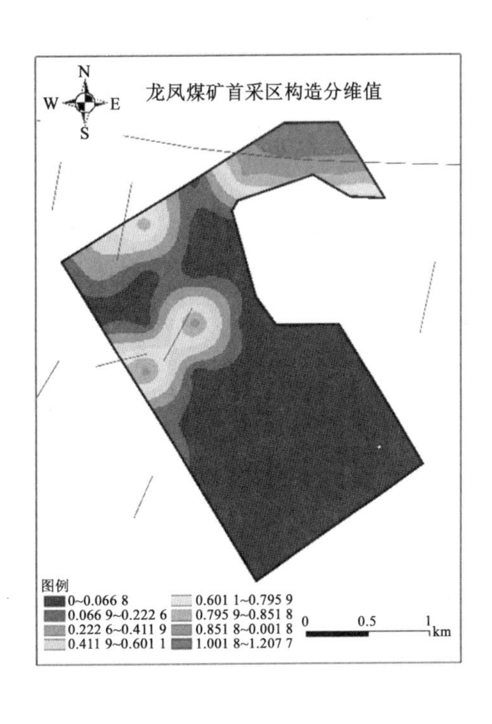

图 5-49 龙凤煤矿首采区构造分维值分布图

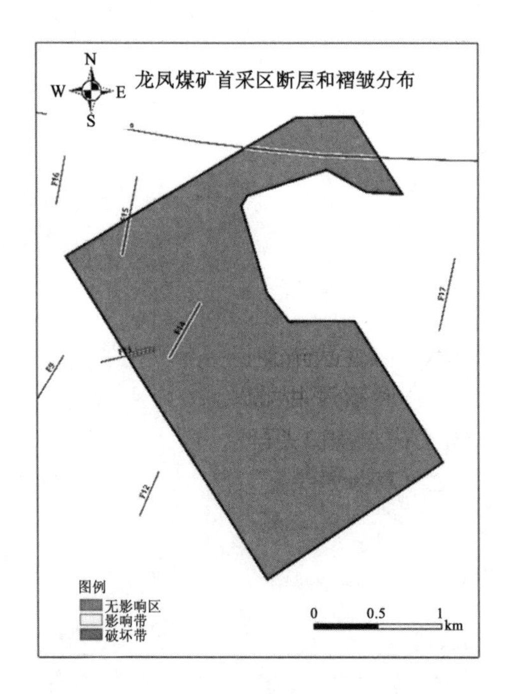

图 5-50　龙凤煤矿首采区断层和褶皱分布图

5.4.3　指标权重计算和评价结果分析

5.4.3.1　数据准备

5.4.3.1.1　样本点选取

计算指标权重，需要确定训练样本数据集。本着训练样本点均匀分布、覆盖评价指标全面性的原则，样本控制点选取包含两部分：一是选择井田内的地质钻孔点；二是选择断层和褶皱分布区的控制点。数据取决于赋分值、实测数据和插值数据。

5.4.3.1.2　数据归一化

由于各评价指标之间的单位和量级不同，无法进行直接比较，为了消除各因子间不同量纲的数据对评价结果的影响，需要对采集数据进行无量纲化处理，使各评价因素具有可比性和可加性。

影响闭坑矿井岩溶地下水的主控因素主要分为正向影响因子和负向影响因子。一般来说，正向评价因子指标值越大，煤层底板发生突水的危险性相对越大；负向评价因子指标值越小，煤层底板发生突水的危险性相对越大。正向评价指标主要包括底板承压水水压、含水层单位涌水量、含水层渗透系数、构造分维值、断层和褶皱分布等；负向评价指标主要为有效隔水层厚度、隔水层脆性岩厚度、脆性岩和塑性岩互层数、塑性岩比例等。

分析各评价指标值分布的规律性、指标最大值和最小值的差距，以及指标因子间单位的不同，对各评价指标分别采用相应的指标值归一化处理方法。基于确立的闭坑矿井岩溶地下水评价指标的衡量标准不同，对于采集到的数据主要采用正向公式(5-18)和负向公式(5-19)同趋化处理及特征值赋分法两种归一化方法消除量纲影响。

$$A_{ij}=S_{下}+\frac{(S_{上}-S_{下})\times(x_{ij}-\min(x_i))}{\max(x_i)-\min(x_i)} \tag{5-18}$$

$$A_{ij}=1-\left(S_{下}+\frac{(S_{上}-S_{下})\times(x_{ij}-\min(x_i))}{\max(x_i)-\min(x_i)}\right) \tag{5-19}$$

式中，x_{ij} 为第 i 个评价单元的第 j 项评价因子的原始值；$\min(x_i)$ 为量化值的最小值；$\max(x_i)$ 为量化值的最大值；$S_{上}$ 为归一化范围的上限；$S_{下}$ 为归一化范围的下限。在归一化处理中，一般取 $S_{上}=1$，$S_{下}=0$。

对于评价因子的指标值无法直接用定量的数据来表达的，应根据其特征对岩溶地下水污染的影响程度，并结合专家经验，对其进行特征值赋分法，所赋值可以在 0～1，一方面对评价指标进行了量化，另一方面也进行了归一化处理。在煤层底板突水危险性评价指标中，该方法适用于断层和褶皱分布这项指标。结合矿区水文地质条件和专家经验对正断层、逆断层、背斜地质构造的破坏带和影响带指标特征值进行赋值（表 5-3）。最后建立模型训练样本集，部分数据成列见表 5-4。

表 5-3 断层和褶皱特征值赋分表

名称	性质	破碎带赋分	影响带赋分
F13	逆断层	0.7	1.0
F14	正断层	1.0	0.7
F15	正断层	1.0	0.7
营盘坡背斜	背斜	1.0	0.7

表 5-4 样本点归一化数据表

样本编号	底板承压水水压	含水层单位涌水量	含水层渗透系数	有效隔水层厚度	隔水层脆性岩厚度	脆性岩和塑性岩互层数	塑性岩比例	格网编号	D_s	断层和褶皱分布
ZK1	0.006 9	0.361 7	0.352 7	0.614 8	0.358 4	0.733 3	0.768 0	3-2	0.509 8	0
ZK2	0	0.553 2	0.558 0	0.833 8	0.502 2	0.333 0	0.452 0	5-4	1	1
ZK3	0.433 6	0.787 2	0.794 6	0.832 9	0.545 3	0.666 7	0.407 2	0	0	0
ZK4	0.860 1	0.989 4	0.991 1	0.888 3	0.780 6	0.733 3	0	0	0	0
ZK5	0.122 4	0.148 9	0.147 3	1.000 0	0.698 9	0.666 7	0.489 1	0	0	0
ZK6	0.248 7	0.308 5	0.312 5	0.918 0	0.287 8	0.600 0	0.570 8	0	0	0
ZK7	0.588 4	0.553 2	0.553 6	0.990 4	0.537 7	0.533 3	0.367 3	0	0	0
ZK8	0.121 1	0.702 1	0.705 4	0.914 5	1.000 0	0.733 3	0.534 6	0	0	0
ZK9	0.280 4	0.808 5	0.803 6	0.946 0	0.592 3	0.666 7	0.637 9	0	0	0
ZK10	0.621 1	0.925 5	0.924 1	0.732 9	0.482 5	0.666 7	0.675 7	0	0	0
ZK11	0.840 9	0.978 7	0.982 1	0.970 2	0.598 7	0.466 7	0.705 4	0	0	0
ZK12	0.166 1	0.691 5	0.687 5	0.836 1	0.503 7	0.466 7	0.449 6	0	0	0
ZK13	0.615 9	0.893 6	0.892 9	0.867 2	0.655 8	0.066 7	0.569 3	0	0	0
ZK14	0.485 0	0.670 2	0.674 1	0.349 8	0.267 4	0.466 7	0.560 3	0	0	0
ZK15	0.671 9	0.819 1	0.821 4	0.782 2	0.183 2	0.733 3	0.754 8	0	0	0

表 5-4(续)

样本编号	底板承压水水压	含水层单位涌水量	含水层渗透系数	有效隔水层厚度	隔水层脆性岩厚度	脆性岩和塑性岩互层数	塑性岩比例	格网编号	D_s	断层和褶皱分布
ZK16	0.970 3	1.000 0	1.000 0	0.895 0	0.159 0	0.800 0	1.000 0	0	0	0
ZK17	0.772 9	0.670 2	0.674 1	0.680 0	0.402 8	0.533 3	0.722 9	0	0	0
ZK18	1.000 0	0.776 6	0.776 8	0.697 7	0.082 2	1.000 0	0.852 3	0	0	0
ZK19	0.339 8	0.383 0	0.383 9	0	0	0	0.707 8	0	0	0
ZK20	0.092 7	0.574 5	0.575 9	0.636 1	0.446 1	0.533 3	0.571 7	0	0	0
SC1	0.019 7	0.595 7	0.598 2	0.854 2	0.712 3	0.533 3	0.534 0	6-3	0.959 6	0.7
SC2	0.014 2	0.595 7	0.593 8	0.853 6	0.665 0	0.466 7	0.505 9	6-3	0.959 6	1.0
SC3	0.042 9	0.478 7	0.482 1	0.755 1	0.427 0	0.466 7	0.528 6	5-4	1.000 0	0.7
SC4	0.020 3	0.329 8	0.330 4	0.704 8	0.420 7	0.666 7	0.694 2	3-2	0.797 9	1.0
SC5	0.003 0	0.414 9	0.410 7	0.708 9	0.440 7	0.666 7	0.674 6	4-2	0.265 8	0.7
SC6	0.201 6	0.063 8	0.062 5	0.964 5	0.570 1	0.666 7	0.512 4	2-5	0.885 9	0.7
SC7	0.295 8	0	0	0.883 1	0.453 1	0.600 0	0.539 1	2-6	0.931 1	1.0

5.4.3.2 指标权重计算

将表 5-4 中的样本点数据值输入突水危险性多源信息综合评价系统，借助系统指标权重量化模块下的权重计算模型对数据进行处理，得到评价指标的权重值。随机森林算法计算指标权重需要在数据选取上提取差异性较大的样本点，因此选取原则遵循：① 处于突水系数危险区和地质构造分布区的控制点标记为 1，表示该点突水的危险性较大；② 处于突水系数安全区的样本点标记为 0，表示该点发生突水的可能性较小。根据数据选取规则，提取处于危险区的点数据(ZK4、ZK7、ZK11、ZK13、ZK15、ZK16、ZK17、ZK18)作为标记为 1 的样本点，同时将处于过渡区、相对安全区和较安全区的点数据(ZK2、ZK3、ZK8、ZK9、ZK12、ZK14、ZK20、SC1、SC2、SC5、SC6、SC7)作为标记为 0 的样本点，共 20 个样本点数据，将归一化指标数据导入到随机森林模块中，计算出的指标权重值和测试精度见表 5-5。

表 5-5 随机森林算法模型权重计算表

评价指标	底板承压水水压	含水层单位涌水量	含水层渗透系数	有效隔水层厚度	隔水层脆性岩厚度	脆性岩和塑性岩互层数	塑性岩比例	构造分维值	断层和褶皱分布
权重	0.290 4	0.088 3	0.068 1	0.138 9	0.123 7	0.119 9	0.035 3	0.015 6	0.119 8
测试精度	0.886								

5.4.3.3 突水危险性评价结果

将随机森林算法计算得到的权重代入公式(5-16)，建立突水危险性综合指数评价模型。利用系统评估预测分析模块的迭置指数法和突水系数法功能计算综合评价值，制作得到 9$^{\#}$ 煤层底板突水危险性评价分区图(图 5-51、图 5-52)。

由图 5-52 和图 5-53 可知，基于迭置指数法的突水危险性评价结果与基于突水系数法的评

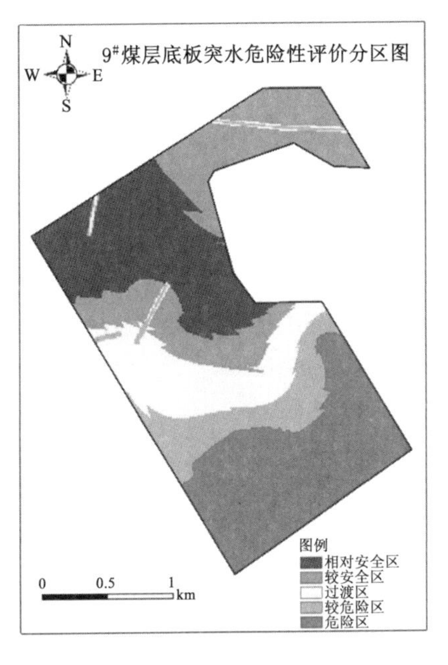

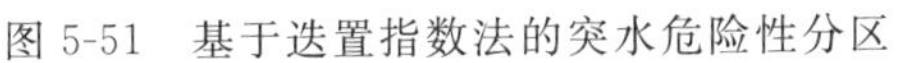

图 5-51 基于迭置指数法的突水危险性分区

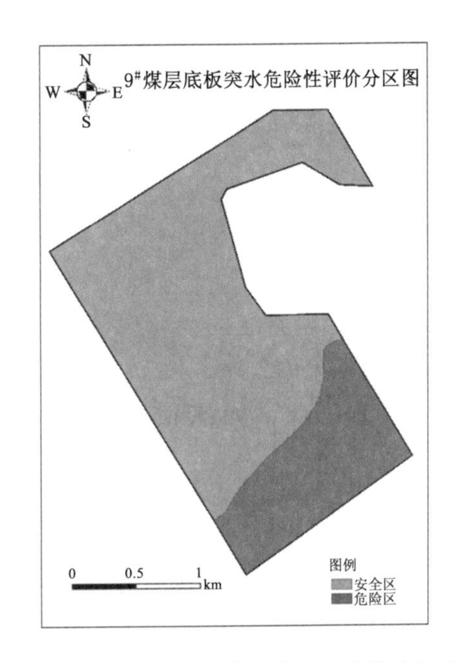

图 5-52 基于突水系数法的突水危险性分区

价结果整体趋势一致，但是前者的分区更加细致，突水危险性规律呈现中部弱、南部强的变化趋势。图中危险区主要分布在井田南部和断层分布区域。该区域隔水层底板受到的水压值为 3.5～4.4 MPa，有效隔水层厚度小，阻水能力弱，单位涌水量值为 0.015 1～0.177 0 L/(s·m)，渗透系数大小为 0.035 4～0.041 5 m/d，均是整个区域内的最大值。

5.5 小结

(1) 根据煤层底板突水危险性评价预测技术流程，从业务逻辑和功能结构出发设计了系统的总体架构，构建了底层数据库结构，调用三方控件(WindowsForm 控件、DevExpress 控件、ArcEngine 控件)和功能图标完成了突水危险性预测系统的搭建。基于 SQL Server 和.NET 技术及机器学习算法，集成开发了融合多源信息数据处理、指标体系建立、权重算法模型运算和可视化出图等多功能一体化的煤层底板突水危险性预测系统，实现了从源数据到预测结果图层的快速“一”系统的集成开发。

(2) 以金沙县龙凤煤矿首采区为应用实例，从充水含水层、隔水层隔水能力、地质构造 3 个方面建立了西南岩溶地区煤层底板突水危险性评价指标体系，提取了相关数据信息。在此基础上，利用建立的预测系统进行了图层制作和模型计算，得到了龙凤煤矿 9# 煤层突水危险性空间分布规律，验证了所研发的预测系统的可行性和准确性。

参考文献

[1] KONG H L,MIAO X X,WANG L Z,et al.Analysis of the harmfulness of water-inrush from coal seam floor based on seepage instability theory[J].Journal of China University of Mining and Technology,2007,17(4):453-458.

[2] WU Q,WANG M Y.Characterization of water bursting and discharge into underground mines with multilayered groundwater flow systems in the North China coal basin[J].Hydrogeology journal,2006,14(6):882-893.

[3] WU Q,XING L T,YE C H,et al.The influences of coal mining on the large Karst springs in North China[J].Environmental earth sciences,2011,64(6):1513-1523.

[4] 国家安全生产监督管理总局,国家煤矿安全监察局.煤矿防治水规定[M].北京:煤炭工业出版社,2009.

[5] 宋战平.隐伏溶洞对隧道围岩-支护结构稳定性的影响研究[J].岩石力学与工程学报,2006,25(6):1296.

[6] 刘之葵,梁金城,朱寿增,等.岩溶区含溶洞岩石地基稳定性分析[J].岩土工程学报,2003,25(5):629-633.

[7] 刘铁雄.岩溶顶板与桩基作用机理分析与模拟试验研究[D].长沙:中南大学,2003.

[8] 李博,刘子捷.煤层底板富水承压溶洞突水力学模型构建及突水判据研究[J].煤炭科学技术,2022,50(5):232-237.

[9] 谢飞.突变理论在围岩稳定性分析中的应用研究[D].北京:北京交通大学,2014.

[10] 王连国,宋扬,缪协兴.基于尖点突变模型的煤层底板突水预测研究[J].岩石力学与工程学报,2003,22(4):573-577.

[11] 朱宗奎.底板突水突变机理及模型建构研究[J].矿业安全与环保,2017,44(5):34-39.

[12] 尹立明,郭惟嘉,路畅.深井底板突水模式及其突变特征分析[J].采矿与安全工程学报,2017,34(3):459-463.

[13] 穆成林,裴向军,路军富,等.基于尖点突变模型巷道层状围岩失稳机制及判据研究[J].煤炭学报,2017,42(6):1429-1435.

[14] 徐芝纶.弹性力学:上册[M].5版.北京:高等教育出版社,2016.

[15] 莫阳春.高水压充填型岩溶隧道稳定性研究[D].成都:西南交通大学,2009.

[16] 黄玉萍,罗志强.Navier-Stokes方程自由面数值模拟[J].工程数学学报,2016,33(3):319-330.

[17] 翟清伟.基于COMSOL Multi-physic的瓦斯抽采地面井的流场数值分析[J].煤矿现代化,2019(1):102-104.

[18] 李娜.石油储层岩心微孔变化与流体流动关系的研究[D].大庆:东北石油大学,2014.

[19] 王鹏杰.多孔介质热渗耦合实验及模拟研究[D].太原:太原理工大学,2015.
[20] 朱帅.多组分气体在多孔电极中扩散的研究[D].大连:大连理工大学,2017.
[21] 王志凯.超声波作用下尾砂浆浓密规律及流变特性研究[D].北京:北京科技大学,2018.
[22] 原富珍,马克,庄端阳,等.基于微震监测的董家河煤矿底板突水通道孕育机制[J].煤炭学报,2019,44(6):1846-1856.
[23] 贾晓亮.断层倾角对断层活化与底板突水影响的数值模拟研究[J].煤炭工程,2017,49(4):90-93.
[24] 朱博.考虑断层倾角条件下防水煤柱留设研究[J].科技经济导刊,2017(18):4-5.
[25] 张金才.矿井防水煤柱稳定性的理论研究[J].煤田地质与勘探,1987(2):37-42.
[26] 焦世雄,王文才.断面尺寸对巷道围岩稳定性影响数值模拟研究[J].山东煤炭科技,2018(12):2-4.
[27] 孟凡树.深埋隧道断层破碎带突水力学判据研究[D].徐州:中国矿业大学,2019.
[28] 郭明.隐伏溶洞对隧道围岩稳定性的影响规律及鄂西山区岩溶处治技术研究[D].济南:山东大学,2014.
[29] 王浩.隧道前方充水溶洞对围岩稳定性影响与防突安全厚度研究[D].济南:山东大学,2018.
[30] 郭佳奇.岩溶隧道防突厚度及突水机制研究[D].北京:北京交通大学,2011.
[31] 李凯,茅献彪,李明,等.含水层水压对底板断层突水危险性的影响[J].矿业安全与环保,2011,38(3):1-4.
[32] 李凯,茅献彪,陈龙,等.采动对承压底板断层活化及突水危险性的影响分析[J].力学季刊,2011,32(2):261-268.
[33] 刘伟韬,刘士亮,廖尚辉,等.断层影响下底板突水通道研究[J].煤炭工程,2015,47(12):85-88.
[34] 张文忠.受采动影响底板隐伏断层滞后突水分析[J].矿业安全与环保,2018,45(6):83-87.
[35] 李鹏飞,刘宏翔,赵勇,等.隧道穿越断层破碎带防突水最小安全厚度及其影响因素[J].隧道与地下工程灾害防治,2020,2(3):77-84.
[36] 曹茜.岩溶隧道与溶洞的安全距离研究[D].北京:北京交通大学,2010.
[37] 张群.岩溶隧道防突结构安全厚度研究[D].北京:北京交通大学,2019.
[38] 国家煤矿安全监察局.煤矿防治水细则[M].北京:煤炭工业出版社,2018.
[39] 李博,吴煌,李腾.基于加权的综采导水裂隙带高度多元非线性回归预测方法研究[J].采矿与安全工程学报,2022,39(3):536-545.
[40] 施龙青,辛恒奇,翟培合,等.大采深条件下导水裂隙带高度计算研究[J].中国矿业大学学报,2012,41(1):37-41.
[41] 王志强,李鹏飞,王磊,等.再论采场“三带”的划分方法及工程应用[J].煤炭学报,2013,38(增刊2):287-293.
[42] 黄万朋,高延法,王波,等.覆岩组合结构下导水裂隙带演化规律与发育高度分析[J].采矿与安全工程学报,2017,34(2):330-335.
[43] 胡小娟,李文平,曹丁涛,等.综采导水裂隙带多因素影响指标研究与高度预计[J].煤炭

学报,2012,37(4):613-620.

[44] 胡小娟,刘瑞新,胡东祥,等.导水裂隙带的影响因素研究与高度预计[J].煤矿现代化,2012(3):49-53.

[45] 曹丁涛,李文平.煤矿导水裂隙带高度计算方法研究[J].中国地质灾害与防治学报,2014,25(1):63-69.

[46] 马天捧.探究煤层厚度的主要影响因素[J].内蒙古煤炭经济,2021(4):46-47.

[47] 闫立君.采动上覆岩层导水裂隙带发育规律及影响因素分析[J].能源技术与管理,2018,43(6):105-107.

[48] FARAHMAND K, DIEDERICHS M S. Calibration of coupled hydro-mechanical properties of grain-based model for simulating fracture process and associated pore pressure evolution in excavation damage zone around deep tunnels[J].Journal of rock mechanics and geotechnical engineering,2021,13(1):60-83.

[49] HUANG Q X,DU J W,CHEN J,et al.Coupling control on pillar stress concentration and surface cracks in shallow multi-seam mining[J].International journal of mining science and technology,2021,31(1):95-101.

[50] 董联杰,刘龙,陈昌泽,等.基于离散单元法的边坡稳定分析[C]//中冶建筑研究总院有限公司.2020 年工业建筑学术交流会论文集(下册).北京:[出版者不详],2020:681-685.

[51] 王平,曾文旭,程爱平,等.崩落法开采上覆崩落体降雨入渗及突水模拟研究[J].金属矿山,2018(7):60-64.

[52] 张东,刘晓丽,王恩志.非均匀多孔介质等效渗透率的普适表达式[J].水文地质工程地质,2020,47(4):35-42.

[53] 杨天鸿,师文豪,李顺才,等.破碎岩体非线性渗流突水机理研究现状及发展趋势[J].煤炭学报,2016,41(7):1598-1609.

[54] 李全生,李晓斌,许家林,等.岩层采动裂隙演化规律与生态治理技术研究进展[J].煤炭科学技术,2022,50(1):28-47.

[55] 林海飞,李树刚,成连华,等.覆岩采动裂隙带动态演化模型的实验分析[J].采矿与安全工程学报,2011,28(2):298-303.

[56] 孙宏才.层次分析法在中国的研究与展望[C]//中国系统工程学会.全国青年管理科学与系统科学论文集(第 1 卷).西安:西安交通大学出版社,1991:320-324.

[57] 孙宏才,田平,王忠新.层次分析法在军政干部考核评价中的应用[J].系统工程理论与实践,1990(4):35-41.

[58] 孙宏才,徐关尧,田平.网络层次分析法在桥梁工程招标中的应用[J].解放军理工大学学报(自然科学版),2005,6(1):58-62.

[59] 简朴,夏铮,林菁.ANP 法在西部可持续发展战略体系调整中的应用[J].数学的实践与认识,2004,34(4):11-15.

[60] 徐岩山,张良欣,杨军.网络层次分析法在舰船补给能力评估中的应用[J].舰船科学技术,2006,28(5):86-89.

[61] Itasca Consulting Group, Inc. FLAC3D user manuals, version 2.1[Z]. Minneapolis

Minnesota:[s.n.],2002.

[62] 方醒.有限差分法及 FLAC3D 应用[DB/OL].[2013-03-21].https://wenku.baidu.com/view/e2e7706e7e21af45b307a8a3.html.

[63] 武强,黄晓玲,董东林,等.评价煤层顶板涌(突)水条件的“三图-双预测法”[J].煤炭学报,2000,25(1):60-65.

[64] 武强,解淑寒,裴振江,等.煤层底板突水评价的新型实用方法Ⅲ:基于 GIS 的 ANN 型脆弱性指数法应用[J].煤炭学报,2007,32(12):1301-1306.

[65] 李抗抗,王成绪.用于煤层底板突水机理研究的岩体原位测试技术[J].煤田地质与勘探,1997,25(3):31-34.

[66] 王成绪.研究底板突水的结构力学方法[J].煤田地质与勘探,1997,25(增刊):48-50.

[67] 朱宗奎,徐智敏,孙亚军,等.基于无量纲多源信息融合的底板突水危险性评价方法研究[J].采矿与安全工程学报,2013,30(6):911-916.

[68] 冯利军.矿井水文地质信息系统及其发展趋势[J].煤炭科学技术,2004,32(1):11-14.

[69] 邬伦, 刘瑜,张晶,等.地理信息系统:原理、方法和应用[M].北京:科学出版社,2001.

[70] 叶嘉安,朱家松.提升地理信息数据可获取性对促进我国经济发展的意义[J].地理信息世界,2004,2(4):1-4.

[71] SALAP S,KARSLIOGLU M O,DEMIREL N.Development of a GIS-based monitoring and management system for underground coal mining safety[J].International journal of coal geology,2009,80(2):105-112.

[72] HANNEMANN W,BROCK T,BUSCH W.GIS for combined storage and analysis of data from terrestrial and synthetic aperture radar remote sensing deformation measurements in hard coal mining[J].International journal of coal geology,2011,86(1):54-57.

[73] 曹中初,孙苏南,郑世书,等.GIS 在煤矿底板突水危险性预测中的应用[J].水文地质工程地质,1996(1):45-48.

[74] 李定龙,汪茂连,周治安,等.矿井突水预测的多源信息方法应用研究[J].灾害学,1997,12(3):38-42.

[75] 江东,王建华,陈佩佩,等.基于 GIS 的煤矿底板突水预测模型的构建与应用[J].中国地质灾害与防治学报,1999,10(1):67-72.

[76] 管恩太,武强,冀焕军,等.煤矿底板突水的多源地学信息复合模型研究:以焦作演马庄矿为例[J].工程勘察,2001(4):18-20.

[77] 董东林,孙文洁,朱兆昌,等.基于 GIS-BN 技术的范各庄矿煤 12 底板突水态势评价[J].煤炭学报,2012,37(6):999-1004.

[78] 李博,郭小铭,徐爽,等.基于模糊评判-综合赋权的煤层底板突水危险性评价[J].河南理工大学学报(自然科学版),2014,33(1):6-11.

[79] 连会青,杨武洋,赵东云.章村矿下组煤开采底板奥灰突水影响因素分析[J].华北科技学院学报,2010,7(1):4-7.

[80] KHODAEI D,HAMIDI-ESFAHANI Z,RAHMATI E.Effect of edible coatings on the shelf-life of fresh strawberries: a comparative study using TOPSIS-Shannon

entropy method[J].NFS journal,2021,23:17-23.

[81] DIAKOULAKI D, MAVROTAS G, PAPAYANNAKIS L. Determining objective weights in multiple criteria problems: the critic method[J].Computers & operations research,1995,22(7):763-770.

[82] FOCAZIO M J. Assessing ground-water vulnerability to contamination: providing scientifically defensible information for decision makers[M]. Washington D.C.: US Government Printing Office,1984.

[83] 段水云.煤层底板突水系数计算公式的探讨[J].水文地质工程地质,2003,30(1):96-99.